남아 있는 역사,
사라지는 건축물

남아 있는 역사,
사라지는 건축물

첫판 1쇄 발행 | 2000년 9월 5일
첫판 3쇄 발행 | 2019년 10월 20일

지은이 | 김정동
펴낸이 | 김남석
펴낸곳 | (주)대원사
06342 서울특별시 강남구 양재대로 55길 37, 302
편집부 | 전화(02)757-6711
영업부 | 전화(02)757-6717-9 팩스 | (02)775-8043
등록번호 | 제3-191호
http://www.daewonsa.co.kr

ⓒ 김정동, 2000

값 17,000원

ISBN 89-369-0957-6 03610

＊잘못 만들어진 책은 바꾸어 드립니다.
＊저자와의 협의에 의해 인지는 생략합니다.

남아 있는 역사,
사라지는 건축물

대원사

머리말

　필자는 건축사의 정리를 위해 지난 20여 년 동안 여러 매체에 글을 써왔다. 그것은 건축을 평생 업으로 하는 건축가들뿐만 아니라 일반인들에게도 건축을 읽히게 하고 싶어서였다. 흔한 말로 하면 '건축의 대중화 운동'을 하려 한 것이다. 건축은 보고 사용하는 것만으로 끝나는 것이 아니라 읽을 수도 있는 것이다. 일반인들에게 읽히게 하고자 한 가장 큰 이유는 우리 모두 건축을 귀히 여기자는 생각에서였다.
　외국의 경우 건축에 관한 글의 독자는 일반 대중이라고 한다. 그런데 우리 사회는 건축에 대한 글을 가까이 하려 하지 않는다. 그것이 건축가들의 몫이라고 생각하기 때문이다. 그러면서도 사람들은 우리의 건축과 도시에 대해 비난한다. "외국은 모든 것이 좋은데 우리는 왜 그래"라고 하면서 말이다. 이렇게 된 데에는 우리 건축인들에게도 책임이 있다. 대중 속으로 들어가려는 노력을 게을리 해왔기 때문이다.

　지금까지 글을 써오는 동안 필자가 갖고 있었던 관심 사항을 크게 다음의 두 가지로 나누어 볼 수 있다.
　첫번째 주제는 '사회 속의 건축'이다. 건축은 땅 위에 세워지는 것이고 그것을 세우는 사람이 건축가다. 건축가들이 완성해 놓은 것이 건축 작품인 것이다. 아무것이나 건축 작품이 되는 것은 아니다. 건축은 건축가의 손을 떠나면 이용자, 곧 사회의 것이 되며 그곳에서 재평가된다. 사회가 그 건축물에 관심을 보낼 때만 우리 건축은 좀더 아름다워질 수 있고 아름다운 도시와 사회도 만들 수 있게 된다.

그런데 우리의 건축은 사회 속에 밀착해 들어가지 못하고 있다. 또 알고 싶어하지도 않는다. 이런 현상이 생긴 가장 큰 이유는 아마 "건축은 어려운 것이니 당신 전문가들끼리 잘 알아서 해 보라"는 생각에서 나오는 것일 게다. 이러한 배려는 고마운 점도 있으나, 따지고 보면 그것은 건축에 대한 무관심에서 오는 것이다. 사실 건축인 대부분은 문학, 음악, 미술, 영화 등에서 일하는 사람들을 부러워한다. 그들이야말로 항상 예술의 한복판에서 생활한다고 생각하기 때문이다.

대부분의 나라는 건축가의 지명도에 따라 건물의 이름을 붙이는 경우가 많다. 그 자체가 상표가 되기 때문이다. 그러나 우리 사회가 건축과 건축가에 관심을 갖지 않는 한 훌륭한 건축물도, 건축가도 탄생하지 못할 것이다.

두 번째 주제는 '건축 속의 근대사'였다. 어느 사회나 마찬가지지만 건축 또한 아름다운 것만을 담을 수는 없다. 그런데 우리는 늘 좋은 것만을 담고 싶어한다. 더구나 우리 사회는 땅과 건물을 어렵게 생각하지 않는 인식이 팽배해 있어, 빈터나 오래된 건물을 보면 '왜 빨리 새 집을 짓지 않나' 하고 조바심을 낸다. 그러니 오래된 건물은 살아 남을 수가 없게 되는 것이다.

   필자가 이 문제를 풀기 위해 먼저 했던 일은 버려지고 잊혀진 자료를 모아 리스트(목록)를 만드는 것이었다. 그러나 이 일에는 한계가 있었다. 리스트를 할 만한 기초 자료가 없었던 것이다. 물론 이렇게 된 데에는 질곡 많은 우리 근·현대사도 한몫 단단히 했다. 외세, 식민화, 전쟁으로 인해 건축이 환란(患亂)에 빠져 있었기 때문이다.

   건축은 정치·경제와 마찬가지로 홀로 존재할 수 없다. 따라서 우리는 종횡을 보는 시각을 갖지 않으면 안 된다. 그동안 우리는 서양의 건축에만 매달려 왔다. 일본, 중국 그리고 동남아시아 여러 나라도 한때는 우리와 비슷한 길을 걸었으나 1945년을 전후하여 나름대로 자신의 건축을 더 중요하게 여기게 되었다. 한편 우리에게는 그들과 다른 문제가 하나 더 있다. 북한이라는 미답의 세계이다. 이것이 우리가 앞으로 해결해야 할 과제인 것이다.

   다행스럽게도 최근 우리 사회도 건축에 관한 인식이 조금씩 바뀌어 가고 있는데, 근대문화 유산 보존에 대한 움직임, 내셔널 트러스트 운동 등이 바로 그것이다.

이러한 움직임을 가속화시키기 위해 그동안 건축 전문지 또는 일반 매체에 실었던 졸고들을 모아 『김정동 교수의 근대건축기행』에 이어 두 번째 책으로 묶는다.

원고는 발표한 시점이 달라 의미가 바뀐 경우가 있다. 원래의 뜻에 크게 다르지 않게 수정과 가필을 했다. 모두 부끄러운 글들이지만 용기를 갖고 낸다. 또한 100년 전의 우리의 도시나 건축물들이 담긴 자료들이 대부분이다 보니 본의 아니게 기존에 나와 있는 책이나 신문 등에서 사진을 발췌해 쓰게 되었다. 원 저자들에게 본의 아니게 누를 끼친 점 그리고 독자 제현에게는 선명한 상태의 책을 내보내지 못해 죄송스럽게 생각한다. 또한 이러한 귀한 자료들을 내어 준 분들께도 지면을 빌어 감사하단 인사를 대신하려고 한다.

끝으로 어려운 때 이를 책으로 만들어 준 〈대원사〉에 감사 드린다. 무더운 여름날 정말 고생을 많이 한 편집부께도 고마움을 전한다.

2000년 7월 7일 도안동 새 캠퍼스에서
김정동

차 례

제1부
근대사와 근대건축 ──────────────── 12
20세기 우리 건축의 시대사 ──────────── 16

제2부
여러 민족의 해후지, 심양 ──────────── 28
2백여 년 간 존치되었던 부산의 왜관들 ─────── 40
가톨릭 박해의 뒷자리, 해미읍성 ────────── 64

제3부
가톨릭 건축의 '킹 볼트' 역할을 한 코스트 신부 ──── 80
영국인 건축가 마샬이 서울 한복판에 세운 영국공사관 ── 102
우리에게 건축 정신을 보여주었던 캐나다인 건축가 고든 ── 126

제4부

우리나라 최초의 신식무기 제조공장, 번사창 —— 160

한말 풍운이 담긴 서양건축물, 정관헌 —— 174

식민지시대의 산물, 조선총독부 그 마지막 기록 —— 183

제5부

2대 포구, 3대 시장의 신화를 간직한 강경포구 —— 254

선교사들의 해안 별장촌, 대천 외국인 수양관 —— 264

90여 년의 연륜을 가진 도시, 대전의 근·현대사 —— 273

전남 지역의 한국인 상점가, 목포·나주·광주 —— 297

머리말 —— 4

찾아보기 —— 310

제1부

근대사와 근대건축

20세기 우리 건축의 시대사

근대사와 근대건축

좀 우스운 이야기지만 내가 근대건축사 분야에 대해 관심을 갖게 된 것은 아마 학생 때 소설을 많이 읽은 덕분인 것 같다. 그 소설이란 것이 지금 생각해 보면 거의 다 근대소설이었다.

그런데 늘 궁금했던 것은 그 소설에 등장하는 남녀 주인공에 관한 일들은 참 잘 묘사되고 있는데 그들이 말하고, 먹고, 데이트하는 장소나 건물 이름은 왜 대충대충 넘어가느냐 하는 것이었다. 예를 들면 그 장소란 것이 서울, 평양뿐이고 동네 이름까지 등장하는 경우는 거의 없었다.

당시 우리 문인들은 장소성이나 건축물에 별 관심이 없었던 것 같다. 좋게 이야기하면 스케일이 큰 것이고 나쁘게 말하면 그런 것에 대해 무지했던 것 같다.

최근의 소설을 보아도 별로 나아진 것이 없는 것 같다. 침실 묘사는 적나라해도 강남에서, 압구정동 카페에서 등이 고작이다. 물론 전부는 아니지만. 외국 소설의 경우 대부분 주소까지 정확하다. 집에 대한 묘사도 자세하다. 건축 양식, 계단과 정원의 나무 수까지 사실처럼 나온다.

고병우의 『십자가 나무 이야기』를 보면, 『보봐르 부인』으로 유명한 플로베르(Gustave Flaubet, 1821~1880년)에게 문학 청년 모파상(Guyde Maupassant, 1850~1893년)이 찾아와 습작 훈련을 받고 있었다고 한다. 모파상이 지지부진하자 플로벨이 "너는 내 집에 온 지도 오래되었고 내 집 계단을 수천 번 오르내렸는데, 그 계단의 수가 몇 개인지 아는가?" 하고 물었다. 그러나 주의깊게 보지 않았던 모파상은 아무 대답도 할 수 없었다. 이때 플로벨이 "작가가 되려는 사람이 그렇게 관찰력이 없어서는 안 된다"며 야단을 친 일화가 기록되어 있다.

내가 한국근대건축사를 연구하려고 했을 때는 사실 우리나라에 그런 단어조차 잘 쓰이지 않았다. 대학교나 대학원에도 한국근대건축사 과목은 없었고, 나에게 근대건축사를 가르쳐 준 선생이 없었으니, 그것은 독학이나 마찬가지였다.

그런데 일본이나 중국, 동남아시아 등을 다녀본 결과 그 나라들에서는 근대건축사가 인기 있는 분야였다. 책도 많이 나와 있었고 의식 있다는 교수들은 거의 다 여기에 관심을 가지고 있었다. 그런데 우리나라의 경우 서양근대건축사가 유일한 교과목이었다. 국문과나 영문과는 근대문학뿐 아니라 18세기 시론, 19세기 희곡론 등 세부 과목이 즐비한데 건축과는 기껏해야 서양건축사, 서양근대건축사, 서양현대건축론 정도였다. 이것도 한 학기인 데다 선택 과목이었다. 물론 지금도 이러한 사정은 나아지지 않았다.

나의 연구 초기에 가장 서둘러 했던 일은 사라져가는 건축 자료들을 목록화하는 것이었다. 그런데 그 작업이 만만치 않았다. 자료가 어디 한데 몰려 있는 것도 아니고 그나마 흔치도 않았다. 주로 가는 곳은 헌책방이었다. 내가 헌책방을 주로 돌아다닐 때 책방 주인 아저씨들 대부분이 내가 도둑이 아닌가 하고 의심하곤 했다. 서가 여기저기를 뒤져댔기 때문이다. 간혹 "당신 전공이 뭐요. 무슨 책을 찾는 거요?"라며 퉁명스럽게 묻곤 했는데, 적당히 답할 말이 없어 우물쭈물하면 "지방에서 헌책방을 하우?" 하고 묻곤 했다.

그동안 나는 근대건축물 사진 하나라도 실려 있으면 책값에 관계없이 책을 사 모았다. 사실 억울할 때도 많았다. 그래서 내 연구실에는 건축 책보다 잡다한 책이 더 많다. 예를 들면 남의 학교 앨범, 사사(社史), 교사(敎史) 등등이다. 또 우리나라 것에 머물지 않고 외국의 것도 가능하면 모으려 했다. 그것을 이리저리 복사하고 자르고 해서 근대건축물 목록을 조금씩 만들어 나갔다.

최근에는 대학원생 가운데 일부가 이 분야에 뛰어들고 있다. 그런데 그것도 암담한 수준이다. 학부에 교과목이 없으니 강사 자리 하나 얻기 힘들다. 그러니 혼자 좋아서 연구하다가 곧 방향을 틀어 버리고 만다.

또 이 전공이 어려운 것은 개항 이후의 역사와 건축물을 다루는 것이라 당시 건축물들이 별로 남아 있지 않다는 것이 문제다. 더구나 일제강점기라는 상황도 있고, 민족정기론까지 건축물에 덧씌워지니 별 도리가 없다.

어떤 외국인 건축과 교수가 농담으로 한 말이 생각난다. "한국의 건축은 높은 관(冠)이 씌워진 것 같군요. 건축물이란 결국 콘크리트나 벽돌, 돌에 불과한 것인데 말입니다."

사실 흔해빠진 얘기로 서푼짜리 애국을 하는 것은 쉽다. 민족 또는 민중건축론 정도의 어불성설(語不成說) 같은 제목을 붙이면 멋있고 떳떳하기도 하다. 그러나 그런 이름을 함부로 붙일 수는 없지 않은가.

나도 웃기지 않은 우스개를 했다. "한국에서 양반 건물은 성당, 학교 같은 거죠. 경찰서나 교도소 같은 건물은 서자건축(庶子建築)에 불과해요. 그런 것은 마구 부숴도 돼요. 그렇기 때문에 좋은 설계의 경찰서나 교도소 건물은 없지요."

요즈음 대학 교수치고 외국 안 갔다 온 사람을 별로 못 봤다. 그런데 나는 그들에게 궁금한 것이 하나 있다. 그들은 외국에 가면 캠퍼스 또는 연구소에서 생활도 하고, 가족들과 여행도 하는 등 여러 건축물과 장소에서 얼마 동안을 지내고 오게 된다. 그런데 아름다운 건물, 멋있는 건물을 보고 온 그들이 김포공항을 통해 들어오기만 하면 국내에 적응해 버리고 만다. 채 10분도 안 걸린다. 문제는 거기에 있다. 우리 건축물도 아름답고 좋아야 하지 않는가.

외국의 건축은 아름답고, 튼튼하고,… 등등 침이 마르게 칭찬하다가도 보직의 길에만 들어서면 설계비 싸게 하고, 공사비 줄이고, 빨리 짓는 데만 몰두한다. 마스터플랜(기본계획)이란 것은 있을 수가 없다. 국립이고 사립이고 별다를 것이 없다. 한번 지어 놓은 건물은 그 후배 교수나 학생들이 평생 쓰는 것인데…. 이것이 모여 아름다운 대학, 아름다운 도시, 아름다운 나라를 만드는 것 아닌가.

한 일본인 근대건축사학자와 만난 적이 있는데 다음과 같은 이야기를 한 적이 있다.

"일본 아줌마들이 사쿠라 앞에서 사진 찍던 때는 지나갔습니다. 이제 건물 앞에서 사진을 찍어요. 건물이 세워진 해, 누가 설계했는지, 어떤 에피소드가 있는지에 관심을 가집니다. 그것이 이야깃거리가 되지요."

우리 사회는 근대 이래 장소성, 건축성에 대해 너무 관심이 없었다. 그것은 우리가 그동안 우리 건축에 대해 대중 교육을 너무 등한시한 때문일 것이다.

그런데 문제는 일반인에게만 있는 것이 아니다. 건축가도 마찬가지이다. 따라서 내가 이 분야에 뛰어들게 된 이유를 좀 거창하게 말한다면 이런 상황을 하루라도 빨리 벗어나야 되겠다는 생각에서 그리고 근대사와 우리 건축사를 연계하여 대 사회적 관심도를 높이고자 하는 데 있었다.

20세기 우리 건축의 시대사

개항 이후 들어온 건축

　우리나라에서 근대적 의미의 신건축물이 들어서기 시작한 것은 1876년 개항 이후부터이다. 당시 유럽을 중심으로 유행하던 건축 양식이 들어온 것이다. 이 신건축 양식은 시대적인 상황에서 볼 때 우리가 능동적으로 도입해 온 것이 아니라, 외세에 의해 흘러 들어온 것이다. 이는 체제와 생활, 기능 등이 서구화함에 따른 불가피한 일이기도 했다. 이를 계기로 전통건축에 머물러 있던 우리의 건축 사고는 새로운 상황을 맞게 된다.

　우리는 서구의 건축을 먼저 받아들였던 중국과 일본의 영향을 간접적으로 받을 수밖에 없었다. 중국과 일본 역시 초기에는 다른 아시아 국가들과 다를 바 없었다. 서양의 건축물을 간접적으로 받아들였으나 일본은 아시아 국가 가운데 가장 빨리 서구건축을 일본화시켰다.

　우리나라는 신건축 유입 초기인 19세기 말, 중국을 통해서 이미 그곳에 들어와 있던 서구식 건축물을 답습하고 있었다. 부산이나 인천 등 개항장의 공관이나 상업 건축물들이 그 대표적인 예이다. 또한 유럽의 가톨릭 신부를 통해 중국에 들어와 있던 서양식 건축물을 받아들여 성당, 주교관 등의 종교건축물을 세워 나가기 시작했다. 중국에서 건축 경험이 많은 건축가와 시공자가 와서 건축물을 세우는 일을 했다.

일본은 1879년 초량왜관(草梁倭館) 자리에 영사관을 세웠다. 그뒤 1880년대 초 원산을 시작으로 각 개항장에 이른바 의양풍(擬洋風) 목조 2층 공관 건물들을 세웠다. 서양의 돌과 벽돌을 사용한 것이 아닌, 목조에 의한 화양(和洋) 절충식 건축물이 대부분이었다. 일본 또한 서양건축을 직접 설계하여 세울 수 있는 건축가와 건설업자가 없었다. 영국, 독일, 이탈리아, 프랑스 등지의 건축가가 직접 일본에 와 신건축물을 세우거나 건축 교육을 시켜 주었다. 그뒤 그들로부터 서구건축을 배운 일본인 건축가들이 우리나라에 들어와 일본 전통 양식에 서양식을 섞은 화양풍(和洋風)의 건축물을 세운 것이다. 공관시설, 군시설, 철도시설 등이 그것이다.

1868년 메이지유신(明治維新) 후 일제는 야욕을 드러내면서 우리 땅을 자신들의 병참기지화하려 했다. 청일전쟁(1894~1895년)을 일으키기 위해서였다. 러일전쟁(1904~1905년) 준비도 이때부터 이루어지기 시작했다. 전쟁 중 건축물과 건축가는 전쟁의 도구로 인식되었다.

우리의 건축 시설도 초기에는 비교적 서양건축을 직접 받아들이는 형식을 취하고 있었다. 세계 여러 나라의 건축가들이 자국의 건축을 가지고 우리나라에 건너와 그 목적에 맞는 건축물을 세워 나갔다. 종교 관련 시설·학교·병원·사무실·주택 등이 그것인데, 이것을 우리는 '이양건축(異樣建築)'이라 부른다. 그들이 가져온 설계도면이나 공법, 재료 등도 우리와 달랐는데, 세워지는 건축물마다 사용하는 모든 도구가 새로운 것들이었다.

1880년대 이후 신·구기독교가 유입되면서 배재학당 당사(堂舍)와 기숙사(1887년)·천주교 명동 주교관(1889년)·약현성당(1892년, 현 중림동성당)·명동성당(1898년)·정동교회(1898년) 등이 서구 르네상스풍, 고딕풍으로 세워지기 시작했다.

1903년경으로 여겨지며, 오른쪽으로 서대문 성벽과 어울리는 프랑스영사관이 보인다(자료; 關野 貞).

이로써 서울을 비롯한 우리나라 전체가 변화하기 시작했다. 전통건축물 사이에 들어서던 서양식 건축물은 1900년대, 곧 20세기의 변화를 예고하고 있었다. 여러 나라와 외교가 수립되면서 각국의 건축 양식에 맞는 공관들이 들어서기 시작했다. 러시아(1885년)·영국(1892년)·프랑스(1896년)·독일(1901년), 벨기에영사관(1905년) 등이 그것이다. 르네상스식 2층 벽돌 건물이 주류를 이루었다.

이즈음 서울의 북촌인 종로 등에는 한옥과 양옥이 절충된 점포가 생겨난다. 이것은 구도심에 대한 새로운 시도로 우리의 자생력에 의한 것이었다.

이 시기에 자생적 건축가가 탄생하는데, 서울 정동 일대를 중심으로 활동하던 심의석(沈宜碩, 1854~1924년)은 유럽 및 미국에서 건너온 건축가들에게서 눈썰미로 서양건축을 배운 뒤 독립문(1897년)을 세웠다.

아관파천(俄館播遷, 1896년 2월 11일부터 1년 동안 고종과 태자가 러시아공사관으로 옮겨서 거처한 사건) 중 고종은 환궁을 위하여 경운궁(덕수궁)을 중건하면서 그 안에 몇 동의 서양건축물을 세웠다. 그 가운데 현존하는 건물이 1900년에 세워진 중명전(重明殿)과 정관헌(靜觀軒)이다. 가장 규모가 큰 건축물로는 통감부시대에 세워진 석조전(石造殿, 1909년)이 있다.

러일전쟁 직후인 1905년, 우리나라는 일제와 을사보호조약을 맺으면서 식민화의 길로 접어든다. 외교권이 박탈당하는 등 반식민지화되자 건축도 그 뿌리를 내리지 못하고 왜식화되어 갔다.

우리 근대건축은 1894년 갑오경장(甲午更張) 때 최초의 근대적 건축 조직인 군국기무처 공무아문(工務衙門)의 건축국(建築局)으로부터 시작되었으나 일제의 통감부가 들어서는 1906년까지는 궁내부 영선사(營繕司)가 그 역할을 했다. 그뒤 1911년에는 이왕직(李王職) 소속으로 바뀌어 명맥을 이어간다. 그러나 이 조직은 신건축을 세우는 데는 역할을 하지 못했다.

일제는 탁지부(度支部)에 건축소(建築所)를 두고 새로운 관아건물을 세우기 시작했으며 많은 일본인 건축가를 침투시켰다. 건축의 식민화 기점은 이때부터라고 볼 수 있다. 그 과정에서 의정부 청사(1907년), 공업전습소 본관(1907년), 대한의원 본관(1908년) 등 지금까지 세워진 바 없던 큰 규모의 근대건축물들이 서울을 비롯한 개항장에 나타나기 시작했다. 건축소는 1910년 한일합방 때까지 그대로 방치되다가

덕수궁 내·외부에 이양관이 들어서고 있다. 왼쪽이 궁 밖에 세워진 의정부 청사고 오른쪽이 궁궐 안에 세워진 양관이다(자료; 국사편찬위원회).

조선총독부로 넘어갔다.

일제강점기의 건축

1910년 한일합방에 의해 우리 땅이 일제의 손아귀에 들어가자 일제의 건축물들이 마구 들어서기 시작했다. 새로운 행정 수요가 확대되었기 때문이다. 정치, 사회, 경제가 일본의 지배를 받게 되자 일본의 신건축을 그대로 받아들일 수밖에 없었다.

이때 세워진 건물로 가장 규모가 컸던 것은 총독부와 한국은행(1912년), 서울역(1925년) 그리고 서울시청(1926년) 등이 있다.

이때까지도 우리는 새로운 양식의 건축을 실현할 건축가 교육을 자체적으로 실시하지 못하고 있었다. 일제는 건축 식민화를 본격화하며, 1916년 경성고공을 설립하여 우리 건축가를 일부 양성했다. 이전까지는 1907년 개소한 공업전습소가 졸업생을 내는 정도로 그 영향은 아주 작은 것이었다.

1922년 일제는 일본에서 교육을 받고 건너온 건축가와 경성고공 졸업생을 중심으로 건축계의 조직화를 시도했는데, 이것이 '조선건축회'이다. 창립회원 122명 중 우리나라 건축가는 김응순(金應純) 한 사람뿐이었고, 이듬해 열 명이 가입하였지만, 대부분 경성고공 출신들이었다. 경성고공 출신들은 1945년 해방 이후 우리 건축 일선에서 활약하게 된다. 조선건축회에서 낸 기관지인 『조선과 건축』은 당시 가장 큰 영향을 끼친 건축 잡지였다.

1920년대에는 모더니즘 양식, 곧 근대주의 건물이 개별적인 형태로 세워지기 시작한다. 그러나 일제 밑에서 교육을 받은 우리 건축가들은 그들의 식민화 건축 활동의 도구로써 존재했다.

1930년대 초부터 우리 건축가에 의해 설계된 건축물이 들어서기 시작했다. 박길룡(朴吉龍, 1898~1943년)은 우리 건축의 개척자였다. 그는 우리 사회와 자본의 지원으로 몇몇 건축물을 세워 나갈 수 있었다. 박동진(朴東鎭, 1899~1980년), 박인준(朴仁俊, 1892~1974년), 강윤(姜沇, 1899~1974년) 등도 이 시기에 등장했다.

박길룡의 대표작으로는 김연수 주택(1929년), 경성제국대학 본관(1931년, 현재 한국문예진흥원), 화신백화점(1937년) 등을 들 수 있다. 박동진은 보성전문학교 본관(1934년, 현재 고려대) 및 도서관(1937년), 중앙고등학교 본관(1937년) 등 석조건축물에 있어서 선두주자였다. 강윤의 경우는 일본에서 활동하던 미국인 건축가 보리스(William Merrell Vories, 1880~1964년)의 영향을 받았는데, 태화기독교사회관(1939년)과 이화여자전문학교의 음악당·본관·기숙사 등을 지었다.

유일한 미국 유학생이었던 박인준을 통해 미국식 건축이 도입되었으나, 일제강점기의 그의 건축 활동은 제한적일 수밖에 없었다. 따라서 그는 선교사와 외교관을 위한 양옥주택에 전념했다. 이 밖에 전라남도 도청 및 회의실(1932년) 등을 설계한 김순하(金舜河, 1901~1966년)가 있다.

우리의 전통 목조건축은 서구화, 왜식화의 물결에 밀려 아름다움을 잃어 갔다. '서양 것이 아름답다'는 인식이 건축가와 일반인들에게 유포되면서 우리의 것을 보존, 계승해 나갈 수 없었다. 일제의 양식이 서구화의 건축물로 잘못 인식되어 그대로 받아들여졌던 것이다. 소위 화양절충양식이 주택건축의 주류를 이루었다. 한양절충양식도 일부 뜻있는 건축가에 의해 시도되었으나 아주 적은 수에 불과했다.

우리 건축가들 일부가 일본에서 건축을 배우고 돌아왔다. 그러나 그들에게 새로운 양식의 구현은 참으로 어려운 것이었다. 이러한 상황을 중국, 만주, 대만 등도 공통적으로 겪었다.

1920~1930년대에는 경성전기주식회사(1929년), 상공장려관(1929년), 부민관(1935년) 등과 같은 합리주의적인 건축물들이 세워진다. 1928년경부터는 건축에 조선의 향토적 정서를 포함하려는 경향이 있었는데, 그것은 역사(驛舍)라든가 박물관 등에서 채택되었다. 한양양식의 의도적 결합이었다. 그러나 1930년대 후반 일제가 전쟁에 몰입하면서 건축의 양식이라던가, 발전은 완전히 정체되었다. 군국적(軍國的) 보조 건축물이 세워지고 단순화되었다.

1941년 박길룡이 창간한 『건축조선』이 이 시대의 마지막 업적이었다.

해방 이후의 건축

1945년 해방을 맞으면서 우리나라는 새로운 시대를 맞기 위한 작업을 펼쳐 나간다. 그 첫번째 시도가 '조선공업기술연맹'의 결성이다. 해방 직후인 1945년 8월 17일 발족한 이 연맹은 그 아래에 8개 부서를 두었는데 건축부가 이에 포함되었다. 같은 해 9월 1일 '조선건축기술단'이 결성되었다. 또한 '조선주택영단'도 업무를 다시 시작했으며, '국민주택 설계도안'을 공모했다. 이 공모에서 김희춘(金熙春, 1915~1993년)·이희태(李喜泰, 1925~1981년) 등이 입상한다.

1947년 3월 20일 『조선건축』이 창간되었다. 또한 그해 10월 현상설계의 본격적 기원이 될 '서울 만물전' 설계 공모에 김태식(金台植, 1917년생), 강명구(姜明求, 1917년생) 등이 면모를 나타냈다.

그러나 곧 미군정이 시작되면서 건축 양식도 미국 양식이 범람하기 시작했다. 그러나 그 건축도 오리지널 미국건축이라기보다는 미 공병대에 의한 간이건축 수준

전쟁으로 일부 벽과 탑만 남은 러시아공사관. 건축보다 하루살이가 더 중요했다(자료; 한영수).

일 뿐이었다. 경제 자체가 미국으로부터의 원조에 의해 이루어졌기 때문에 독자적인 건축 노선 추구는 어려웠다.

북한 또한 러시아의 영향 속에 들어갔는데, 이 과정에서 동구적(東歐的) 요소가 포함되었다. 평양의 복구 작업은 러시아의 영향 아래에서 이루어진다. 게다가 한국전쟁으로 남북한의 건축은 완전히 괴리되었고 건축적 교류도 단절되었다. 남북의 도시와 건축은 모두 초토화되었고 괴멸되어 갔다. 전통건축물도 신건축물도 모두 뿌리째 뽑혀버린 것이다.

한국전쟁 당시 건축가들은 임시수도였던 부산 동래에 피난처를 마련, 전후 복구 사업에 매진했다. 휴전이 되자 남·북한은 각각 전후 복구 작업에 매달리게 된다. 미국의 원조에 의존하는 건축 그리고 졸속 건축은 불가피한 일이었고 1960년대 초까지 파괴된 건축물을 개·보수하거나 증축하는 일이 계속되었다.

1954년에는 '대한건축학회'가 '조선건축기술단'의 후신(後身)으로 발족되었고, 1954년 국전(國展)에 건축부가 신설되었다. 대한건축학회는 1955년 이례적으로 국전 건축부 출품작을 선정하게 되는데 대구시청, 서울 만물전, 남대문 예배당, 국군 충혼탑, 주택, 공군본부 청사, 이화여자대학 강당, 이화여자중고교 강당, 서울특별시 의사당, 우남회관(雩南會館) 등 10점이었다. 1957년에는 '한국건축가협회'의 전신인 '한국건축작가협회'가 조직되었다.

1959년 시행된 남산의 '국회의사당' 설계도안 현상설계로 김수근(金壽根, 1931~1986년)과 박춘명(朴春鳴, 1924년생) 등 일본에서 신건축을 배운 신세대가 이 땅에 등장하게 되었다.

1961년 5·16 군사혁명으로 시작된 1960년대는 경제 개발과 더불어 건설의 수요가 급증하였다. 혁명 이후 건축에 관한 제반 법규 모두 새로 급하게 만들어졌다. 한국건축가협회는 1963년 'UIA(국제건축가연맹)'에 가입한다.

1965년은 우리 현대건축의 시작이었다고 볼 수 있다. 우리 건설 시장은 베트남과 사우디아라비아로 확장되었다. 1966년 11월 창간된 『공간(空間)』지는 우리 현대

왼쪽 1964년의 자유센터와 김수근(자료: 『동아일보』).
오른쪽 1964년의 프랑스대사관과 김중업(자료: 『동아일보』).

정부종합청사는 모든 매스컴의 시선을 모았다. 이런 일은 건축계에 처음 있는 일이었다. 당시의 한 뉴스 기사(자료: 『서울신문』, 1970. 12. 10).

건축의 새로운 출발을 상징했고 우리 건축을 스스로 기록하는 시발점이 되기도 했다. 1966년 경복궁의 국립중앙박물관과 1967년 부여박물관 등의 건축 양식 논쟁은 사회 문제로까지 비화되었다.

1960년대의 주요 건축물로는 서울시민회관(1961년, 이천승)과 프랑스대사관(1962년, 김중업), 워커힐호텔 각 동(1962년, 김희춘 외), 예총회관(1964년, 강명구), 자유센터(1964년, 김수근), 제주대학교 본관(1964년, 김중업), 유네스코회관(1966년, 배기형), 복자기념성당(1967년, 이희태) 등이 있다. 이들 가운데 김중업과 김수근 그리고 이희태가 우리 현대건축사 최초의 대중적 건축가로 떠올랐다.

1966년 광화문 '정부종합청사' 현상설계는 나상진(羅相振, 1923~1973년)의 안을 뽑아 놓고도 미국 '피에이(PAE) 인터내셔널'에 설계를 내주는 수모를 당하고 말았다. 1970년 우여곡절 끝에 들어선 새 청사는 경복궁과 광화문 일대를 가로막았다. 세종문화회관이 그 라인에 들어선 것은 당연한 귀결이었는지도 모른다.

1970년대에 들어와서는 기념적 공공건물의 등장과 건축의 대형화, 고층화 그리고 아파트 단지가 건축의 주제가 되었다. 정부종합청사와 삼일로빌딩 등은 이 시대의 상징물인 것처럼 여겨졌다. 국립극장(1973년, 이희태), 여의도 국회의사당(1975년, 김정수 외), 세종문화회관(1978년, 엄덕문) 등은 건축 의장적 측면에서, 동방생명빌딩(1976년, 박춘명), 대우센터(1976년) 등은 기업의 신사옥 시대로의 시작을 알린 작업이었다. 한편 와우아파트 붕괴(1970년 4월 8일)나 대연각호텔 화재(1971년 12월 25일) 사건은 이 시대 건축의 조악성을 상징적으로 말해준다.

1980년대는 대한생명 63빌딩의 착공과 함께 시작되었다고 볼 수 있다. 또한 1982년 대한민국건축대전이 새로운 모습으로 개최되었다.

1980년대 초부터 근대건축사 연구가 본격적으로 시작되었고 이는 우리 건축의 근대화 및 식민성 문제에서부터 보존 문제로까지 이어지는 계기가 되었다. '건축사(建築史)를 보존하고 재생하는 운동'은 이 시기에 중앙청을 국립중앙박물관으로 재사용하기로 한 국무회의 의결(1983년 3월 16일)이나 화신백화점 보존 운동 등으로 이어져 사회적 관심을 끌었다. 이는 국민뿐 아니라 건축가들에게도 관심의 폭을 넓게 하는 계기가 되기도 하였다.

1980년대 경제 성장과 더불어 도심을 재개발하려는 현상이 나타났다. 이는 긍정적인 면과 부정적인 면을 아울러 갖고 있었다. 서울을 중심으로 한 도심 재개발은 서울과 지방도시를 대대적으로 확장하거나 고층화시켜 나갔다. 서울 도심에서의 본격적 재개발은 1960년대 청계천 복개 등 무계획적인 발상으로부터 시작되었다. 도로의 고가화 및 상가 개발은 역사도시의 고도(古都)적 측면을 무시한 행위였다. 그뒤 1983년 5월부터 시작된 을지로 2가 재개발사업은 물량주의적 작업이었다. 도시는 스카이라인이 파괴되었고 농촌은 황폐화되어 갔다.

1986년 아시안게임, 1988년 서울올림픽을 치르면서 서울은 국제사회의 인식권에 들어가게 되었다. 처음으로 국립경기장, 선수촌, 기자촌, 올림픽공원 등과 같은 우리 건축이 세계에 알려지게 되었다. 1988년 2백만 호 주택 건설에 따른 분당, 일산 등의 '모래성' 같은 주택 정책들이 여과도 거치지 못하고 강행되었다. 그 후유증은 건축 전 분야에 퍼졌다. 서울에 국제그룹 사옥, 중앙일보 신사옥 등이 들어서면서 서울은 국외 건축가들의 한국 무대 진출장이란 점에서 시비가 엇갈리기도 했다.

해방 45주년이 된 1990년대는 우리 모두가 동참한 시대였다. 1993년 청주 우암 상가 아파트 붕괴나 서울 강남의 삼풍백화점(1995년 6월 29일) 붕괴 사건은 물량시대, 정신 황폐화시대를 상징하였다. GNP 1만 달러 시대에 걸맞는 건축의 발전은 더욱 멀어졌고 본질적인 사명감이라든가, 도덕성에 있어서 어떤 것은 오히려 후퇴했다. IMF 사태가 이를 부채질했다.

정부 스스로 부른 화였다. 청와대에서 남산에서, 여의도에서 광화문 한복판에서 큰 것들이 부서져 나갔다. 우리 모두가 포스트모더니즘이나 해체주의에 빠져 지내는 동안 경험도 없이, 여과도 없이 1990년대가 지나가 버린 것이다. 2000년대에는 무엇을 어떻게 해야 하는가에 대해 우리에게 남겨 놓은 채 ….

제 2 부

여러 민족의 해후지, 심양

2백여 년 간 존치되었던 부산의 왜관들

가톨릭 박해의 묏자리, 해미읍성

여러 민족의 해후지, 심양

벽제관에서 관소까지

　중국 대륙에서도 광활한 동북부 지방은 역사상 우리와 밀접한 관계를 맺은 곳이다. 이 일대를 행정구역상 동북삼성(東北三省) 또는 동삼성(東三省)이라 하는데, 요녕성(遼寧省, 랴오닝성), 길림성(吉林省, 지린성) 그리고 흑룡강성(黑龍江省, 헤이룽장성)의 3성을 말한다. 동삼성은 일제에 의해 만주(滿洲)라 불렸는데, 그 중심이 요녕성이었고 요녕성의 중심이 심양(瀋陽, 선양)이었다. 일제강점기 요녕성은 봉천성(奉天省, 펑톈성)이라고 했다.

　'심수(瀋水)의 북쪽(陽)'이라는 뜻의 심양은 요하(遼河, 랴오허강)의 지류에 있다. 연암(燕巖) 박지원(朴趾源, 1737~1805년)은 『열하일기(熱河日記)』에서 "한(漢)나라가 사군(四郡)을 두고 이곳을 낙랑군의 군치(郡治)로 삼았는데, 원위(元魏)·수(隋)·당(唐) 때에는 고구려에 속해 있었다. 지금은 성경(盛京, 무크덴)이라 하여 봉천부윤(奉天府尹)이 백성을 다스리고, 봉천장군(奉天將軍) 부도통(副都統)이 팔기(八

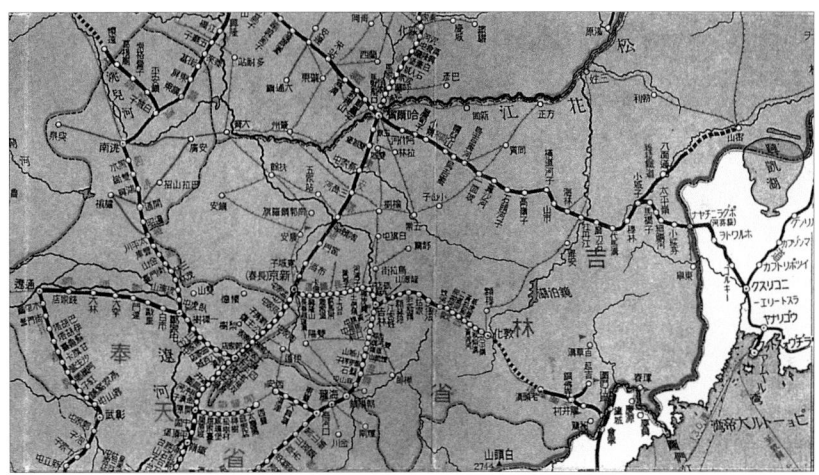

만주국 교통도 부분(자료;『滿洲國旅行案內』, 新光社, 東京, 1932).

旗, 청나라 때 만주와 몽골의 행정구역)를 관할한다"고 했다. 연암은 또한 "심양은 본래 우리나라 땅"이라 하고 있다. 심양은 장춘(長春, 창춘), 하얼빈(哈爾濱)과 함께 고구려와 발해시대의 중심 도시였다. 그러나 이곳은 이제 우리에게 잊혀진 역사의 땅이 되어 버렸다.

1625년, 후금(後金)의 누르하치(청 태조, ?~1626년)는 요양(遼陽, 랴오양)에서 심양으로 수도를 옮겼다. 후금이 심양에 도읍을 정한 까닭은 이곳이 만주 대륙의 서남쪽에 자리잡고 있어 서쪽의 명(明)나라와 남쪽의 조선을 공략하는 데 유리했기 때문이다. 심양에서 북경(北京, 베이징)까지의 거리(1,454리, 1리는 0.4킬로미터)와 한양까지의 거리(1,615리)가 비슷했다. 따라서 청나라의 조선 침략은 그렇게 어려운 일이 아니었다.

청 태종(太宗, 1592~1643년)은 황위에 오른 지 10년 뒤인 1636년, 국호를 후금에서 청(淸)으로 바꾼다. 그리고 조선 인조(仁祖, 1623~1649년) 때인 1636년 1월 9일, 청군 10만 명을 거느리고 조선을 침략(병자호란)하는데, 압록강에서 한양까지 엿새밖에 걸리지 않았다. 의주(義州), 평양(平壤), 개성(開城)을 단숨에 몰아쳐 온 것

인질의 인수·인계 장소였던 혼하의 나루터에는 지금 아무 것도 남아 있지 않다.

이다. 한양의 경우 종로와 광통교(廣通橋) 일대의 집은 하나도 남지 않고 부서져 버렸고 우리 역사도시들은 약탈과 방화로 아수라장이 되어 버렸다. 임진왜란 당시 왜(倭)가 남에서 북으로 쳐들어 온 후 두 번째 겪는 일이었다. 3, 40년 동안 그나마 회복되어 가던 도시와 건축물이 다시 풍비박산이 된 것이다.

인조는 남한산성(南漢山城)으로 몽진(蒙塵)한 뒤 45일 동안이나 머무른다. 청에 패한 조선은 1637년 1월 30일, 서울 탄천(炭川)의 삼전도(三田渡)에서 청 태종에게 항복했다. 최명길(崔鳴吉)이 항복 문서의 초안을 작성했다. 그 다음 달 청 태종이 심양으로 돌아간 뒤 인조는 경희궁(慶熙宮)으로 돌아온다. 그뒤부터 조선의 정궁(正宮)은 경희궁이 되었다. 그리고 2월 8일 인조의 아들 소현세자(昭顯世子, 1612~1645년)와 둘째아들 봉림대군(鳳林大君, 뒤에 효종) 그리고 셋째아들 인평대군(麟平大君)이 청나라에 인질로 보내졌다.

친명배금(親明排金)하던 삼학사(三學士), 곧 홍익한(洪翼漢)·오달제(吳達濟)·윤집(尹集)·김상헌(金尙憲) 등도 끌려갔다. 이 밖에 대신들의 자녀와 많은 관리들 그리고 여인들이 청나라 사신 용골대(龍滑大)에게 잡혀갔는데, 그 숫자가 197명이었다.

그들은 경희궁을 나서 서대문을 거쳐 경기도 고양군 벽제의 벽제관(碧蹄館)에 도착했다. 벽제관은 조선 초 성종 7년(1476년)에 세워진 것으로 서울에서 북서쪽으로 18킬로미터 지점에 있었다. 중국 사절들을 맞기 위해 세운 것이었다. 그러나 일제 강점기 때 두 동만 남아 있던 것이 한국전쟁 때 파괴되어 지금은 정문만 남아 있다.

심양에는 시내를 감싸고 흐르는 혼하(渾河)가 있다. 혼하는 '심수(沈水)'라고도 불렸는데, 우리 쪽에서 중국으로 가려면 반드시 건너야 할 강이었다. 그 혼하 나루터는 인질의 인수·인계 장소였다. 나루터 야판(野坂), 곧 들판에는 청나라 대신이 나와 행사를 주관했다.

한편 인계된 인질들은 나루터에서 9리를 걸어 남탑(南塔) 부근에 이르렀고 대남변문(大南邊門)을 거쳐 토성(土城)인 외성(外城)으로 들어갔다. 외성을 지나면 번화한 거리가 나오고 이어 벽돌로 쌓은 내성(內城)에 다다르는데, 내성 대남문(大南門) 안에 있던 '관소(館所)'가 그 종착지였다.

심양성 안에는 소현세자 일행이 머물 관소가 마련되어 있었다. 관소는 조선관 또는 고려관을 말하는데 일종의 인질관이었다. 300여 명이 머물 수 있었던 관소는 한양과의 외교 통로 역할을 해오고 있었다. 『조선왕조실록』에 관소에 관한 기사가 비교적 여러 번 나온다. 그 중 하나를 살펴보면

"호조(戶曹)가 아뢰기를, '세자가 심양에 머물러 있을 적에 청나라에서 세자에게 전답을 떼어주고 거기에 농사를 지어 관소(館所)에서 마음대로 쓸 수 있는 자본으로 삼도록 허락하였는데, 거두어 쌓아둔 각종 곡식이 아직 4천7백여 석이나 남아 있습니다. 세자와 대군은 오래 전에 아주 돌아왔고 이 곡식은 청나라 땅에서 생산된 것이므로 마구 팔아서 값을 취하는 것은 실로 온당하지 않은 일이며, 소·말·노새·나귀는 모두가 값을 주고 사놓은 것이지만 역시 모두 청나라에서 생산된 것들이니, 호부(戶部)에 이자(移咨)하여 청나라에서 처치하도록 맡겨두는 것이 사의에 합당하겠습니다' 하니, 임금이 이에 따랐다."

또한

"세자가 심양에 있을 적에 집을 지어 단청을 하고 포로된 우리나라 사람들을 모아 밭을 일구어 곡식을 쌓아 놓고 진기한 물건들을 사들이니 세자가 머무는 관소가 저자와 같았다." 『조선왕조실록』 인조 23년 6월

라고 하였는데, 여기서 전답은 야판을 말한다. 관소는 지금의 심양시립아동도서관(옛 대동학원) 자리에 있었다.

심양 고궁(故宮)은 후금시대 이래 청 태조 및 태종이 머물던 거성(居城)으로 현재 중국에서 자금성(紫禁城) 다음가는 궁궐이다. 한때 소현세자가 이 궁전 관수궁에 머물렀던 것으로 보여진다.

한편 예부 건물에 갇혀 있던 삼학사 중 홍익한은 3월에, 오달제와 윤집은 4월에 각각 대서변문(大西邊門) 밖에서 참수당했다. 현재의 중산(中山)공원 부근이다. 또한 최명길과 김상헌은 북관(北館)에 체류하다 1643년 4월 석방된다.

소현세자 일행은 1645년 2월 18일 한양으로 돌아온다. 소현세자가 심양에서 보

우리 세자와 사신들이 오갔을 심양 고궁 앞거리.

낸 세월은 1637년부터 1645년까지 9년 동안이었다. 혹자는 그가 이곳에 잡혀 있으면서 낚시를 하거나 놀이를 하며 세월을 보냈다고 하는데 과연 그랬을까. 그 비극적 장소는 지금 두 나라 역사에서 잊혀져가고 있다.

심양과 북경에서 새로운 서양 문물을 보고 돌아온 소현세자는 북벌을 반대해 인조에게 죽임을 당한다. 한편 1638년 10월 봉림대군은 청나라 황제의 요청으로 서정(西征)에 나서기까지 하지만, 북벌을 적극 옹호한 그는 세자가 되고 이어 왕위에 오른다.

1643년 청나라 세조가 황제에 오른 이듬해인 1644년 4월 명나라는 망한다. 9월 청나라는 도읍을 심양에서 북경으로 옮긴다. 1637년부터 청이 수도를 북경으로 옮기기 전인 1644년까지 8년 동안 우리 사신들은 심양을 종착지로 했다. 청나라는 이후 만주를 성역화한다.

청의 세력 아래에서 조선은 청의 악행을 잘 기록하지 못했던 것으로 여겨진다. 따라서 인질·포로 숫자도 정확히 알려져 있지 않다. 오늘날 만주 지방에 남아 있는 고려촌, 고려보란 지명이 그때의 흔적들이다.

근대사의 심양

우리나라 사신들은 압록강을 건넌 뒤 책문(柵門)을 거쳐 요동으로 가서 백탑(白塔)을 구경하고 심양, 산해관(山海關)을 거쳐 북경까지 갔다고 한다.

요동이라는 곳은 요(遼)나라가 이 지역을 다스려 요동이라 했는데, 지금까지도 '요' 자는 이곳 지명에서 떨어져 나가지 않았다. 이곳은 고구려가 요동성(遼東城)을 두어 다스렸던 곳이기도 하다.

심양이 '봉천(奉天)'이란 이름으로 바뀌고 한·중·일의 무대가 된 것은 러일전쟁(1904~1905년) 때부터다. 일제가 만주에 주요 거점으로 만든 도시는 신경(新京, 신징, 장춘), 봉천 그리고 대련(大連), 여순(旅順)이었다. 신경은 일본 괴뢰 만주국의 수도였고 봉천은 상공업 중심 도시였다. 또한 대련은 만철(滿鐵)의 본부로서 대륙 침

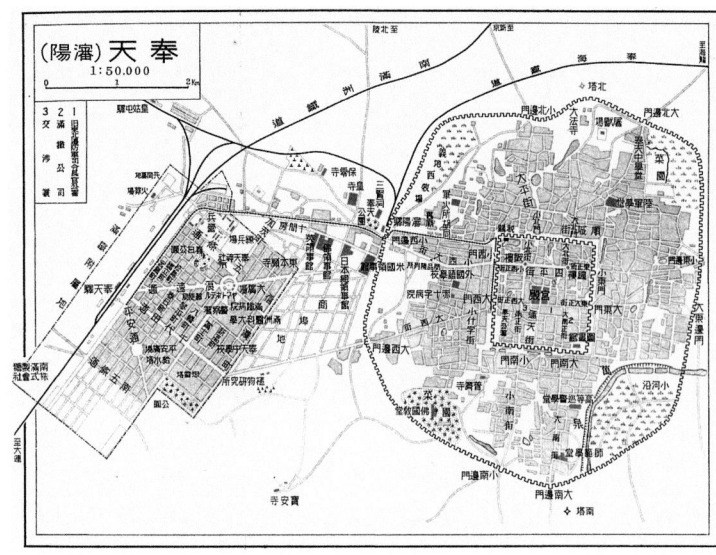

1932년 심양 지도.

략의 중심 도시였다.

만철은 1906년 조선과 중국 침략을 위해 일본이 만든 괴뢰 기관이었다. 초대 총재로 고도 신페이(後藤新平, 1857~1929년)가 취임했다. 그는 1906년 만철 총재가 된 후 대련, 봉천, 신경, 무순 등의 도시를 일본화시켜 나갔다.

이 도시들은 우리 독립투사들이 조국의 광복을 위해 목숨을 던진 곳이기도 하다. 지리상으로 봉천은 대련, 신경, 하얼빈과 거의 일직선상에 있다.

일제 괴뢰의 도시

심양의 중심은 심양성(瀋陽城)이다. 심양성은 회흑색(灰黑色)의 전벽(磚壁, 벽돌로 쌓은 벽)으로 둘러친 성곽(城郭)으로 그 높이는 10미터, 길이가 6천 미터에 이른다.

최남선(崔南善, 1890~1957년)의 시 가운데 노래 가사가 된 「세계일주가(世界一周歌)」가 있다. 여기에도 심양성에 관한 시가 실려 있다.

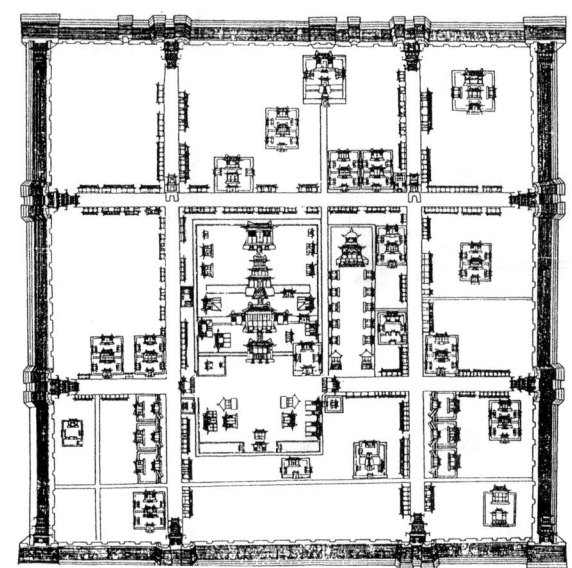

심양성 성궐도(거리, 문루, 건물의 명칭도).

··· 7백 리 요동벌을 바로 뚫고서

다다르니 봉천은 옛날 심양성

동복능(東福陵) 저 솔밭에 잠긴 연기(煙氣)는

2백5십 년 동안 꿈자취로다.

러일전쟁 중이던 1905년 3월 10일, 일본 군대는 봉천을 함락시키고 입성한다. 같은 해 12월 3일에는 안동에서 봉천간 협궤선(挾軌線)을 개통시켜 서울에서 봉천까지를 기차로 달릴 수 있게 했다. 이듬해인 1906년에는 남만주철도주식회사를 설립, 영업을 개시했다.

1907년부터 심양 시가는 성내(城內), 만철 부속지 그리고 상부지(商埠地, 중국과의 조약에 의해 일본이 보장받은 땅으로 거주와 무역이 자유롭게 이루어진 곳) 3구역으로 나누어 개발되었다. 3원적 체계로 도시가 확장된 것이다.

일제강점기 봉천성으로 불렸던 심양성 안에는 주로 중국인과 우리나라 사람들이 살았다. 성내는 내성과 외성, 곧 2성으로 되어 있는데, 1.5킬로미터×1.5킬로미터의 성안 중앙에는 궁전과 봉천공서(公署), 여덟 개의 대소문(大小門)이 있었다. 궁궐 안에는 70여 채의 건물이 있었다. 현재 심양 고궁은 박물관이 되어 있으며, 고궁박물관은 시내 중심부인 심양로에 자리잡고 있다. 외성에는 외시장(外市場), 동선당(同善堂, 현 홍십자의원) 그리고 소하연(小河沿) 유원지 등이 있다.

만철 부속지는 만철 봉천역을 중심으로 하는 지역인데 1910년 7월, 일본인들이 이곳에 봉천역을 세웠다(현 심양 남참의 화평구 승리가 4단). 만철 부속지는 일본인 이주자들을 위해 문화시설을 정비한 신시가로 일본의 신시가지형으로 개발되었는데, 부속지 개발 방식은 러시아가 하얼빈을 건설할 때 쓰던 방법을 일제가 그대로 도입한 것이다. 하얼빈과 봉천의 다른 점은 하얼빈은 황무지 같은 황야에 세운 것이고 봉천은 봉천성이라는 구도심을 중심으로 개발한 것이다.

따라서 일제의 수법은 기존 역사도시를 파괴해 나가는 방법으로 진행될 수밖에 없었다. 이는 우리나라에서 일제의 건축·도시계획가들이 해 나가던 방법과 크게 다르지 않다. '침략 도구로서의 건축가'의 행태가 그대로 드러난다. 봉천역, 부산역 등이 동경(東京, 도쿄)역과 유사하게 지어진 것이라든가 도시 가로망에 일본식 이름을 붙이는 행위 등이 그 예이다. 일본은 '오족협화(五族協和)'를 떠들며 실제로는 민족분리정책을 썼던 것이다.

물론 일제가 그들의 만주 침략을 위해 연결시켜 놓았던 노선이기는 했지만, 1917년 11월 1일 부산-안동-서울-봉천행 직통열차가 개통됨으로써 우리와 봉천역은 깊숙하게 연결되었다. 1933년 4월 1일부터는 특급열차 히카리호가, 1934년 11월 1일부터는 노조미호가 달리게 되면서 서울과 봉천 사이를 더욱 가깝게 했다.

심양 남참 부근의 랑화통(浪花通)에는 야마토(大和)호텔이 자리하고 있었다. 이호텔은 만철이 경영하던 것으로 호텔 주인은 일본인 사방진치(四方辰治)였다. 71개의 침실이 마련되어 있는 등 당시로는 매우 큰 규모의 호텔이었다. 이 호텔은 일제의 고관들과 우리 친일파들이 머물던 곳이기도 하다. 호텔은 역에서 자동차로 5분 거리

만철이 경영하던 야마토 호텔은 일제의 고관들과 우리의 친일파들이 머물던 곳이기도 하다.

에 있고 지금은 요녕빈관(遼寧賓館)이란 이름으로 불리고 있다.

이곳은 또한 만철 본선인 안봉선(安奉線, 안동~봉천)과 봉산선(奉山線, 산해관~봉천), 해심선(海瀋線, 해룡~봉천) 등의 교차점으로 만주국 교통의 중심이었다. 만주 철도는 바로 경부선과 연결되어 대륙 침략의 동맥 구실을 했다. 심양 동쪽 외곽의 심양 동참(瀋陽東站, 지금의 대동구 공농로)은 1926년에 길봉선(吉奉線, 길림~봉천)의 역사(役事)로 세워진 것이다. 관동군(關東軍)이 1931년 9월 18일 봉천성 북쪽 남만철도(南滿鐵道) 유조호(柳條湖)에서 만주사변을 일으키고 군수물자와 약탈한 재물을 실어 나르던 곳이기도 하다. 유조호는 한때 유조구(柳條溝)로 불렸는데, 이것은 틀린 것이다. 지금도 남아 있는 만철 유물들은 그 침략의 상징물로 오래도록 잘 보존하여야 한다.

우리 건축가 이천승(李天承, 1910~1992년)은 1940년 3월 봉천에 있으면서 '충령탑(忠靈塔)' 현상설계 경기에 응모, '1종(種)'에서 가작을 한다. 1종은 지나(支那, 중국의 다른 이름)에 세우는 충령탑이었다. 2등 2종은 요시무라(吉村順三)가, 3종

가작은 요시다(吉田鐵郎)가 차지했다. 일본 육군정보부에서 주관한 이 현상설계에는 무려 1,700점이 응모하였다.

1991년 화평구(和平區) 중산로(中山路)와 중산공원 그리고 중산광장이 있는 곳에 새 역 봉천역을 세웠다.

중산로 110호(號)에는 1920년 나카무라 요시헤이(中村與資平, 1880~1963년)가 설계한 조선은행 봉천지점이 있고, 북사마로(北四馬路) 30호에는 1922년 세워진 동양척식 봉천지점이 있다. 현재 조선은행 봉천지점은 심양진공연구소(瀋陽眞空硏究所)에서, 동양척식 봉천지점은 심양시총공회(瀋陽市總工會)에서 쓰고 있다.

상부지는 1909년 이래 미국, 프랑스, 영국, 이탈리아, 러시아 그리고 일본영사관들이 자리잡고 있던 각국인의 거류지(居留地) 또는 잡거지(雜居地)로서 이국적 풍경을 자아냈던 곳이다. 이곳은 성내와 만철 부속지를 연결하는 통로로 항상 복잡하고 활발해 도시다웠다고 한다. 1930년대 일제의 한 관광 자료에는 신시가, 북릉(北陵), 성내, 부속 신시가 그리고 만주의과대학이 자랑스럽게 내걸려 있다.

여류 화가 나혜석(羅蕙錫, 1896~1948년)은 1927년 세계여행을 떠난다. 만주 여행 중 봉천에 들른다. 그녀의 봉천에 대한 스케치가 하나 있다.

"봉천은 실로 동삼성의 수부(首府)인 만큼 신·구시가의 굉장한 건축이며 성벽의 4대문, 궁성의 황금기와, 청기와, 각국 영사관의 깃발 등 눈에 띄는 것이 많았다." 『삼천리』, 1932~1934년

사라지는 역사

심양은 현재 인구 6백만 명이 넘는 중국의 4대 도시로 상해(上海, 상하이), 북경, 천진(天津, 톈진)시에 이어 동북 지방 최대의 공업도시이다. 10년에 1백만 명씩 늘어나는 급성장 추세를 보이고 있다. 이곳에 조선족 8만 명 정도가 살고 있다고 한다. 우리나라의 90여 개 기업이 들어가 있고 약 2천 명 정도의 상주 상사원과 가족이 상

주하고 있다. 또한 시내에는 조선 식당이 3천여 개소나 된다. 이곳은 조선족 그리고 남북한 사람들이 함께 모일 수 있는 거리인 셈이다. 잘 지켜야 할 우리 거리다.

1998년 한중 양국 정부는 한국영사사무소, 곧 판공실(辦公室)을 심양에 개설키로 합의했다. 1984년 5월 심양에 가장 먼저 총영사관을 개설한 미국에 이어 일본은 1986년 1월, 북한은 1986년 9월, 러시아는 1991년 5월에 각각 개설했다.

조선인들은 19세기 말부터 서탑(西塔)지구에 주로 몰려 살았다. 일제강점기에는 1만여 명이 살았었는데, 지금은 5천여 명으로 줄었다. '서탑거리'라는 이름은 '서쪽 탑이 있는 거리'라는 뜻인데, 지금 그 탑은 없다. 일본인들은 이곳을 '야나기 마치(柳町)'라 불렀고 그 주위를 일본식 거리로 바꾸어 놓았다. 그 흔적이 여기저기 보인다.

화평구 북일마로(北一馬路)에도 일제 때의 건물들이 남아 있다. 일제강점기의 고관과 부호들이 이 거리에서 살았다고 한다. 시부대로(市府大路)에는 조선족 식당이 있는데, '민족찬청(民族餐廳)'이 그것이다. 식당 건너편의 조선족 백화상점 역시 서탑거리에 있다. '새끼골목'이라 불리는 시장 골목은 조선풍이 나는데, 재개발되어 일부는 헐리고 일부에는 아파트가 들어서 옛 모습을 잃고 있었다. 우리의 남대문시장 같은 느낌이 드는 곳이다. 장날에는 시내뿐 아니라 인근의 조선족들도 몰려든다고 한다.

이곳들이 개발되고 나면 아마 지난 날의 역사는 잊혀질 것이다. 과거가 현재에 묻혀 버리면 아마 미래도 없을 것이다. 한·중·일의 관계도 그런 것이 아닌가.

2백여 년 간 존치되었던 부산의 왜관들

왜관(倭館)은 '왜인을 위한 객관'이라는 뜻인데 현대적 의미로는 일종의 외교 공관을 일컫는다. 왜관은 조선에서는 '왜관', 일본측에서는 왜관 또는 화관(和館)이라고 불렀다. 따라서 왜관에 있던 포구를 화관포(和館浦)라 한다. 일제강점기에 일본은 '종씨(宗氏)의 관(館)'이라 하기도 했다. 종씨의 관이라 함은 대마도(對馬島)의 관 정도의 수준에 지나지 않는다는 표현이다.

왜관은 조선 태종(太宗, 1401~1418년) 때인 1407년, 조선과 일본과의 교류를 위해 이 땅에 설치된 뒤, 1876년 일제의 조선 침략 때까지 서울(남산 주변에 설치되었던 동평관)과 부산 등을 중심으로 존치되어 왔다. 이곳은 조선과 일본과의 교류를 위해 우리 땅에 세워진 것으로 처음 일본의 도쿠가와 막부(德川幕府)의 요구와 우리의 회유책에 의해 이루어졌지만, 한·일 역사상 외교상으로는 한국과 일본의 교류지였으며, 상거래 중심이기도 했다.

부산 지역의 왜관은 1407년 이후 네 차례에 걸쳐 장소를 옮기거나 다시 지어졌었다. 때로는 조선의 재정과 기술에 의해 지어졌고 관내에는 조선식과 일본식 건축물이 동시에 들어서기도 했다. 한일건축의 첫 교류지이기도 했던 왜관은 조선의 문물이 대마도를 거쳐 일본 내륙으로 건너가는 교두보였다. 국가 기밀의 누설과 잠상(潛商, 밀무역) 행위 그리고 대마도와의 자유로운 접촉에서 여러 가지 불미스러운 일이 일어나기도 했다.

여기에서는 마지막 왜관, 곧 '초량왜관'에 대해서 집중적으로 다루고자 한다.

초량왜관은 1873년 메이지 정부에 '접수'된 이후 문을 닫았고, 1876년 일본전관거류지(日本專管居留地)가 되었다. 그뒤 일본의 조선 침략 전진기지 역할을 했으며 우리에게는 굴욕의 현장이 되기도 했다.

지금 우리는 왜관에 대해 깊은 관심을 갖고 있지 않다. 그러나 그동안 역사상 존치되어 왔던 왜관에 대해 사실을 기록할 필요가 있다. 그러므로 여기서는 왜관의 존재 사실에 대해 장소성 및 건축사적인 의미에서 해석해 보고자 한다.

왜관의 변천사

부산포왜관(1407~1600년)

역사상 왜구의 우리나라 침범은 계속되었었다. 일본의 큐우슈우(九州) 지방과 세토나이(瀨戶內)를 중심으로 활동하던 그들은 대마도와 히라도(平戶), 하카다(博多) 등을 전진기지로 삼고 침략을 계속했다. 특히 『삼국유사(三國遺事)』에 의하면 "신라 제27대 선덕여왕(善德女王)은 주위에 있는 나라들의 침범을 불법으로 막고자 황룡사 9층탑을 세웠는데, 그 가운데 제1층이 왜의 침범을 막고자 한 것"이라고 기록되어 있다.

조선 조정의 금구(禁寇) 정책도 한계를 맞고 있었다. 이에 왜적, 곧 소추(小醜)를 포용하기 위한 장소가 남해안 포구에 만들어졌다.

부산포왜관은 의주(義州)와 비교되는 점이 있다. 부산과 의주에는 봉화대가 있어 중국과 일본의 침략을 서울에 알려주는 역할을 했다. 봉화의 기점이었던 것이다.

화관포 그림(자료; 『병합기념조선사진첩』 1910).

그러나 의주에는 국경을 출입할 수 있는 변문(邊門)이 있었으나, 부산에는 그러한 형태의 문이 없었다.

당시 남쪽의 여러 포구에는 왜인들이 들어와 살고 있었는데 그들 대부분은 대마도 상인, 곧 왜상(倭商)이었다. 그들은 보통 향화왜인(向化倭人, 귀화 또는 투화(投化)한 왜인), 항거왜인(恒居倭人, 정주(定住)해 살고 있는 왜인), 내거왜인(來居倭人, 항거왜인과 같은 말로 장사와 스파이 활동을 하던 왜인), 흥리왜인(興利倭人, 교역을 목적으로 하는 상인) 등으로 나뉜다. 그들이 살던 집을 보통 '항거왜호(恒居倭戸)'라 불렀다.

1407년, 경상좌우도(慶尙左右道) 도안무사영(都安撫使營)의 소재지인 '부산포(富山浦)'에 왜관이 설치되었다. 부산포라는 명칭은 15세기 전반기까지 쓰여졌다. 현재 동구 좌천동(佐川洞)에 있는 증산(甑山)의 당시 이름인 부산을 따서 산 밑의 포구 일대를 부산포라 부르게 되었다. 그 이름이 오늘날의 부산(釜山)으로 전해진 것이다.

왜관이 설치된 부산포를 '대마전(對馬殿)'이라 했는데, 대마도와 직접 연관되었음을 알 수 있다. 관청으로는 조선 조정과 왜 사절 사이에 외교 사무를 취급하던 견

강사(見江寺)와 대마수(對馬守)의 사무소 그리고 흉사를 처리하던 곳이 있었다. 약 70명의 대마도 무사(武士, 사무라이)들이 거류하고 있었는데, 사방에는 망루를 세우고 수직(守直)을 두어서 조선인의 행동을 염탐하였다.

1419년(세종 원년) 6월 조선 정부의 대마도 정벌, 곧 기해동정(己亥東征)이 이루어졌다. 이것은 1389년 1월 고려 말 박위의 정벌이 있은 후 두 번째의 일이었다. 기해동정 이후 대마도인의 도한(渡韓)이 늘어났지만, 정부는 단속만 할 수밖에 없었다. 1436년, 삼포(三浦)에는 664명이 들어와 살고 있었다. 이에 경상감사는 "이것은 마치 큰 뱀을 거실에 두는 것과 같다"며 반대했고 조선 정부는 이곳 60호에 266명만 들어와 살 수 있도록 했다. 664명 가운데 266명만 남기고 398명의 불법체류자는 강제 송환시켰다. 그러나 불법체류자는 줄기는커녕 오히려 늘어났다. 사신으로 왔던 자까지 주저앉는 지경이었다.

1443년 세종은 신숙주(申叔舟, 1417~1475년)를 대마도에 보내 왜구들에 대한 회유책으로 무역 협정을 맺었는데, 그것이 계해조약(癸亥條約)이다. 당시 도주(島主)는 종정국(宗貞國)이었다. 이에 의거 '삼포개항'을 단행했다. 삼포는 내이포(乃而浦, 제포), 부산포(富山浦, 동래) 그리고 염포(鹽浦, 울산)를 말하는데, 이곳에 각각 왜관을 두었다.

1471년 신숙주의 「해동제국기」에 나타난 삼포 항거왜인의 호구와 인구수를 보면, 총 411호에 2,176명의 왜인이 살고 있었는데 이 가운데 내이포에 가장 많은 왜인이 살고 있었다. 이들은 대마도와 연결되어 있으면서 그 길목인 거제도(巨濟島)와 거문도(巨文島) 등에서 어업에 종사하고 있었다.

삼포는 우리 문화가 일본에 건너가는 출구가 되기도 했다. 당시 최고 인기 품목이던 도자기와 그 기술이 일본에 전해져 부를 가져다 주기도 했다. 잘 알려진 대로 초기 일본도자사는 우리와 연관 없이 쓰여질 수 없을 정도다. 또한 차 문화도 전해졌는데, 매월당(梅月堂) 김시습(金時習, 1435~1493년)에 의한 것이 대표적이다. 그는 경주 금오산 용장사(茸長寺)에서 무로마치 막부(室町幕府, 1336~1573년)의 외교승으로 염포에 와 있던 준(俊)이란 일본인 장로에게 조선의 초암차(草庵茶)를 전파해 주었다고 한다. 1465년 봄, 김시습이 머물던 용장사의 별칭이던 금오산실(金鰲山室)이 일본에 전해져 초암다실(草庵茶室)이 되었다고 하는데, 이곳은 현재 일본이 다실의 대표적인 건축물로 자랑하는 곳이기도 하다.

한편 삼포는 왜인들이 서울로 올라가는 출발지이기도 했다. 1580년, 대마도 서산사(西山寺)의 왜승 현소(玄蘇)가 걸어서 한양까지 올라간 사실이 『왕환일기(往還日記)』에 기록되어 있다. 왕환이란 '갔다 왔다' 는 뜻으로 이 일기는 몇년 뒤 임진왜란을 일으킨 왜의 침공 자료가 되기도 한다. 1589년 3월, 현소는 도요토미 히데요시(豊臣秀吉)의 명을 받아 종의지와 함께 조선에 파견된다.

1510년 4월, 삼포에서 대마도 도주가 사주한 항거왜인들이 삼포왜란(三浦倭亂)을 일으키자 대마도 도주의 백부 종성홍(宗盛弘)은 병선 200척을 이끌고 웅천성(熊川城)으로 몰려 왔다. 삼포의 왜인 300명이 이에 합세했다. 이에 중종(中宗, 1506~1544년)은 삼포왜란을 무력으로 종결시키고, 아울러 왜관도 폐쇄시켜 버렸다.

이때 일본은 아시카가 요시미쓰(足利義滿) 장군의 시대로 그는 그뒤 조선 정부에 교린 정책을 펴나갔으며, 이에 1544년 중종은 부산포에 다시 왜관을 열었다. 그뒤 임진왜란이 일어나면서 왜관의 의미는 바뀌었다. 조선 정부는 일본 사절의 한양 상경을 허락하지 않고 부산포왜관에서 접대한 후 돌려보냈다. 왜군의 상경로가 침략로로 이용되었기 때문이다.

임진왜란 중 일본은 부산포에 왜성을 쌓아, 당시의 왜관을 성내로 흡수함으로써 2백 년 동안 존속되었던 부산포왜관은 이로써 막을 내렸다. 이때 부산포는 부산진(釜山鎭) 범일동(凡一洞) 자성대(子城臺) 부근에 위치하고 있었다.

절영도왜관(1601~1607년)

부산포왜관이 없어지고 임진왜란이 종결되자 조선으로 오는 일본 사신의 숙소가 문제가 되었다. 이에 정부는 절영도(絕影島)에 임시 왜관을 설치했다. 일본인들이 부산성 내에 들어오는 것을 막기 위해 섬에다 왜관을 설치한 것이다. 이것을 '절영도 가왜관(假倭館)'이라 한다. 절영도왜관은 대마도라는 섬의 입지와 비교할 때 가장 적절한 위치였다. 가왜관은 두모포(豆毛浦)로 왜관이 옮겨질 때까지 6년 동안 존치되었는데 지금의 영도, 한진중공업 자리에 있었다.

두모포왜관(1607~1678년)

1607년(선조 40년) 6월 20일, 기장(機張)의 두모포에 새로이 지어진 두모포왜관은 부산 내륙에 세워진 본격적 왜관이었다.

1607년은 일본을 향해 조선통신사가 처음 떠나갈 때였다. 조선통신사는 지금의 좌천동, 영가대(永嘉臺)에서 떠났다. 영가대는 원래 해신(海神)에게 기풍제(祈風祭)를 올리던 곳으로 1607년부터 1811년까지 200여 년 동안 조선통신사의 출발지였다. 조선통신사의 제술관이던 신유한(申維翰)은 1719년 『해유록(海遊錄)』에 261일 동안의 일본 기행을 남겼는데, 그 기록은 영가대로부터 시작되고 있다. "… 영가대는 부산성의 서쪽 바다 위에 있는데 높이가 십여 길이나 되는 언덕이며, 우람한 건물이 누선(樓船)을 내려다보고 있다."

두모포왜관은 '환관(環關)'이라고도 불렸다. 두모포는 현재 '고관(古館)'이라 부르는 동구 수정동 시장이 있는 '구관' 일대에 위치하였다. 1607년 6월, 당시의 경상도 관찰사가 직접 두모포에 가서 공사 현장을 시찰하였는데 그때 "왜인들이 거접(居接)할 방옥(房屋)은 이미 공사가 완료되었고 연향대청(宴享大廳, 일본 사신의 영접 의식을 행하던 장소)은 방금 그 기둥을 세웠다"고 했다. 또한 왜관에 대해서는 "엄청나게 크고 사치스럽게 지어 주어 불편함이 없었고 더구나 웅대하였다"라고 했다.

왜관은 동서 126칸(間, 1칸은 1보(步)), 남북 63칸으로 약 1만 평 규모였다. 중앙에는 연향대청이, 그 좌우에는 동관(東館)과 서관(西館)이, 남쪽에는 배를 대는 선창이 있었다.

1609년 6월, 일본에서 온 사신과 기유약조(己酉約條)가 체결되었는데, 이는 한일

위 조선통신사가 떠나던 영가대.
아래 1920년대의 영가대. 영가대는 1920년대까지 남아 있었다.

간의 통교무역(通交貿易) 조약으로서 메이지시대까지 이어진다. 이 조약에는 왜관에 올 수 있는 일본인으로는 장군과 대마도 도주, 수직인(受職人) 등 3인으로 한정시켰다. 그러나 그뒤 일본인의 내한은 줄을 이었다. 본격적 진출이 시작된 것이다.

두모포왜관은 네 차례에 걸쳐 불이 났는데, 조선 정부는 정부의 재정을 동원하여 크고 사치스런 건물을 여러 번 지어 주었고 그로 인한 정부의 재정 소모는 컸다. 1621년에는 부사 윤굉(尹宏)이 대청을 중건했고 1646년에는 부사 민응협(閔應協)이 중창을 시작했다.

이즈음 네덜란드인 지볼트(Philipp Franz von Siebold, 1796~1866년)가 부산의 왜관에 대해 쓴 다음과 같은 글이 있다.

"… 옛날부터 에치젠노 구니 미쿠니우라 진보(越前國 三國浦 新保) 마을의 주민은 겨울이 지나면 일본의 이웃나라와 배로 교역을 하곤 하였다. … 1645년에도 다케우치후지우에몬(竹內藤右衛門)과 그의 아들 후지죠오(藤藏), 그리고 선주(船主) 쿠니타 효우에몬(國田兵右衛)은 배를 손질하여, 다른 3척과 함께 4월 1일에 총인원 58명으로 출범하였는데 … ."

또한 다음의 글에도 당시 왜인들의 조선 항해 정황이 보인다. 그들은 부산에 도착하였는데, 그곳이 두모포왜관이었다.

"… 드디어 부산에 도착하였다. 부산항에는 많은 여관이 늘어서 있었고 … 이번에는 길 양옆에 직인(職人), 상인, 농부들이 살고 있는 곳에 다다랐다. 마을 입구에는 왕이 세웠다는 위병소가 있었는데, 마을 밖의 특정한 거류지에 살고 있는 왜인들이 들어올 수 없도록 되어 있었다. 주거가 한정되어 있던 왜인들은 1년에 두 번, 곧 7월 14일과 15일 이틀만 절에 참배하러 가도록 외출이 허락되었다. 왜인 마을이라고 불리는 거류지 안에 위병은 없었다. 조선인 상인은 자유롭게 들락거리며 매년 배로 항구를 찾아오는 왜인들과 장사를 하고 있었다." 유상희 역, 「시볼트의 조선견문기」, 『월간 조선』, 1987년 2월 · 고영근, 「지볼트의 한국기록 연구」, 『동양학』 제19집

이것이 두모포에 대한 유일한 기록이다. 그러나 우리의 기록은 모두 부산의 왜관이라고만 했지 정확하게 왜관 이름을 밝히지 않고 있다.

네덜란드인 하멜(H. Hamel)이 1653년 8월 제주도에 표류했을 때만 해도 부산에는 이 두모포왜관이 존재하고 있었다. 제주도와 부산, 나가사키(長崎)가 삼각으로 연결되어 있었던 것이다.

두모포가 번창하자 일본인들은 우리 동래관(東萊館)에 "두모포는 수심이 얕아

무역선, 곧 세견선(歲遣船)이 정박하기 힘들다"며 다른 장소로 옮겨 달라고 요구해 왔다. 왜관은 동래부사의 관할 아래에 있었기 때문이다.

"… 이에 정부에서는 이관(移館) 요구를 거부하는 대신 건물의 보수만을 들어주기로 결정, 1645년 봄부터 건축에 필요한 목재를 벌채하기 시작하여 9월 목재가 부산포에 운반되고 12월에는 경상좌우도의 각 수군진(水軍鎭)에 소속된 변방군(邊防軍)과 부산의 봉수군(烽燧軍) 382명을 동원, 왜관의 서관 개축 공사를 시작하여 9개월 만인 1647년 6월에 준공했다. 한옥 서관이었다.
같은 해 8월에는 다시 동관 개축에 들어갔다. 이때 일본인들이 동관을 순수한 일본 양식으로 해줄 것을 요구, 동래부사는 그들의 요구 일부를 들어주기로 하고 대청과 좌우의 행랑만은 조선식으로 하기로 했다. 이때 공수청(公需廳)과 연대청(宴大廳)이 준공되었다. 이어 선창도 개축해 주었다."

그러나 당시 일본인들은 두모포는 싫다며 이축을 요구하였으며, 일본의 도쿠가와 막부에서 온 사신 다이라노 나리모도(平成太)는 1671년 12월, 자살을 했다. 조선 정부는 이에 새로운 왜관 터로 초량항(草梁項, 초량목)을 선정했다. 이로써 두모포왜관은 1678년까지 70년 동안 존속하다가 문을 닫았다. 초량항은 현재의 초량이 아니고 용두산(龍頭山)을 중심으로 한 동광동(東光洞), 대청동(大廳洞), 중앙동(中央洞, 옛 대창정), 광복동(光復洞, 옛 장수통) 일대를 말한다.

초량왜관(1678~1876년)

초량왜관은 1675년부터 공사에 들어갔다. 총감독은 수역관(首譯官)으로 있던 김근행(金謹行)이었다. 김근행은 재무를 담당하였는데, 왜관의 설계도를 작성하고 일일이 감역(監役)하였으며, 일본인과 교섭하였다. 감동역관(監董譯官)은 박재흥(朴再興)이었다. 여기서 감동은 감독을 말하며, 역관은 통역을 말한다.

초량왜관은 약 11만 평으로 동서 370칸, 남북 205칸의 매우 큰 규모였다. 용두산의 4만 평을 빼면 7만 평이 부지였다. 왜관 시설물들은 1678년(숙종 4) 5월에 준공되었고 7월에 낙성식이 열렸다. 그뒤 초량왜관은 두모포 구관에 대해 '신관'으로 불려졌다. 신관은 동관과 서관으로 구분되었다. 동관은 경제 활동의 장이었고 서관은 외교 활동의 장이었다. 왜관은 관산(關山), 곧 용두산을 가운데 두고 동과 서로 분리되어 지어졌는데, 동광동 쪽에 자리잡았던 것이 동관이고, 신창동〔新昌洞, 옛 서정(西町)〕 쪽에 세워진 것이 서관이다. 동관과 서관은 지금의 광복동 거리와 이어져 있었다. 바닷가 쪽에는 선창을 두었다. 방파제로 둘러싸인 7천 평 규모의 선창은 용미산(龍尾山) 밑에 있었다. 만(灣) 내에는 물이 깊어 해면이 마치 유리거울 같았다고 하는데, 이 선창은 인천·원산·염포 그리고 중국의 천진으로 가던 배가 닻을 대던 곳이기도 하다.

신관 건물은 크고 고급스러웠다고 한다. 초석(礎石, 주춧돌)은 절영도에서 채석한 것을 그리고 기와는 김해(金海)에서 구운 것을 사용했다. 『증정교린지(增正交隣志)』에는 신관 공사에 조선 정부의 막대한 재원(쌀 9천 섬, 금 6천 냥)이 염출(捻出)되었다고 한다. 이는 '대국은 소국을 돕는다(大國恤小國)'는 우리 정부의 교린주의 원칙에 의해 이루어진 일이었다. 또한 목수·공장(工匠)·역군(役軍) 등 1백25만 명에 이르는 인원이 동원되었다. 대마도인 5백 명도 동원되었다. 대마도인 젊은이들이 거의 다 동원된 숫자였다. 우리 인력은 주로 경상도와 전라도에서 징발된 승군(僧軍), 승장(僧匠)과 경상도 내의 각 진포(鎭浦)에서 동원된 선방군(船防軍)이 있었다. 그러나 군인을 직접 동원한 국가적 사업이었던 탓에 경상도의 재정은 고갈 상태에 빠지고 말았다.

동관과 서관은 25년마다 한 번씩 대감동(大監董)이라 하여 건물을 크게 수리했는데, 그때마다 수리비는 조선 정부가 댔다. 왜관은 여섯 번에 걸쳐 불이 났다고 한다. 일본 공장들이 투입되었던 탓에 고칠 때마다 점점 일본식으로 변해 갔다.

동관은 3대청으로 나눠졌는데, 관수왜가(館守倭家) 48칸, 개시대청(開市大廳)

40칸, 재판왜가(裁判倭家) 32칸 등이 있었다.

일본의 관리는 대마도 도주 소우시(宗氏)의 부하인 관수(館守) 1명, 재판(裁判), 대관(大官)이 했다. 관수왜가는 관수의 집무소였는데, 당시 관수는 왜관에 거류하던 대마도 무사들을 관리하거나 외교와 무역 등의 사무를 관장했다. 1639년 처음 업무를 시작한 관수의 임기는 2년으로 급료는 조선 정부가 주었다. 재판은 상주하지는 않고 사건이 있을 때마다 대마도에서 왔는데, 1651년에 처음 왔다. 1635년에는 대관이 왔다.

개시대청은 일종의 '마켓 하우스(Market House)'로 매월 3순(旬)의 3일과 8일에 조선 정부가 지정한 무역 상인과 일본인들이 자리를 같이하여 가격을 정하고 교역을 했다. '개시(開市)'는 조선 상인과 대마도 상인 사이에 이루어지던 사적 무역 거래를 말한다. 재판왜가는 대마도 도주가 파견한 관리가 조선과 일본 사이에 분쟁

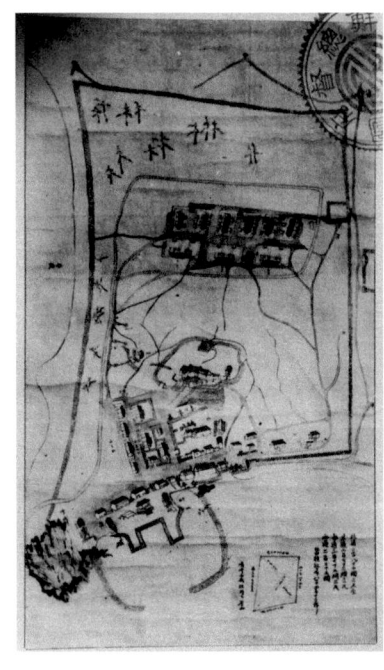

초량왜관도(1678년).

이 발생할 때마다 재판하던 곳이다.

서관 3대청에는 각각 20칸씩 서대청, 중대청, 동대청 등이 세워졌다. 서대청은 1898년부터 서본원사(西本願寺) 별원 및 본소사(本昭寺)로 쓰여졌다. 1953년 1월 31일 국제시장 대화재 때 소실되었다. 동대청은 한때 원불교(圓佛敎) 포교소로 사용되었다. 모두 종교 관계 건물로 쓰여진 것이 흥미롭다. 동본원사(東本願寺)는 1894년 이미 영도에 들어와 있었다. 본명사(本明寺)라 했다. 각 대청에는 동헌 35칸, 서헌 25칸 그리고 두 채의 행랑(각 56칸)을 두었고 이 밖에 일본인들의 필요에 의해 지은 것으로 150여 동이 더 있었다고 한다.

초량왜관은 조선의 읍성(邑城) 체제를 모방하여 높이 6자, 둘레 1,273칸의 돌로 담을 둘러쌓았다. 출입문은 현재의 동광동 제일은행 북쪽에 있던 수문(守門)을 중심으로 수문(水門)과 북문(北門)이 있었다.

수문(守門) 밖은 우리 지역이었다. 그곳에 연향대청이 있었다. 일본의 사신들에게 연회를 베풀던 연향대청은 우리 전통건축물 35칸짜리로 단청이 되어 있었다. 부속 건물로 공수청(公需廳)과 탄막(炭幕)이 있었으며, 나무와 숯을 넣었던 것으로 보아 온돌 구조였던 것 같다. 연향대청은 지금의 대청동 남일초등학교 자리에 있었다.

연향대청에서 산등성이를 넘으면 초량객사와 부속 공관이 있었다. 초량객사는 대동관(大東館)이라고도 불렸는데, 단청이 된 정청(正廳) 및 동헌(東軒)과 서헌(西軒), 좌우의 익랑(翼廊)으로 구성되어 있었다. 이곳은 조선조 역대왕의 전패(殿牌)가 봉안되었던 곳으로 숙배소(肅拜所) 및 주소(住所), 외대청(外大廳)이라고 불렸다.

일본 사신이 초량왜관에 오면 반드시 이곳에 와서 조선 역대왕의 전패에 숙배하였다. 초량객사는 영주동(瀛州洞) 봉래초등학교(蓬萊初等學校) 자리에 있었다. 부속 공관으로는 조선의 초량왜관 관리 담당인 훈도(訓導)가 집무하던 성신당(誠信堂)과 별차(別差)가 있던 빈일헌(賓日軒)이 있었다. 조선의 영접위관 숙소로는 유원관(柔遠館)을 두었다. 이 밖에 통사청(通事廳), 통인방(通引房), 사령방(使令房) 등이 있었다.

수문(守門)은 동광동 옛 민주신보사 자리에 있었고 수문(水門)은 서관의 남쪽 동

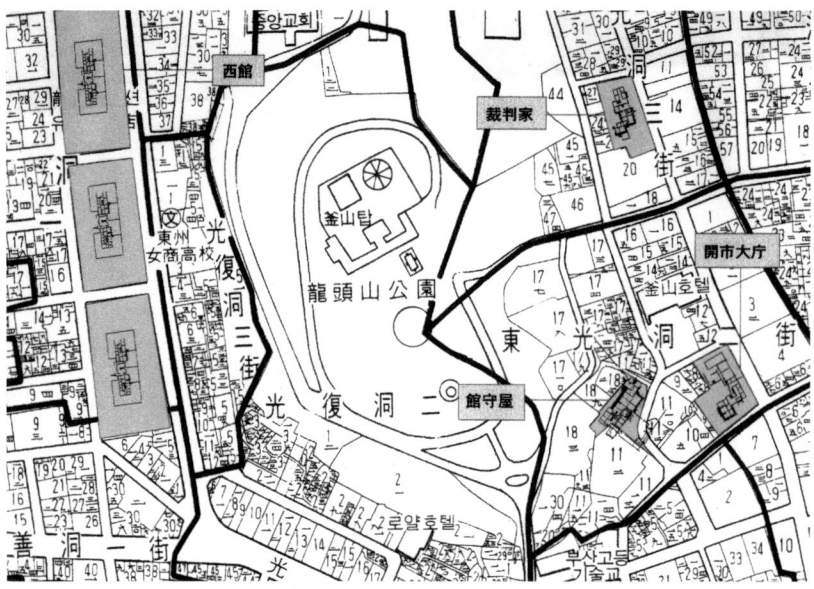

부산의 초량왜관 추정도(1/2000). 용두산공원을 중심으로 오른쪽에 동관이, 왼쪽에 서관이 있었다(자료: 일본, 三宅理一 연구실).

광초등학교 동쪽에 있었다. 사망한 일본인의 시체가 이곳으로 나왔다. 북문(北門)은 일본 사신의 출입구였다.

초량객사 쪽으로 왜인들이 담 밖으로 함부로 나오지 못하도록 설문(設門)을 설치하였다. 지금의 초량동 571번지에 있었던 이 문은 일본이 조선을 식민지화하면서 철거해 버렸다. 돌담 밖에 설치된 여섯 개의 복병막(伏兵幕) 가운데 북복병(北伏兵)이 초량객사 가까이에 있었다. 한편 용두산에는 일본 어민의 안전을 위해 1678년에 세워진 금비라궁(金比羅宮)이란 이름의 신사(神社)도 있었다. 우리나라에 처음 들어온 일본 신사였다.

초량왜관은 조선 정부에게 문젯거리였다. 왜인들의 돈놀이와 잠상 행위도 급증했다. 이곳에는 일본인 3~5천 명이 근무하며, 우리와 교류를 맺고 있었다. 일본인들 사이의 폭력도 난무하였고, 칼부림이 끊이질 않았다. 풍기, 여자 문제도 일어났

초량왜관도(자료; 국사편찬위원회).

다. 소위 왜산(倭産, 왜인 남자가 조선 여인을 겁탈하여 애를 낳는 것)이 늘어나 잠간율(潛奸律)을 제정하기도 했다.

한편 우리의 대장경, 유교 서적, 사서, 범종, 불상 등이 수출되었고 귀중한 문화재가 수거되어 일본으로 넘어가기도 했다. 서애(西厓) 유성룡(柳成龍, 1542~1607년)의 『징비록(懲毖錄)』도 이때 경도(京都, 교토)의 다니무라가(谷村家)에게 넘어가기도 했다. 1633년 유성룡의 아들 유진(柳袗)에 의해 간행된 『징비록』은 1655년 일본의 교토에서 재간행되었는데, 현재 후쿠오카(福岡)박물관에 그 원본이 있다. 첫 기착지인 대마도를 경유해서 다시 일본 내륙으로 옮겨졌다.

왜관은 조선의 막대한 부와 민력의 소모를 강요하던 곳으로 늘 비판의 대상이 되어 왔다. 초량왜관은 1876년까지 200년 동안 존속되었다.

1871년의 초량왜관과 부두의 모습으로 지금의 동광동 해안이다. 오른쪽으로 보이는 것이 용미산이고 용미산이 절산되면서 부산부청이 들어선다.

근대사와 왜관

1873년 왜관 폐쇄

　일본은 1868년 소위 메이지유신을 이루자 정한론(征韓論)에 몰입한다. 1869년 12월, 일본 외무성 관리인 사다(佐田白茅)와 모리야마(森山 茂) 등이 왜관에서 첩보 활동을 시작한다. 사다는 「정한건백서(征韓建白書)」를 작성하여 외무성에 보고한다.

　1872년 5월 27일에는 왜관의 일본인들이 불법 탈출하여, 동래부로 침입한다. 같은 해 9월 10일에는 하나부사 요시모토(花房義質, 1842~1917년)가 군함 2척을 끌고 부산항에 들어와 무력 시위를 했다. 1877년 10월 일본의 변리공사가 되었다가 1882년 임오군란 때 일본으로 도망친 하나부사는 그뒤 승승장구해서 자작에 이어 일본 궁내성 차관까지 지냈다. 하나부사의 통역관, 곧 차비역관(差備譯官) 고영희(高永喜, 1849~?년)는 우리 근대사 최초의 친일파로 1882년부터 일본의 앞잡이가 되었다.

　이때부터 초량왜관은 일제의 관리하에 들어가게 된다. 그리고 이듬해인 1873년 메이지 정부에 '접수'되기에 이른다.

"1873년부터 일본은 부산에서의 일본 상인들의 자유무역을 장려하여, 도쿄 상인 미쓰이구미(三井組) 등을 대마도 상인으로 가장하여 부산까지 진출시켰다. 그러자 동래부에서 그들 밀무역상의 단속을 강화하니, 외무성 관리인 히로즈(廣津弘信)는 이 일은 일본을 모욕하는 일이라고 외무성에 크게 보고하였고, 일본 군국주의자들은 '오직 이날을 위해 지금까지 참아 왔다' 면서 정한 문제를 정식으로 각의(閣議)에까지 상정시킨 뒤 일본의 국내적인 큰 사건으로까지 발전시켜 나갔다." 박원표, 『부산의 고금』· 부산시, 『부산의 역사』

그들은 그뒤 왜관에 포대를 설치, 요새화하기 시작했다. 1874년 11월 3일에는 실제 위협 발사 행위를 한다. 이때부터 부산 앞바다는 일본 군함의 시위장이 되었다.

1876년 일본전관거류지

1876년 2월 27일, 조선과 일본간에 맺은 병자(丙子)수호조약에 의해 왜관은 '일본전관거류지'가 되었다. 초량왜관은 그뒤 원산, 인천 개항 때 그 부지의 규모나 내용 등에서 일본측의 요구 기준이 된다. 그 조규 4관은 다음과 같다.

"부산의 초량항(草梁項)에는 일본 공관이 있고 다년간 양국 인민의 통상지이다. 지금부터는 종전의 관례와 세견선(歲遣船) 등의 일을 개혁하고 이번에 새로 정한 조례에 따라 무역 사무를 치를 것이다. 또 조선국 정부는 제5관의 규정에 따라 두 개 항구를 개방하고 일본인의 왕래·통상을 허락한다. 위의 장소에서 (일본국 인민이) 지면(地面)을 임차하고 가옥을 조영하며 또는 소재하는 조선 인민의 거택(居宅)을 임차함을 각자의 수의(隨意)에 맡긴다."

3월 15일부터 일본인들의 활동 범위는 왜관에서 동래부까지 넓혀졌다. 왜관에서 10리(4킬로미터)까지의 출입이 자유롭게 된 것이다. 8월 24일에는 부산에 있는 일본공사관의 존재를 승인하고, 왜인의 출입을 검사하던 수문과 설문을 폐쇄했다. 왜선과 왜인의 항구 출입은 해관(海關)이 그 역할을 대신했다.

4월 24일 이후 왜관 대신 일본의 본거지 역할을 하게 된 곳은 서울의 청수관(淸水館), 곧 일본공사관이었다. 왜관은 일본과의 연락처 정도로 지위가 떨어졌으며, 조규란 것도 그 의미를 잃게 되었다.

같은 해 11월 1일, 왜관 안에 일본 전신국과 우편국이 개국되어 이듬해인 1887년까지 그 자리에서 업무를 계속했다. 왜관이 일본과의 발신기지 역할을 하게 된 것이다.

또한 이즈음 일본인 외무 6등서기관 나카노(中野許太郞)가 처자를 데리고 부산 왜관에 왔다. 첫 부부 동반 이주 사례였다.

1877년 1월 30일에는 동래부백(東萊府伯) 홍우창(洪祐昌)과 일본국 관리관 곤도 신시키(近藤眞鋤)와의 교섭 결과로 '부산구(釜山口) 일본거류지 관리 약조'가 맺어졌다. 그 내용을 보면 "… 상고(相考)하건데 조선국 경상도 동래부 소관 초량항의 1구(一區)는 예부터 일본국 관민의 거류지였다. … 도중(圖中) 구칭(舊稱) 동관 구내의 가옥, 적색으로 착색한 3우(宇)는 조선국 정부가 구조(構造)한 것이다"라고 하였다.

초량왜관은 원래 조선의 국비로 건축, 유지되어 온 것이며 대마도 도주를 회유하기 위해 은혜적으로 그들을 접대하고 체류 기간 동안 편의를 제공하던 객관으로 그 소유권은 당연히 조선이 갖고 있었다. 다만 편의상 그 관리를 대마도 도주에게 위탁하였을 뿐이다. 따라서 초량에 일본인 거류지를 설정하여 거주하는 권리를 인정한 바 없었다. 그러나 일본측은 초량왜관에 대한 기득권이 없으면서 마치 기득권이 있는 양 자의적으로 해석하여 부당하게 조례를 설정한 것이다. 조례의 설정은 일본측의 불법적인 영토 침해였다.

일본인 거류지의 초기 모습에 대해 1937년에 출판된 『부산부사』에는

" … 중앙에 산 하나가 있다. 용수산(龍首山)이라 부른다. … 용수의 일맥(一脈)

이 동안(東岸)에 돌기(突起)하여 닻〔묘(錨)〕 모양을 한 것을 용미산(龍尾山)이라 부른다. … 수(首)와 미(尾) 사이에 상가(商街)가 형성되고 시가를 이룬다. 이를 동관이라 칭한다. 이 지구를 둘로 나누어 제1구(區)를 본정(本町), 상반정(常盤町), 금평정(琴平町), 변천정(辨天町)으로 하고, 제2구를 입강정(入江町), 행정(幸町)으로 한다. … 또 용수의 서록(西麓)에도 일지구가 있으니 이를 서관으로 한다. 인가 20여 호가 있다."

고 했다. 부산의 도심이 반식민지화되면서 일본화하고 있음을 알 수 있다.

1876년 관리청

1876년 관수가는 관리관 청사(줄여서 관리청)가 되었고 같은 해 10월 곤도 신시키가 관리관으로 취임했다. 1879년 3월, 일제는 조선의 허락 없이 무단으로 관수가를 헐고 부산 최초의 이양관(異樣館)인 영사관을 그 자리에 세웠다. 영사관은 같은 해 10월 20일 준공된다. 이듬해인 1880년 2월 영사관이 문을 열면서 영사가 주재하기 시작했다. 1892년 3월 11일 총영사관으로 승격되었다.

1880년 4월 영사관 경찰서와 거류민역소(居留民役所)가 들어섰다. 지금의 동광동 2가 10번지에 위치했던 경찰서는 1904년 신축 건물이 들어서면서 헐렸다. 1884년에는 영사관 건물을 헐고 두 번째 영사관을 그 자리에 세운다. 3층으로 된 이 건물은 1884년 5월 7일에 착공, 그해 10월 3일에 준공한다. 경찰서와 거류민역소는 그대로 있었다. 1885년에는 일본재판소도 설치했다. 이 모든 기관들이 관수가 자리에 세워졌다.

부산영사관은 청일전쟁과 러일전쟁의 교두보 역할을 한 곳이다. 러일전쟁에서 승리한 일본은 조선에 통감부(統監府)를 들어서게 한다. 그 직후인 1906년에는 이 건물이 다시 이사청으로 바뀐다. 공사관의 사무는 통감부에, 영사관의 업무는 이사청으로 이관되었기 때문이다. 통감부가 서울에 들어서면서 지방에는 이사청을 두었

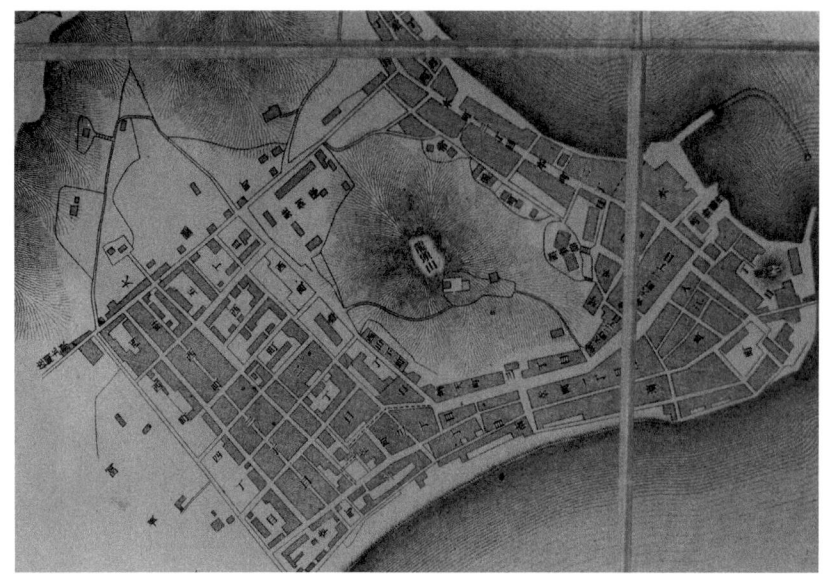

용두산과 용미산 사이에 영사관이 보인다. 1903년의 지도이다.

1879년에 세워진 부산 영사관으로 오른쪽이 경찰서, 왼쪽이 거류민역소다.

다. 이사청은 서울, 인천, 부산, 원산, 진남포, 목포, 마산 등에 들어섰다. 서울에는 통감부와 이사청이 동시에 들어섰다.

일본 정부는 부산 개항 초부터 일본의 거류민 증가를 예상하여 도로망을 계획하고 가옥의 구조를 규제함으로써 식민지적 가구(街區)를 형성해 갔다. 왜관이 조례에 의해 일본인들에게 기득권이 넘어가자 그들은 돌벽, 성문 등을 헐고 영사관 건물을 중심에 놓고 그 둘레에 경찰서, 상공장려관, 전신국, 은행, 병원 등 공공건물을 차례로 배치하여 일본화된 시가지를 만들어 갔다. 외국인이 보는 부산이란 일본인 거주구를 말하는 것이 되었다.

1885년 4월 2일 개신교 첫 선교사인 아펜젤러(Henry Gerhard Appenzeller, 1858~1902년)가 부산항으로 들어왔다. 아펜젤러의 눈에 비친 부산에 대한 첫인상은 오직 '미개한 땅'이었다.

> "아침 8시 15분, (일본) 기선의 갑판에서 부산의 작은 마을이 보였다. 가옥의 벽들은 약 8피트 높이의 진흙으로 만들어졌고 지붕은 볏짚으로 엮어져 있다. 잠시 후 오른쪽에서 또 다른 주거지를 발견했다. 지하층 옆에 바짝 붙어 있는 것들이다. 그 집들은 인간의 것이라기보다는 벌집같이 보였다."

일본의 요코하마(横浜)와 도쿄가 눈에 익었던 그에게 조선의 아름다운 전통식 마을 구조와 가옥들은 눈에 설었던 것이다.

부산은 차츰 일본화되어 갔다. 서양인들은 이를 무척 좋아했다. 그것이 문명이나 개화, 곧 서양화라 생각했기 때문이다.

1880년 7월 19일 일본 영사의 이름으로 시달된 '거류지가옥건축가규칙(居留地家屋建築假規則)'을 보면,

· 허가를 얻어 가옥을 신축 또는 개축하고자 하는 자는 미리 계획된 도로에 따

- 가옥이 도로에 면한 자는 물론 도로의 획정에 준할 것이나 만일 도로에 면하지 않거나 가택 내에 여지(餘地)가 있는 자는 모두 둘레에 담장을 쌓고 도로에 향하여 그 문을 낼 것.
- 가옥은 모두 와가(瓦家)나 아연판(亞鉛版) 지붕을 사용하고 즙(葺)이나 송판(松板) 등의 소질물(燒質物)로는 지붕을 이지 못함.
- 변소의 구조는 가장 청결을 요하는 것이므로 유호(溜壺) 등은 가급적 견치한 것을 쓰며 분즙(糞汁)이 흐르지 않게 할 것.
- 택지 내의 하수통(下水桶)도 변소와 같이 튼튼한 것을 써서 오수(汚水)가 고여 있거나 스며지지 않도록 주의할 것.

등이다.

서남해안을 따라 형성된 일본 거류지는 일본 본토와 다를 바 없이 간간이 흰 벽에 기와지붕이 솟아 있었다. 그곳에는 크지 않은 세관 건물과 몇 동의 창고가 있었다. 세관 옆에는 일본 우선회사 사무소가 있었다. 일본영사관 건물 주변에는 일본인 사진관과 2층으로 된 흰색의 일본 은행이 있었다. 서관, 곧 지금의 신창동 쪽에 있던 3층으로 된 상품진열관(1904)은 부산세관 및 부산정거장과 함께 부산의 풍경을 바꿔 놓았다.

1882년 초 부산항 상업회의소에서는 조선의 정보를 얻기 위해 순간(旬刊) 『조선신보(朝鮮新報)』를 발행한다. 부산은 이렇듯 서울과 일본을 연결하는 정보의 거점이 되어 갔다.

한편 길가에는 일본식 이발소와 여관, 2층 상점들이 줄지어 들어서고 있었다. 거리 끝에는 우체국, 전화국 등도 있었다. 일본인 거류자가 늘자 일본인 전용 묘지가 필요해졌다. 왜인묘지는 1888년 5월 복병산(伏兵山)에 만들어졌다.

" … 조선의 해변 촌락을 가로질러 인력거꾼은 길이 더 넓고 비교적 깨끗한 일본 시가지로 방향을 돌렸다. 이곳은 모든 것이 전형적인 일본이었다. 일본인들은 그들이 이주하는 나라에 적응하려 하지 않고 그들의 풍속을 그대로 옮겨 지키고 있었다. 고국의 땅에서와 똑같은 집을 짓고, 먹고, 자고, 마시고 한다."

부산의 일본인에 대한 민심의 동요는 점점 커져가고 있었다.

" … 부산에서는 일본인 거류지 안의 집들에 불을 지르고, 지나가는 일본인에게 기왓장을 던지며 욕설을 퍼붓는 등 여러 형태의 반일투쟁이 벌어졌다. 이리하여 일본 상인들은 거류지 울타리 안에서, 아니면 골목길에서 거래하지 않을 수 없었으며 부산 앞바다에 항시 전함을 띄워 놓고서야 무역을 진행할 수 있었다."
북한사회과학연구원, 『근대조선역사』

부산에는 2개 중대의 보병부대와 약간의 헌병이 주둔했다. 그들의 임무는 대구까지 깔려 있던 전신선을 방위하는 것이었다. 1890~1891년 심한 흉년이 든 일본은 조선에서 쌀을 강탈하다시피 뺏어 갔다. 1892년경에는 일본의 후쿠오카 낭인들이 부산에 몰려들었고 1894년 5월 동학란이 발생하자 동학란을 일본에 유리하게 이용했으며, 청일전쟁과 러일전쟁의 교두보가 되도록 했다.

부산의 '오자키 슈키치(大崎正吉) 법률사무소'가 그 중심에 있었다. 오자키는 천우협(天佑俠)을 만들었는데, 1892년 6월부터 부산에서 활동하기 시작한 이 천우협은 일본군의 보호를 받으면서 청일전쟁을 일으킬 구실을 만들고 있었다. 그 배후에는 육군참모차장 가와카미 소로쿠(川上操六, 1848~1899년)가 있었다. 일본 영사 가토(加藤)는 1895년 12월 "일본 거주구는 점점 늘어나는 일본인 거류민들에 비해 너무 협소하다"고 말하였다.

1909년경 동관에는 민간인을 대상으로 한 서적 판매점들이 들어서 서적을 판매하기도 했다. 그 예가 한흥서관(韓興書館)이다.

일제강점기의 부산

부산은 1914년 부제(府制)가 실시되면서 부산부가 되었다. 1910년 한일합방 후부터 이사청 건물로 쓰이던 건물은 1936년까지 부산부청으로 사용되어졌다.

1910년도의 지도에서 보듯 용두산과 용미산은 이미 도시화된 상태로 왜관은 일제에 의해 사라져가고 있다. 1920년대 말, 왜관은 부산 면적의 3분의 1 규모였다. 부산은 해안선을 따라 확장·변화하고 있었으며, 특히 서면 쪽으로 확장해 나가고 있었다. 1920년대 부산의 인구는 11만 6천여 명이었는데, 그 가운데 일본인이 4만 1천여 명이었다. 40퍼센트 정도가 일본인이었으며, 그들은 왜관 일대에 몰려 살았다.

1934년 부청과 절영도를 잇는 도개식(跳開式) 다리인 부산대교가 설치되어 부산이 영도 쪽으로 확장된다. 이것이 오늘날의 영도다리이다.

1936년 4월, 용미산으로 이전, 준공되었던 부산부청(헐릴 당시 부산시청)은 1998년 헐렸다. 그뒤 부윤의 관사가 된 원래의 부청은 지금 그 일부가 '정원(庭園)'이라는 음식점이 되어 있다.

그뒤 부산은 인천, 서울, 원산 등이 번창함에 따라 힘을 잃어 갔다. 일본과의 해상 교통도시로서 의미만 커져갔을 뿐이다.

역사도시로서의 위상 정립을 위해

왜관이 다시 일본인들의 관심의 대상이 되고 있다. 일본은 현재 왜관을 한일 친선의 장소로 인식하는 경향이 짙다.

조선 개국 이래 470여 년 간 부산에 설치되었던 왜관 건축물들의 존재는 가치가 있다. 왜관은 단순한 객관이 아니었다. 왜관은 우리 정부의 교린주의 원칙에 의해 '베푸는' 자세로 마련해 준 것이었다. 왜관의 토목·건축공사에 투입된 우리 조정의 막대한 지원금과 인력도 이 원칙에 따른 것이었다. 그러나 왜관은 시대의 변화에 따

부산역에서 부산대교까지 폭 27미터짜리 새 길이 뚫렸다. 멀리 부산대교가 보인다.

라 의미가 바뀌어 일본이 조선과 중국 대륙을 침략하는 데 있어 교두보가 되었다.

우리 대부분은 지금 왜관의 존재를 모르고 있다. 일본인이 생각하는 왜관과 우리가 생각하는 왜관과는 큰 차이가 있다.

왜관은 부산 도시 발전의 핵이 되었고 그 영향이 오늘의 부산에 남아 있다. 부산의 마지막 왜관, 초량왜관 옛터는 현재 용두산에서 용미산, 곧 부산시청까지의 400미터, 용두산에서 구서본원사까지 230미터 거리 안에 있었다. 지금은 도시화되어 그 흔적조차 찾을 수 없다.

8·15 해방 후 귀국선이 들어오면서 귀환동포들이 용두산과 부두 일대로 몰려들었다. 그뒤 한국전쟁 때는 또다시 북으로부터 피난민을 받아들이게 되었다. 부산은 계획된 도시화를 할 수 없었다. 그 와중에 왜관 부지는 적산화(敵産化)되었고 급격히 바라크(임시로 지은 허술한 집, 가건물)화되었다.

영가대, 초량객사 등의 복원은 그래서 시급한 것이다. 왜관 내에 조선 정부가 세워주었던 우리 전통건축물의 복원도 우선적이다. 부산은 다른 도시와 마찬가지로 역사도시로서의 위상 재정립이 중요하다.

가톨릭 박해의 묏자리, 해미읍성

1천5백 명이 근무하던 해미읍성

해미면(海美面)은 충남 서산시(瑞山市) 동쪽에 위치한다. 서산시는 충청도에서 볼 때 제일 북쪽에 있다. 홍성군(洪城郡)과 서산시를 이어주는 교통의 중간 지점에 해미면이 있다.

해미면은 백제시대에는 여촌(餘村)이라 불렸으나, 통일신라시대에 '여읍(餘邑)'으로 이름이 바뀌었다. 고려시대에 들어 정해(貞海) 여미(餘美 또는 余美)가 되었다. 여기서 '해미'의 지명이 유래되었다. '해미현(海美縣)'이라는 이름으로 된 것은 조선 태종(太宗, 1401~1418년) 때다. 이 시대의 해미에는 종 6품관인 현감(縣監)이 배치되어 있었고 그뒤 다시 해미군이 되었다.

해미군은 동면, 서면, 남면, 고북면(高北面), 운천면(雲川面), 부산면(夫山面), 이도면(二道面), 일도면(一道面), 염솔면(鹽率面) 등 9개 면으로 되어 있었다. 원래 해미는 군이었으나, 1914년 3월 1일 서산군으로 통합되었다. 이때 서산군에 포함된 군이 서산군, 태안군, 해미군이었다. 그때부터 해미면이 된 것이다. 1922년 해미면은 22개의 리로 나누어진다. 1932년 서산군은 20개 면으로 이루어져 있었다.

고려시대의 도로망도를 보면, 한양에서 해미로 갈 수 있는 도로망, 곧 역로(驛路)는 수원을 거쳐 예산을 통과하여 가는 길뿐이었다. 충청도 일대에서 해미를 가려 해도 예산을 거쳐 가는 길밖에 없었다.

고려 말 일본의 해적인 왜구가 서해안 쪽까지 침입해 왔을 때에는 부여, 공주, 홍성까지 피해를 입었을 정도였다. 우왕(禑王) 때인 1377년 4월에는 여미현에도 들어왔다.

그뒤 조선조 성종(成宗, 1470~1494년) 때 전국의 지방도시에 왜구 침입에 대비한 성을 축성하여 방비(防備, 적의 침공이나 재해 따위를 막을 준비를 함)를 엄격히 하기 시작했고 토목·건축공사에 심혈을 기울였다.

석성(石城)인 해미읍성은 왜구를 물리치기 위해 성종 22년 평지성(平地城)으로 쌓은 것으로 현재 해미면 읍내리(邑內里) 16번지에 있다. 『신증동국여지승람』에는 둘레가 3,172척에 높이가 15척이라고 기록되어 있는데, 현재 성곽은 높이 5미터, 둘레 1.8킬로미터로 사적 지정 면적은 194,083제곱미터(52,624평)이다.

차령산맥을 경계로 한 충남 서부지역 일대인 내포(內浦)에는 여덟 고을이 있었다. 내포의 여러 고을 가운데서 유일하게 진영(陣營)이 있던 군사 요충지가 해미였다. 해미읍성에는 충청도 병마절도사의 사령부를 두기도 했다. 『여지도서(輿地圖書)』에는 군병(軍兵) 1천3백6십 명 정도가 근무한 것으로 기록되어 있다. 당시로는 대단히 큰 규모였다. 성안에 1천5백여 명 이상이 생활하며 지냈다는 것은 유럽에서도 보기 드문 일이었다.

임진왜란이 일어나기 전인 1579년, 이순신(李舜臣) 장군이 여기에서 10개월 동안 훈련원 봉사로 근무한 적이 있었다.

이 화강암 성곽에는 동서남북 4곳에 문이 세워져 있었다고 한다. 남문은 주문(主門) 또는 관문(關門) 격으로 진남루(鎭南樓)라 한다. 1931년 일제에 의해 중수되었다.

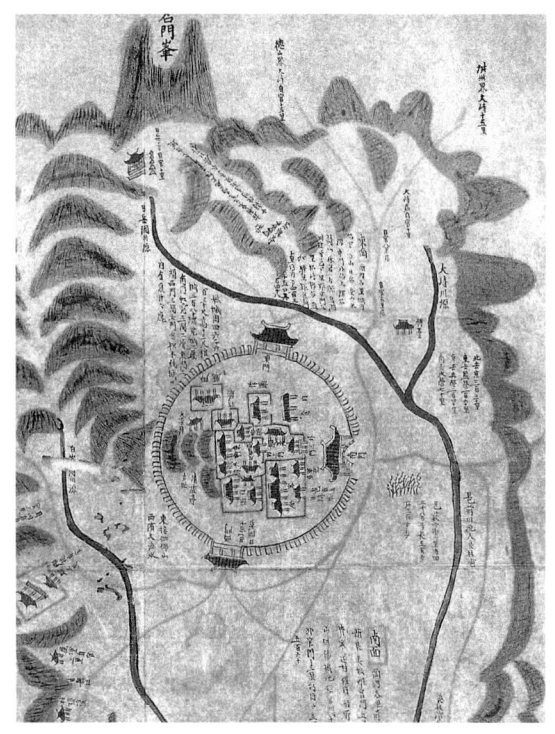

해미현 지도 부분(자료: 서울대 규장각).

남문인 진남루로 1973년의 모습이다. 현판이 남아 있다.

동문은 규양문(葵陽門)이고 서문은 정분문(靜氛門)이라 한다. 북문은 이미 일찍 폐쇄되었다고 하나 정확한 기록조차 없다.

'진남루'라는 현판이 걸린 남문을 통과하면 시야가 훤히 트이면서 성안이 보인다. 복원을 기다리고 있는 곳이다.

가톨릭 박해의 묏자리

해미읍성은 우리나라 읍성 가운데 특이한 역사를 하나 더 갖고 있다. 바로 가톨릭과 관련된 역사이다.

천주교가 서울, 경기, 내포, 전주 일원으로 퍼져 나가자 충청 지역의 중인(中人)들도 서울과 마찬가지로 함께 모여 신앙 생활을 시작했다. 1786년에는 가성직(假聖職) 제도까지 생겼다.

솔뫼(당진군 연천면 송산리)와 해미에도 일찍이 남인(南人)들에 의해 천주교가 전래되었는데, 바로 천주교 탄압과 연결되었다. 솔뫼가 '신앙의 못〔苗〕자리'라고 불리는 데 비해 해미가 '신앙의 묏〔墓〕자리'라 일컬어지는 것도 그 이유다. 두 순교지는 불과 150리 떨어져 있다.

가톨릭에 대한 박해는 1801년(辛酉), 1839년(乙亥), 1846년(丙午) 그리고 1866년 등 계속되었다. 1866년부터 본격적으로 시작된 박해는 1882년에 들어서서 끝이 났고 그뒤 4년 후인 1886년 한불조약이 맺어졌다.

특히 1799년 이곳 해미에서의 박해는 이보현 외 2명이 순교했다는 기록을 통해 볼 때 공주(公州), 덕산(德山), 면천(沔川) 등과 함께 해미가 충청도의 새로운 순교지로 등장하였음을 알 수 있다.

『한국천주교회사』에는 "1811년 4월 7일 공충도(公忠道, 충청도) 감찰사 원재명(元在明)이 해미 지방의 교우 14명을 잡아넣었다"고 순조에게 보고한 기록이 있다. 또한 "5월 23일 왕이 원재명의 청에 의해 해미현의 양반과 상민들을 사형에 처했으며, 1812년 10월 15일에도 교우와 노비 등이 이곳에서 사형을 받았다"고 기록되어 있다.

1814년 조선가톨릭 창설기부터 입교하여 10여 년 동안 해미 감옥에서 옥고를 치르던 김대건(金大建, 안드레아, 1821~1846년)의 증조부 김진후(金震厚, 비오, 1738~1814년)도 이곳에서 순교하였다. 10년이나 한 감옥에 있었다는 것은 당시 행형사(行刑史)에도 기록적인 일이었다.

1817년 10월에는 해미의 포교가 갑자기 덕산군의 배나다리 마을을 습격하여 30명의 교우를 잡아서 해미 옥에 가두었다. 덕산 사람 손여심(1827년)과 손연옥(1824년) 부녀도 해미 옥에서 순교하였다.

해미의 박해는 특히 1866년 병인년에 절정에 달했는데, 다음에 그 기록이 있다.

"또한 해미는 이번 박해로 더욱 유명해졌다. 왜냐하면 1868년 오페르트(Ernest Oppert) 일행이 덕산(德山)에 있는 대원군의 아버지 남연군(南延君)의 무덤을 침범한 데 대한 보복으로 대원군이 해미에서 수많은 천주교인을 학살하였을 뿐만 아니라 해미 읍내에서 조금 떨어진 조산리(造山里)란 곳에서 교우들을 집단적으로 생매장까지 하였기 때문이다." 최석우, 『한국교회사의 탐구』· 김원모, 『근대한국외교사년표』

독일의 항구도시 함부르크에 국적을 둔 유태계 상인 오페르트는 미국 상인 젠킨스(Frederick Jenkins)와 함께 영국선 로나(Rona)호를 타고 서해안으로 밀입국 했다. 1866년 2월과 6월 두 번에 걸쳐 그가 들어와 머문 곳은 해미현 서면 조금진(調琴津)이었다.

1866년 대원군의 천주교 박해 때에는 이곳에 비교적 큰 감옥이 있었다. 또한 병무 행정권, 곧 죄수 처형권이 있어 많은 교도들을 이곳에 가두고 처형시키기도 하였다. 해미읍성 복원계획에서 제일 중요한 것이 이 감옥이 되는 이유가 바로 여기에 있다.

병인박해 때 많은 교도들이 잡혀오자 옥리들은 일일이 '자리개질' 해 죽였다. 이 것도 힘겹자, 읍성 서문 밖 조산리 개울가에 큰 구덩이 셋을 파고 모두 생매장하였다. 천주교 박해 80여 년 동안 1천여 교도가 태형(笞刑), 책형(磔刑), 자리개질 그리고 생매장 등으로 죽어갔다. 당시의 고문은 매우 잔인하여 학(鶴)춤, 주리틀음, 줄 톱질, 매질, 육모매질, 곤장(棍杖) 등을 썼다.

천주교 박해가 진행 중이던 1870년, 홍성의 홍주성을 개축할 때 해미의 석공들도 참여했다는 기록이 보인다. 홍주성에서 해미읍성까지의 거리가 20킬로미터에 불과한 것으로 보아 해미성과 관계된 석공들임이 분명하다.

코스트 신부에 의해 1890년 8월, 내포 지방으로 파견되었던 퀴를리에(Curlier) 신부가 1891년 해미에 내려왔다.

1895년 뮈텔(Mutel, 閔德孝, 1854~1933년) 주교가 발행한 『치명일기(致命日記)』에는 병인박해에 희생된 876명의 순교자 이름이 실려 있는데, 해미에서 순교한 이로는 39명이 기록되어 있다. 이 기록으로 해미가 중요한 순교지였음이 드러났다. 그 자리개질 하던 돌(길이 3미터, 너비 1.8미터, 두께 0.3미터)은 서산천주교회에 옮

해미 감옥과 유사한 것으로 추정되는 공주 감옥으로 충남 의병들이 보인다.

겨져 '순교 돌'이 되어 있다가 다시 서문 밖 옛 자리로 돌아와 있다. 생매장 터에는 '해미 순교탑'이 세워져 순례지가 되고 있다.

1935년 박해의 현장을 목격한 이들의 증언으로 범(Barraux) 베드로 신부가 순교 터를 발굴하였는데, 많은 유해와 고상(십자고상), 묵주 등이 발견되었다. 이때 발굴된 유골들 가운데 2구가 서산군 음암면 상홍리에 안치되어 있다가 1975년 이규남에 의해 읍성에서 1킬로미터 떨어진 곳에 이장되었으며, 그곳에 순교기념탑이 세워졌다.

성안 입구 부근의 감옥 앞에는 300년 된 고목(호야나무)이 우뚝 서 있는데, 바로 이 나무에 잡혀온 천주교도를 묶거나 고문과 처형의 형구로 사용한 쇠줄의 흔적이 남아 있다. 교도들을 매달아 활로 쏘아 죽이기도 하였다고 한다.

종교 탄압에 맞서 로마 성밖에 있던 분묘를 피난처로 사용했던 서양의 초기 기독교시대의 지하 분묘인 카타콤(Catacomb)의 느낌을 여기서도 찾아보게 된다. 배교(背敎)보다는 스스로 죽음을 택했던 한말 순교자들의 역사가 이 현장에 있다.

해미 감옥의 복원이 우선

"… 해미 성안 북편은 수풀이 무성하니 거기에 장군당이 있다. 성을 옆에 두고 나란히 걸어가면 서문이 보이는데 길 옆에서 일하는 사람들의 이야기를 들으면 … 해미 서문은 모양이 기려(綺麗)한데 현판은 정분문(靜氛門)이라고 써 있으나 …."

『해미순교자약사』를 다시 읽어본다.

"서문을 등뒤에 두고 돌아서서 동문으로(북문은 막힌 지가 벌써 오래였다) 향하야 … 성 중앙에는 담을 길 반이나 넘도록 싸돌닌 3칸 와가가 있으니 그것이 옥이다. 남쪽으로 문 하나가 났는데, 거기를 들여다보면 그 속에는 3, 40명 가량

위 고문 모습. 주리틀기.
아래 사형장으로 가는 모습. 1839년(자료; 유홍렬).

이나 갇혀 있다. 그 담 밖에는 큰 고목이 하나 서 있으니 그 나무는 옥에 갇혀 있는 사람들에게 … 그 옆에 바깥 옥이 또 있으니 역시 3칸 와가이다 … 거기서 북으로 산 밑에 10여 칸 되는 와가가 있으니 관아로 영장이 공사하는 곳이며, 그 우측에는 아래로 또 큰 와가가 있으니 그것이 객사요. 그 앞에는 관민의 주택이 많이 늘어져 있다. … 지금은 아무 적도 얻을 수가 없다. … 군의 명칭이 상실된 후로는 관사는 면사무소가 되었고, 객사는 학교가 되었으며, 옥은 헐렸고 다만 그 기념으로 옆에 서 있던 고목이 아직까지 그대로 살아 있을 뿐이오. 장군당은 신사가 설치되었으며, 전에는 서문 안과 남문 안에 장이 서더니 지금은 다만 남문 밖에만 시장이 서고 길은 다른 곳으로 변경되어 시멘트 다리 위에는 … 성은 아직 그대로 있으나 문은 남문 외에는 동·서문의 누각은 다 없어졌다." 경성교구 서산천주교회, 『해미순교자약사』

『여지도서』에 의하면 해미 성내에 있던 건물들은 다음과 같다.

관청(公廨)

동헌(東軒) - 전후퇴병(前後退幷) 9칸

아사(衙舍) - 19칸

객사동서헌(客舍東西軒) - 전후퇴병 36칸

장관청(將官廳) - 7칸

군관청(軍官廳) - 8칸

교련청(敎鍊廳) - 8칸

작청(作廳) - 12칸

사령청(使令廳) - 7칸

무너져내린 서문. 1935년의 모습이다.

누정(樓亭)

청허정(淸虛亭)

창고

내창(內倉) – 고사(庫舍) 23칸(성안에 존재)

이 밖에 우물 세 개가 있었다. 1935년의 자료를 보면 영장(營將) 공청(公廳)이 면사무소가 되어 그 자리에 있었다고 한다. 해미군이 서산군과 합해지면서 해미군 청사는 면사무소가 되었다. 성안에 있던 이 건물들의 복원이 급선무다.

동학과 의병의 현장 추가되다

동학혁명과 해미읍성에 관한 역사적 사실은 흥미롭지만 기록이 드물다. 서산, 매포 등지서 일어난 동학 농민군은 북접(北接, 접소(接所) 가운데 하나)이었다. 해미는 북접 핵심지역 가운데 하나였다.

동학군은 관군과 일본군의 주둔지였던 해미읍성을 공격했다. 해미읍성을 공격함으로써 충청도의 민중 항쟁은 시작되었다. 이즈음 동학군은 연전연승으로 사기가 충천해 있었고 해미읍성을 점령한 이들은 이곳에서 홍주성을 향해 나아갔다. 그런데 다시 일본군들이 읍성을 쳐들어온 것이다. 조총 등 신식 무기 앞에서 곡괭이를 든 동학군의 패배는 당연한 것이었다. 일본군 100여 명이 진을 치고 있던 해미의 당시 상황 일부가 황현(黃玹)의 『매천야록(梅泉野錄)』 '고종 31년 갑오년' 항에 기록되어 있다.

"우리 관군은 일본 장수 스스키(鈴木彰) 등과 합류한 후 동비(東匪, 동학군)들을 공주까지 추적하여 대파하였다. 이때 이두황(李斗璜)은 내포까지 들어갔다가 다시 신창(新昌), 해미 등지에서 전투를 벌여 그가 가는 곳마다 승리를 거두었

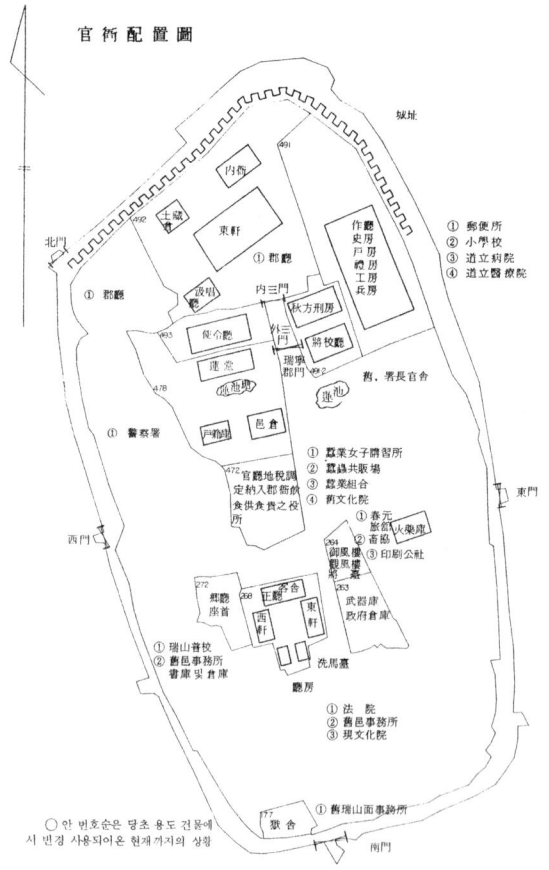

위 1935년 당시의 면사무소.
아래 1987년 그려진 관아 배치도(자료; 서산군청 이은우).

74 | 남아있는 역사, 사라지는 건축물

다. 그러나 동비들이 주문(呪文, 기도문)을 읽으면서 관군의 탄환과 화살도 막을 수 있다고 유인하였기 때문에, 많은 동비들이 그 말을 믿고 전투를 벌일 때마다 죽음을 무릅쓰고 후퇴하지 않았다. 그리고 한성의 영병(營兵)들은 비록 양총(洋銃)을 휴대하고 있었지만, 기강도 엄하지 않고 수효도 훨씬 적기 때문에 싸울 때마다 전세가 불리하므로 일병(일본군)들에게 원병을 청하였다. 일병들은 명령도 엄하고 병기도 예리한 데다가 목숨을 걸고 전진하였다. 그들이 쏜 탄환은 동비가 소지한 총보다 두어 배나 더 나가므로, 동비들은 일병들을 꺼려하여 자기 군사가 조금만 좌절되어도 모두 도망을 쳤기 때문에 이두황 등이 계속 승리를 거두었다. 우리 병사와 일본 병사가 남쪽으로 내려간 수는 모두 2천 명이었다."

우리 관군이 일본군과 손을 잡고 해미읍성을 친 시대 상황을 다시 읽을 수 있다. 화살 같은 재래식 무기에 의한 전투가 아니라, 해미성 전투에서는 신식 무기인 총에 의한 총격전이 벌어진 것이다. 이두황은 우범선(禹範善) 등과 함께 일본군의 앞잡이가 되어 총과 칼로 해미읍성의 우리 양민을 죽이고 1895년 을미사변(명성황후 시해 사건) 이후 일본으로 도망쳐 버렸다. 간악한 일제의 주구(走狗)였던 그는 1907년 유길준 등과 귀국해서는 다시 의병 탄압에 앞장섰다. 김홍집(金弘集)이 전북 관찰사로 등용했기 때문이다.

해미읍성의 훼손은 이미 그때 시작되고 있었다. 일본군이 다시 해미읍성을 차지, 홍주성을 공격하기 시작한 것이다. 홍주(홍성)는 해미현의 본부에 해당하던 곳으로 "해미현진관(海美縣鎭管) 홍주진영(洪州鎭營) 좌영속(左營屬)"이란 글이 『여지도서』에 보인다. 손재학(孫在學)이 지은 향토사 『홍양사(洪陽史)』를 보면 "… 홍주성(洪州城)을 에워싼 동학군과 관군의 공방전이 치열하여 관군의 형세가 자못 위험 지경에 이르렀던 바 때마침 해미군 여미평(余美坪)에서 동학군을 토벌하던 일본군 100여 명이 한티고개를 넘어와 … 동학군은 사방으로 흩어졌다"고 적고 있다. 당시 일본군이 해미에서 동학군을 토벌하던 모습이 기록되어 있다.

1905년 일제에 의해 통감부가 설치되고 우리의 국권이 탈취당하자 전국에서 의병들이 봉기하기 시작했다. 1906년 의병이 일어나자, 창의대장(倡義大將) 민종식(閔宗植, 1861~?년)이 해미읍성으로 들어간다. 의병 봉기를 계획한 것이다. 해미읍성이 다시 무대가 된 것이다. 이에 대해『대한매일신보(大韓每日申報)』1906년 6월 8일자에는 "잔여 의병 기백 명이 해미성에 웅거하고 있다"고 적고 있다. 이는 윤시영 군수의『홍양일기(洪陽日記)』의 기록과도 일치하는 것으로 홍주성을 점령했다가 패퇴한 의병 대다수가 해미읍성으로 이동했음을 알 수 있다. 해미읍성이 의병의 본거지가 된 것이다.『만세보(萬歲報)』1906년 6월 30일자의「홍주의병후문」이라는 기사에는 "홍주에서 패주한 의병 여당이 해미군으로 취합한다더니 … 종식씨의 지휘하라는 설이 있다더라"고 기록되어 있다.

해미에서는 읍성에 있던 관아의 관원들 모두 의병에 가담할 정도로 치열함을 보였고 해미 관아의 양곡이 홍주성 입성 의병들의 군량미로 충당될 정도였다.

1908년『매천야록』의 '의보(義報)' 항을 보면 전국에서 의병들이 일어난 것을 볼 수 있다. "이때 의병의 출몰 지역은 … 천안, 아산, 홍주, 해미, 서산, 신창, 청양, 태안 … 등지에 출몰하였다"고 한 것으로 보아 충청도의 전지역에 걸쳐서 의병이 궐기한 것을 알 수 있다. 이 가운데 해미가 의병지로 열거되어 있음을 볼 수 있다. 의병 투쟁은 우리나라가 일제의 식민지가 되면서 1911년 막을 내리게 된다. 해미읍성도 이때부터 일제의 수중에 들어가 현장과 역사가 동시에 말살되게 된다.

잊혀진 해미의 역사들을 복원해야

해미의 근대사는 미국과도 관련이 있다. 1876년 5월 26일 미국의 아시아 함대가 해미현에 불법 침입해 통상을 요구한 바 있다.

『매천야록』은 해미에 관한 기록을 하나 더 올리고 있다. '1903년(광무 7)' 항에 나온다. "해미인 이승화(李承和)가 작은 윤선(輪船)을 제조하여 독도(纛島, 뚝섬) 앞에 있는 강물에서 진수식을 가졌다." 해미 사람에 의해 만들어진 화륜선 한 척이 한강, 지금의 뚝섬 앞에서 진수된 것을 알 수 있다. 선박사(船舶史)에도 중요한 기록이다.

이제 이 아름다운 이름을 갖고 있는 읍성과 그 안에 많은 역사를 담은 건축물들은 모두 사라져 버렸다. 그리고 그 장렬한 역사도 잊혀졌다.

어쨌든 이곳은 1960년 7월 4일, 사적 제116호로 지정되었다. 일제도 이 성의 중요성을 인식하여 1943년 12월 30일 고적으로 지정해 놓은 바 있다.

1973년에는 복원 공사가 일부 이루어져 지금의 모습이 되었다. 그나마 지금으로부터 20여 년 전까지만 해도 민가와 초등학교(객사 터), 면사무소, 우체국 등이 자리 잡고 있었으나 성을 복원하면서 모두 헐어 버렸다. 안타까운 일이다.

남북을 잇는 큰길을 따라 조금 걷다 보면 오른쪽으로 감옥 터가 나온다. 물론 지금 그 건물들은 하나도 남아 있지 않다. 감옥 두 채는 일제강점기에 철거되었고 지금 그 자리에는 순교 기념비만이 세워져 있어 그때의 참상을 알려주고 있다.

현재는 동북쪽의 구릉을 배경으로 몇 채의 관아 건물들과 크고 작은 나무들 그리고 성벽 위에 세워진 몇 개의 문루가 성을 지키고 있을 뿐이다. 5월이면 만발하는 유채꽃이 해미읍성의 의미를 우리에게 되새겨주고 있다. 이제 해미읍성은 해미읍성사, 천주교 박해사, 동학혁명 운동사, 의병사, 해외 교류사, 충절사(忠節史) 등의 측면에서 동시에 연구, 복원되어야만 할 것이다. 이것은 충청도의 양식사(良識史) 측면에서도 시급한 일이다.

제3부

가톨릭 건축의 '킹 볼트' 역할을 한 코스트 신부
영국인 건축가 마샬이 서울 한복판에 세운 영국공사관
우리에게 건축 정신을 보여주었던 캐나다인 건축가 고든

가톨릭 건축의 '킹 볼트' 역할을 한 코스트 신부

파리 외방전교회에서 찾은 그의 기록

구한말 '양대인(洋大人)'이라 불리던 프랑스인 신부(神父), 그 가운데에서도 건축 신부였던 으젠느 장 조르주 코스트(Eugene Jean Georges Coste, 1842~1896년)에 대해 살펴보기로 한다.

그는 파리 외방전교회(外方傳敎會) 소속으로 1868년 동아시아로 왔고 주요 임지는 조선이었다. 그는 조선에 건너와서 가톨릭 건축의 초석을 놓는 일, 곧 '킹 볼트(King Bolt)' 역할을 충실히 해냈다.

프랑스 제3공화국시대의 '식민성(Ministère des Colonies)'과 제4공화국 이래 '해외 영토 담당 국무성(Ministère d'Etat d'Qutre-Mer)' 그리고 '법무성(Ministère de la Justice)'에 관한 자료들이 있는 낭트시의 외무성 외교 문서 기록보존소 등에는 우리와 관련된 자료들이 남아 있다. 또한 일반 건축사적 자료는 파리국립도서관(Bibliothèque Nationale; BN)과 파리국립고문서관(Archives Nationales;

AN) 등에도 소장되어 있다. 프랑스에서는 이미 1840년에 건축물의 목록화 작업이 시작되었을 정도로 이 분야에 있어서 빠른 발전을 보였다.

또한 동아시아에 관한 천주교의 자료들은 파리 외방전교회 문서보존소(Archives de la Sociètè des Missions È´trangères; MEP) 외에 베트남, 홍콩, 상해, 나가사키의 관계 기관에도 남아 있다.

우선 관심을 둔 곳은 파리 한복판 제7구(區), '바크가(뤼 드 바크, Rue du Bac 128번지)'에 있는 파리 외방전교회 본부였다. 오르세이(Orsay)역 부근에 본부와 신학교가 있다. 코스트 신부가 이곳에서 동아시아로 나가기 위해 신부 수업을 받았을 때는 아직 오르세이역이 세워지지도 않았다.

파리 외방전교회는 1664년 팔뤼(Fancois Pallu) 주교와 모뜨(Lambert de la Motte) 주교가 동아시아 포교를 위해 파리에 설립한 프랑스 가톨릭의 해외 선교 요람으로 '프랑스군이 가는 곳에 프랑스 선교사도 갔다'는 제국주의적 시각도 있지만, 이 전교회는 한국과 일본, 만주의 가톨릭 포교에 선도적 역할을 했다.

프랑스가 한국을 식민지화할 의도를 처음 드러낸 것은 게랭이 한반도를 식민지화할 것을 프랑스 해군성에 제의한 1856년부터다. 그러나 1866년 병인사옥(丙寅邪獄)을 계기로 프랑스 로스 제독에 의해 가톨릭 포교를 위한 조선 원정이 단행되었으나 실패했다.

신부들은 평생을 동아시아를 위해 종사하겠다는 서약을 하고 입회했다. 그리고 교육을 받은 후 그들은 동아시아의 임지로 떠나기 위해, 프랑스의 마르세유항에서 배를 타고 베트남의 사이공(지금의 호치민)까지 왔다.

프랑스는 1884년 6월 23일, 하노이 북부 바크레에서 중국과 전쟁을 치뤄 승리했다. 이 청불선쟁으로 베트남은 프랑스의 식민지(1887~1957년)가 되었고 프랑스는 사이공에 전교회 거점을 만들었다. 그 가운데 일부가 조선포교단(朝鮮布敎團) 신부가 되어 조선으로 건너온 것이다. 프랑스 신부가 파리에서 직접 조선으로 온 적은 없다. 코스트 신부 역시 마찬가지였다.

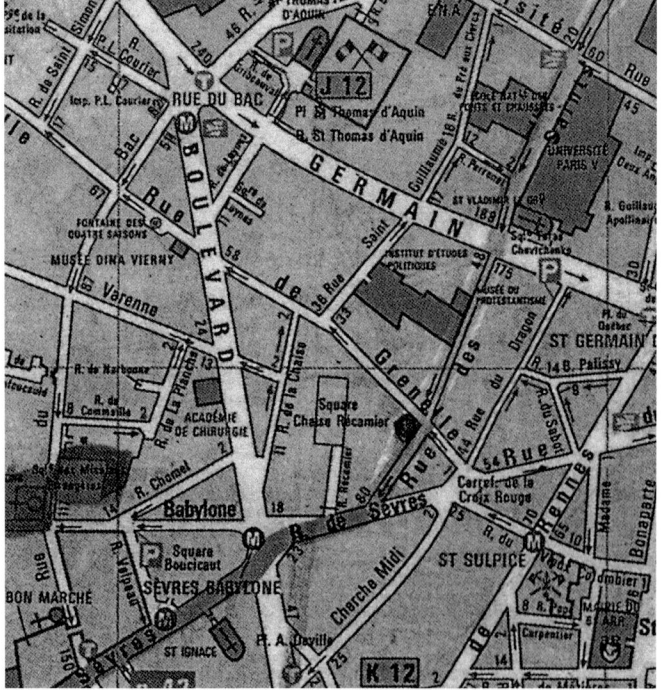

위 건축 신부 코스트의 유일한 사진(자료; 한국 샤르트르 성 바오로 수녀회).
아래 파리 시내 바크가에 있는 '파리 외방전교회' 약도.

파리 외방전교회는 이미 1894년부터 이러한 일련의 사건들을 기록해 왔다. 『조선의 순교사』(1927년)를 쓴 샤를르(Launay Adrien Charles, 1853~1927년) 신부가 대표적인 경우다.

1992년 1월 파리 외방전교회의 고문서 담당인 랑팡(Lenfant) 신부와 연결이 되었다. 랑팡 신부는 복사본과 함께 다음과 같은 짧은 서한을 보내주었다.

"… 당신 편지에 대한 답장으로 나는 1896년의 파리 외방전교회의 활동보고서에 나타난 코스트 신부의 「사자약전(死者略傳)」의 '약술(略述)' 을 보내드립니다."

여기서 중요한 「사자약전」의 '약술'은 파리 외방전교회의 잡지인 『콩트 랑뒤(Compte Rendu; CR)』의 보고서에 실린 것이다. 보고서(CR)는 파리 외방전교회의 연보(年報)로서 전교회의 대내적(對內的)인 잡지다. 사자약술은 그 잡지의 권말에 실려 있다. 이에 관한 글은 최석우(崔奭祐) 신부의 「파리 외방전교회 연보 해제」에 잘 나타나 있다.

「사자약전」에 남겨진 코스트 신부의 족적

여기서는 코스트 신부에 대한 '약술'과 그동안 국내에서 발표된 자료들을 중심으로 풀어 나가기로 한다. 우선 코스트 신부에 관한 기록을 개략해 본다.

코스트는 1842년 4월 17일 프랑스 에로현 아니안느면 몽타르노읍에서 믿음직한 지주의 1남 1녀 중 맏이로 태어났다.

코스트의 본가는 포도나무와 올리브나무가 언덕을 둘러싸고 있는 아름다운 골짜기에 자리잡고 있었다. 높은 언덕엔 오래된 성(城) 한 채가 마을을 내려다보고 있었는데, 이곳의 아름다운 경치는 훗날 코스트 신부의 건축 예술적 취향이 눈뜨게 된 계기가 된다. 조선에 온 코스트 신부는 죽을 때까지 고향에 대한 아름다운 추억을 간직하고 있었다고 한다. 죽기 1년 전 그의 사촌누이에게 보낸 편지의 한 부분을 보면,

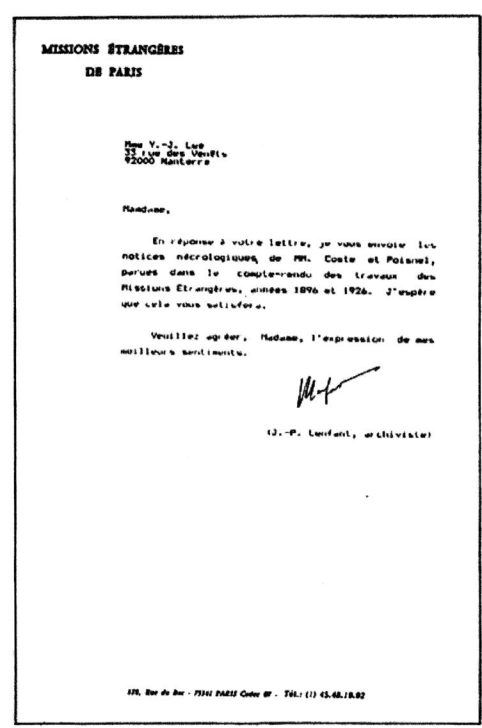

랑팡의 서신.

"너는 꼬맹이 초등학교 학생들이 강가를 따라서 또는 마디에르(Madieres)산에서 깡충거리며 뛰어다닌 후에 즐겁게 집으로 돌아가던 것을 기억하니? 그 고향 마을의 바위에는 염소들을 제외하고 아무도 올라가지 못했었지. 나는 온 가족이 모여 매우 단란한 한때를 보내던 그 감미로운 정경들을 특히 기억한다. 저녁식사 후에는 나를 식탁 위에 올라가게 했고 거기서 나는 학교에서 배운 것들을 낭독하였었지. 이런 연설가로서의 경험들이 내가 후에 수행하게 되는 선교사로서의 전주곡과 다름없다는 것을 가족들은 거의 의심치 않았지."

라고 되어 있다.

그가 사도(使徒)로서 부름받은 것은 어린 신학생 시절부터다. 그는 로데(Rodez)

> **M. COSTE**
>
> PROVICAIRE DE LA MISSION DE CORÉE
>
> Né..... le 17 avril 1842.
> Parti... le 15 juillet 1868.
> Mort... le 28 février 1896.
>
> « La Mission de Corée vient de perdre un de ses plus dignes ouvriers dans la personne du « Bon Père Coste ». Car c'est sous ce nom que notre Provicaire était depuis longtemps connu et familièrement vénéré de tous ses confrères et nombreux amis, tant missionnaires que laïques, en Extrême-Orient. Dieu l'a rappelé à Lui dans la cinquante-quatrième année de son âge, après vingt-huit ans de travaux apostoliques. Aucun missionnaire de Corée n'avait encore fourni aussi longue carrière. Tous, jusqu'ici, avaient été emportés, la plupart à la fleur de l'âge, les autres relativement jeunes, ou par les privations et la maladie, ou par le fer des persécutions. Aussi étions-nous heureux d'espérer que lui, au moins, comme un autre Jean, dont il rappelait le nom et les vertus, resterait longtemps encore au milieu de cette jeune église coréenne, pour le consoler par une belle et verte vieillesse, des deuils répétés qui l'affligent si cruellement depuis quelques années. Le bon Dieu en a disposé autrement : Que sa sainte volonté soit faite et non la nôtre !
>
> « Avec le Père Coste disparaît du milieu de nous une figure vraiment vénérable et sympathique, où tout respirait le calme, la mansuétude, la modestie, la charité et une imperturbable union de l'âme avec Dieu. Maintenant qu'il n'est plus, il semble que la mort ait déposé sur son front une sorte d'auréole, et la douceur de son visage noblement encadré dans une couronne de cheveux blanchis et de barbe grisonnante rappelle volontiers ces belles têtes de moines, où le pinceau des artistes a su mettre tant de paix, de lumière tranquille et de céleste sérénité. C'est que, dans le tableau de cette vie toute sacerdotale il n'y a pour ainsi dire point d'ombre. Qu'on l'examine dans l'ensemble ou dans les détails, on n'y découvre ni tache ni vide ; c'est une suite de jours pleins. Tout y était en ordre et à sa place : rien de saillant par caractère, rien d'éclatant par modestie, rien de heurté par caprice, rien de négligé par impatience ou par humeur. Il suivait un plan et une méthode en tous ses actes ; la règle et la mesure en tout et toujours. Encore cette mesure n'avait-elle rien d'étroit ; sa règle n'était point rigide, mais douce, à la manière de

「사자약전」의 '약술' 첫장.

교구의 벨몽(Belmont)이라는 곳에서 학업을 하였고 그 싹을 발아시켰다. 거기서 학우들과 더불어 선교를 위해 출발하려는 소망을 불태웠는데, 학우들 대부분도 그뒤 그처럼 선교사가 되었다. 당시 프랑스 시골 마을에서 어린이들에게 흠모와 추앙의 대상은 신부였다. 그 다음이 선생, 동장이었다.

고전학급(古典學級)을 마친 뒤, 그는 몽펠리에에 있던 성(聖) 라자르회 수도자들이 운영하는 대신학교(大神學校)에 들어갔다. 몽펠리에신학교는 프랑스의 신부들을 길러내고 있었는데, 당시 교수였던 신부들 중에는 이미 아시아에서의 경험을 갖고 있던 이도 있었다. 신부가 되려던 그는 이 학교에서 성직자가 되기 위한 기본적인 소양을 쌓는 동시에 교수들의 영향으로 미지의 세계, 극동아시아로 가려는 마음을 굳혔다.

1866년 조선에서 병인사옥이 일어나고 2년이 지난 1868년 6월 6일, 그는 파리 외방전도신학교(Sèminaire des Missions-Etrangères)에 입학하였고 사제로 서품되었다. 그리고 다음달 7월 15일, 마지막으로 가족을 재회할 수 있는 기회마저 포기하고 프랑스를 떠나 극동으로 항해하는 배를 탔다.

프랑스는 1847년 포르투갈의 간섭을 피해 마카오의 경리부를 홍콩으로 옮겼는데, 그의 첫 근무지는 홍콩이었다. 이어 싱가포르에서도 건축 일에 종사하였다. 그의 재능과 자질, 온화한 성격, 규율과 질서, 일에 대한 취향이 그때부터 상급자들의 눈에 띄어서 상급자들은 그에게 전도회의 건축 신부직이라는 중요한 임무를 맡겼고, 그는 훌륭한 태도로 직분에 전념하였다.

이렇게 그는 8년이라는 기간 동안, 홍콩에서 오주(Osouf) 주교 감독 아래서 부건축 신부로 첫일을 보았다. 그리고 1870년부터는 싱가포르에서 요양소의 건립을 맡고 있던 파트리아(Patriat) 신부 대신 2년 동안 일했다. 그의 첫일은 1872년 홍콩의 베다니(Bethanie)요양원에 고딕양식의 건축물을 세우는 일이었다. 홍콩에서 건축가로서의 재능을 시험해 본 것이다. 그는 또한 베다니의 유능한 건설자들에게서 고딕 예술의 취향을 차용하는데, 그 취향을 끝까지 간직하였던 것 같다.

1874년 상해에 근무하던 그는 건축 신부로 인정되어 마침내 조선으로 가는 길을 발견하게 된다. 그의 상급자들과 파리위원회(Conseil de Paris)의 평가에 의해, 건축 신부로 떠나게 된 것이다. "기뻐하면서 그들은 갔다(Ibant Gaudentes)"고 라틴어로 강조되어 기록되어 있는데, 건축 신부의 삶이 그를 즐겁게 했던 것 같다. 당시 그는 일본 도쿄의 대주교가 된 오주 신부에게 조선으로 가기 위해 다음과 같은 편지를 썼다.

"우리들 사이에서 커지려고 하는 간격이나 조선의 냉기도 그것을 감소시킬 수는 없을 것입니다. 내가 조선-걸어서 하늘로 가는 선교사들에게는 천국의 현관-으로 가는 것을 후회하기를 바랬을 것입니다."

1875년 9월 25일 그는 파리신학교의 이사들에게도 조선에 보내달라고 요청했다. 파리위원회는 홍콩의 건축부에서 그를 잃게 되어 섭섭해하는 데도 불구하고 코스트 신부의 소망을 들어 허가를 내줬다.

그해 가을 코스트 신부는 우선 리델(Ridel, 6대 주교) 주교가 있는 만주의 챠 케우(Tcha-Kéou) 마을로 갔다. 리델 주교는 『한불사전(韓佛辭典)』에 마지막 손질을 가하느라고 바빴다. 그는 코스트 신부에게 원본을 대조하는 일과 저서를 인쇄하는 임무를 맡겼다. 1877년을 사전을 복사하고 조선어를 공부하느라고 보낸 코스트 신부에게 있어 조선어에 대한 지식은 사업을 훌륭히 해나가는 데 있어 필수적인 것이었다.

만주에 머물면서 많은 사람들의 캐리커쳐를 연필화로 그렸던 그는 많은 일화를 남기기도 했다. '두려워할 것이 있다면 오직 그건 그의 끔찍한 크레용(연필)인 것이다' 라는 말은 그가 연필 드로잉에 능숙했다는 것을 말해준다.

원고가 준비되자 그는 구체적인 인쇄 방법을 찾으러 일본으로 가기 위해 만주를 떠났다. 1878년 3월, 노트르담 데 네주(Neiges)에서 하루 거리인 작은 항구 츄앙회(Tsouangheu)는 조선으로 떠나는 모든 사도를 파견하는 출발점이었다. 해협을 건너는데 평상시에는 3일로 충분하던 치푸〔芝罘, 엔타이(煙臺)〕까지는 역풍으로 3주일 가량이 걸렸다. 그가 치푸에 도착했을 때 잉체에서 온 두 번째 증기선이 상해를 향해 출범 직전에 있었다. 그는 배를 탔고 거기에서 일본으로 갔다.

1881년의 보고서에 코스트 신부의 이름이 처음 나온다. 코스트 신부가 일본에서 사전과 문법책을 인쇄하는 일을 맡고 있다는 것이다. 일본은 1875년부터 '은자의 왕국(조선)'과 조약을 체결하였고 일본의 배와 상인들이 조선에 상륙하기 시작했다. 선교사들은 이미 일본 해안에서 조선에 더 쉽게 침투할 수 있을 것이라는 것을 예견하고 있었다.

코스트 신부는 요코하마에 자리를 잡았다. 『한불사전』은 1880년 그곳에서 출간되었다. 이듬해 4권으로 된 기도서와 조선어 문법책도 발간되었다. 1881년 가을, 리델 주교가 그를 불렀다. 그는 조선을 위해 건축부를 세우는 데 있어 나가사키를 유리한 지점으로 생각했지만 선교지인 조선 가까이에서 4년이나 기다려야 했다. 나가사키에서 그는 인쇄공이라는 직업을 다시 갖고, 그런 종류의 일을 할 수 있는 몇몇 조선인 기독교도를 양성했다.

한편 조선은 조금씩 오래된 고립에서 벗어나고 있었다. 선교사들의 입국을 철저히 막던 장벽들이, 매년 한두 명의 가톨릭 사제가 들어갈 수 있게 구멍이 열리고 있었다.

1883년의 보고서에 '가까스로 조선으로 떠날 수 있었던 유일한 조선의 선교사'로 그의 이름이 나온다. 이미 2년 동안을 일본에서 지내고 일본의 시각을 갖은 채 조선에 들어온 것이다.

유홍렬(柳洪烈)의 『증보 한국천주교회사』 하권에는 정규하 신부의 1884년 「페낭(Penang, 조지 타운) 유학 회고기」가 인용되어 있다.

1786년 영국 동인도공사의 선장인 프란시스 라이트에 의해 점거되어 영국의 식민지가 된 페낭(彼南)은 1887년 당시 겨우 인구 4천 명의 소규모 도시였던 콸라룸푸르(현재 말레이지아의 수도)보다도 더 큰 도시였다(1914년 당시 인구 11만 명). 페낭에는 파리 외방전교회의 '포교지 신학교(College General des Missions, 피남신학교, 1786년, 현재는 Penang Museum Art Gallery)'가 최우선적으로 설치되어 있었는데, 이는 한국 천주교의 새로운 거점이 되었다. 우리 유학생 네 명은 페낭에 가는 길에 나가사키에 들렀다.

"… 하룻밤을 지낸 후 나가사키에 계신 코스트 신부 댁에 이르러 3일을 유(留)하고, 코스트 신부의 지도하심으로 그곳에서 떠나 홍콩으로 갈세."

이때 코스트 신부는 조선인을 처음 만났던 것인데, 조선에 관한 여러 정보를 얻었으리라 보여진다.

드디어 조선으로

1885년이 끝날 무렵 코스트 신부는 자기 앞에 약속된 땅의 출입문이 열리는 것을 보았다. 그는 한불조약이 체결되기 1년 전인 1885년 조선에 들어왔다. 이미 43세였다. 그 자신 다음과 같이 이야기하고 있다.

"속인(俗人)으로 변장하고 나는 한일통상조약의 도움으로 이미 여러 유럽인들을 조선으로 운송하였던 일본 기선에 승선하였다. 상인들은 자유롭게 거래하고 왕래하였으나, 선교사들은 여전히 암행(暗行)해야만 했다.
내가 서울에 도착했을 때는 아직도 낮이었다. 나는 태양이 지평선 뒤로 숨기를 기다려야만 했고 블랑(Blanc, 1844~1890년) 주교 사택에 남몰래 들어가기 위해 황혼과 다가오는 밤의 정적을 이용했다."

이즈음 리델 주교가 선종(善終)하고 블랑 신부가 7대 조선교구 주교로 임명되어 있었다.

"그리고 또 초라한 조선의 민가(民家) 안에서 발견되는 것을 피하기 위해 얼마나 조심을 해야 했던가! 문이 열렸고 물 배달인이 들어왔다. 공포를 불러일으키기에 충분했다. 그들로부터 시선을 피하기 위해, 우리는 침실로 사용되던 구석진 곳으로 재빨리 피신했다. 만약 종부성사를 하기 위해 낮 동안 외출할 경우에는 장례 복장으로 몸을 숨겨야 했다. 그것은 입고 있는 사람의 얼굴까지를 덮어버리고 슬픔의 표시로 그 사람에게 접근할 수 없게 하는 천우신조(天佑神助)의 복장이었다.

또 한 사람의 건축 신부 푸아넬.

우리의 칩거는 1886년부터 완화되기 시작하면서 이듬해 조약이 비준되었을 때, 마침내 대기를 호흡할 수 있었고 한양(漢陽)의 성벽(城壁) 안에 처음으로 신부복을 드러냈다. 이 날짜는 로마의 교회가 지하 묘지(카타콤)에서 나온 것처럼, 조금씩 무덤으로부터 나오는 우리의 소중한 조선 교회의 부활을 의미하는 것이었다."

많은 지식과 특별한 재질을 갖고 있던 그는 서울에 머무르면서 조선교구 당가부(當家部)를 담당한다. 당가부는 경리부라고도 하는데 건축 일을 담당하는 부서였다. 1885년 당시의 천주교 당가부는 돌우물골〔석정동(石井洞), 지금의 소공동 부근〕에 있었다. 새 당가신부(當家神父)로 임명된 푸아넬(위돌 朴, 朴道行, Poisnel, 1855~1925년) 신부는 첫 해에 새문안〔新門內〕에 집을 한 채 사서 그곳으로 이사했다. 1886년부터 코스트도 당가신부가 되었다.

한불통상조약이 체결됨으로 인해서 자유롭게 나라 전체를 여행할 권리와 더불어, 프랑스 선교사들에게는 건물을 짓고 수도에 거주할 권리 외에 소유권도 주는 등

가톨릭에 있어서는 새로운 시대가 시작되고 있었다. 1886년의 보고서에는 "나가사키에 설치했던 인쇄소를 조선으로 옮겨왔다. 코스트 부주교는 일본에서 시작했던 이 일을 다시 조선에서 계속하고 있다"고 기록되어 있다.

조선 교회가 어둠 속에 있을 때는 그 존재를 알릴 수 있는 공동의 건물이 문제시되지도 않았고 필요도 없었다. 사람을 수용할 '땅뙈기'도 없었고 성당, 기도실, 주교와 선교사의 사택, 신학교, 건축부, 학교, 고아원 이 모든 것이 그에게는 없었다. 모든 것이 필요하였고, 동시에 만들어야 했다.

코스트 신부는 그때부터 10년 동안 중요한 모든 건축물의 '킹 볼트'가 되었다. "1888년 9월 20일에 제물포성당〔답동성당(沓洞聖堂)〕건립을 위한 부지를 마련(1889년 7월 1일 교회 창설)했다"는 내용이 『바오로 뜰 안의 애환 85년』(한국 샤르트르 성 바오로 수녀회)에도 실려 있다. 코스트 신부는 수녀들에게 미사를 드려주기 위해 숙소였던 명동에서 정동 이화여고 앞(러시아공사관 옆) 수녀원회까지 가마(장독교)를 타고 왕래하곤 했다고 한다.

1888년 임시로 작은 성당이 지어져서 미사에 사용되었다. 그 다음해 주교관(주교 사택)이 거의 완성되었고 그리고 주교관과 멀지 않은 곳에 있던 생 폴 드 샤르트르 수녀회(Les Soeurs de Saint Paul de Chartres)는 토착민 수습 수녀들이 묵기에 충분히 넓은 건물 한 채와 거의 2백 명의 어린이들을 수용할 수 있는 고아원(성 유년 고아원, Orphelinat de la Sainte-Enfance)을 갖게 되었다. 이것은 그가 샤르트르 수녀회가 조선에 들어온 1888년 후부터 부속 사제로 시무하기로 지명되었기 때문이었다. 수녀회는 수많은 고아원 원아들을 돌보았을 뿐만 아니라 서울에서 빨리 번창할 수 있는 수련소의 활동 영역도 찾아냈다.

1890년 2월 21일 블랑 주교가 선종함으로 인해, 코스트 신부는 건축 신부의 자격으로, 새로운 주교가 선임될 때까지 교회의 우두머리가 되었다. 이후 뮈텔 주교가 8대 주교로 부임하면서 코스트 신부는 짐을 벗게 되었고, 전적으로 건축물 공사와 '성 유년(聖 幼年)' 사업을 맡게 되었다. 1889년의 보고서에는 드디어 코스트 신부

샤르트르 수녀회 본원은 1897년에 착공하여 1900년에 완공된 건물로 70여 년 동안 수녀원 본원으로 사용되어 오다가 1970년 철거되었다.

수녀회 본원 출입구와 계단 상세.

가 '건축가'가 되었다는 기록이 나온다.

"우리에게 가장 심한 불안을 느끼게 하는 것은 건물의 부족입니다. 불편하고 또 끊임없이 수리를 해야 하기 때문에 비용도 많이 드는 조선 가옥에 자리잡은 이 신학교에 서양식 건축물(이양건축)을 마련해주지 않는 한 항상 미결 상태로 남아 있을 것입니다. 작년(1888)에 지은 인쇄소는 지금은 경당(經堂)과 임시 숙소로 쓰이고 있습니다.

올해 코스트 신부는 건축가가 되어서 푸아넬 신부와 함께 주교관 겸 당가부 건물의 건축공사를 지휘했습니다. 2층 건물인데 비록 수수하기는 하지만, 그래도 우리 조선 교우 모두의 감탄의 대상이 됩니다. 정부는 우리 대지에 관해서 반대를 하지 않게 되었습니다.

오는 봄(1890)에는 성모 무염시태(無染始胎)에 바쳐질 장래의 대성당 건축을 시작하기를 희망합니다."

명동성당 진입구 우측에 있는 주교관은 1890년에 준공되었으며, 명동 길에서 제일 오래된 이양건축물이다. 코스트는 이곳에서 건축 일을 진두 지휘했다.

왼쪽 약현성당. 수난을 여러 번 당하였다.
오른쪽 약현성당과 함께 세워졌던 사제관으로 1983년 화재로 불타 버린 것을 개축한 것이다.

코스트 신부가 조선에서 첫 건축 일로 인쇄소와 주교관을 각각 지었다는 것이다. 주교관은 현재 명동성당 진입구 우측에 있는데, 사도회관으로 쓰이고 있다. 1890년에 준공되었으며, 명동 길에서 제일 오래된 이양건축물이다. 199평의 H자형 붉은 벽돌조에다 기와를 올린 집으로 2층의 베란다가 특징적이다.

1890년 7월에는 첫 답동성당의 정초식을 가졌다. 이 공사 중(1889년) 안중근 의사에게 세례를 준 바 있는 파리 외방전교회 소속의 빌헬름(Joseph Wilhelm) 신부가 왔으나 곧 그는 신학교로 옮겨갔다. 서(徐)요셉(Maraval) 신부 그리고 전(全)으제니오(Deneux, 1905~?년) 신부와 함께 수녀원(1893~1894년)을 완공했다. 1890년의 보고서에는 "코스트 신부가 조선 교구의 임시 서리를 맡고 있다"는 것과 함께 "대지를 하나 사서 우리 사업 운영에 필요한 건축물들을 짓고 있는 중이었습니다. 서울의 건축물이 지방에 얼마나 좋은 인상을 주었는지 상상하지 못하실 것입니다"라고 기록되어 있다.

1891년 용산신학교(龍山神學校)가 한양에서 4킬로미터 떨어진 함벽정(涵碧亭) 별장지 구내에 모습을 드러낸다. 이 건물은 지금의 새남터 서북쪽에 위치하였다.

이어 2년 뒤 우리나라 최초의 성당 건물인 약현(藥峴)성당(1891년 10월 착공,

1893년 9월 완공)이 성 요셉에 봉헌되어, 서울 장안을 압도하기 시작했다. 지금의 중구 중림동에서 아현동 삼거리로 넘어가는 고개 일대에 약초를 재배하던 텃밭이 있어 예부터 '약현'이라 불러왔다. 이곳은 또한 조선 말 신유기해나 병인사옥 때 44명이 처형되었던 곳으로 그 자리에 약현성당이 세워지게 된 것이다. 그때 함께 세워졌던 사제관은 1983년 화재로 불타 버렸으나 이후 개축되었다. 한편 약현성당은 1998년 방화에 의해 종탑 부분과 내부가 불타 버렸다.

약현성당과 거의 동시에 인천에도 선교사 사택들과 함께 수녀관과 성당이 세워졌는데, 수녀관과 성당이 덧붙여 지어진 것은 말할 나위도 없다. 1892년의 보고서에는 "샤르트르 성 바오로회 수녀들이 운영하는 고아원 건물의 건축을 맡아 온 코스트 신부는 이 고아원의 지도 신부다"며 코스트 신부가 고아원 건물을 세우고 있음에 대해 적고 있다.

그는 1888년부터 성당, 주교관, 신학교, 사제관, 수녀원, 고아원 등과 같은 본격적인 성당건축물을 세우기 시작했다. 명동의 수녀원(고아원), 주교관, 성당 그리고 용산신학교 등이 세워졌는데 모두 프랑스 고딕양식이며 붉은 벽돌과 돌이 사용되었다.

붉은 벽돌조에다 3층으로 된 제물포수녀원의 설계도 이때 마쳤으며, 이 일로 제물포를 방문했다. 또한 제물포성당의 설계(1894년 5월 17일)도 계속했다. 그해 8월 제물포에 샤르트르 수녀회 분원을 세웠다. 이어서 부설 고아원, 보육원(1890년)도 세웠다. 고딕양식인 답동성당은 1894년에 착공하여 1896년 11월에 준공하였다. 그 축성식(祝聖式)은 1897년 7월에 가졌는데, 마라발 신부가 그 일에 크게 공헌했다.

명동성당 세우는 큰일

교회가 부지 구입에 본격적으로 착수한 것은 1886년 조약 비준 전후였을 것으로 추정된다. 당시 교회의 당가를 맡고 있던 푸아넬 신부의 '약술'에는 가톨릭을 위한 대지 구입의 과정이 푸아넬 신부에 의해 추진되었다고 적혀 있다.

코스트 신부는 시내 중심인 종현(鍾峴, 종이 걸려 있는 언덕이라는 뜻)에 터를 잡기 시작하여 1887년 푸아넬 신부와 함께 현재 가톨릭 선교부가 있는 곳으로 옮겨갔으며, 그곳에서 당가의 일을 보는 동시에 기회가 생길 때마다 조금씩 토지를 사들여 땅을 넓혀갔다. 많은 사람들이 부러워 한 이 유용한 땅을 갖게 된 것은 바로 그들의 주도면밀함과 선견지명 덕택이었다. 1887년의 보고서에는 "우리는 아직도 (명동성당의) 건축을 시작하지 못하고 있습니다. 겨울 전에는 시작할 수 있을 것으로 봅니다. 우리가 구입해 놓은 (명동의) 대지는 도시 중심부에 위치해 있으며, 중요한 기본 건물들을 다 지을 수 있을 만큼 넓습니다"라고 기록되어 있다.

당시 가톨릭을 경계하던 세력으로부터 종현의 토지를 매입한 뒤, 그는 부지런히 새로운 교회 터를 평평하게 하는 데에 전념했다. 1887년 높은 지대에 건물을 앉힐 수 있을 정도로 언덕을 깎았다. 이후 1892년 봄 뮈텔 주교는 코스트 신부의 주요 업적으로 남게 될 성당에 최초의 돌을 놓고 축복할 수 있는 기회를 가졌다. 1893년의 보고서에는 부주교 코스트 신부가 사제 서품 25주년, 곧 은경축(銀慶祝)을 맞은 것에 대해 적고 있다.

"존경받는 이 최연장자 코스트 신부는 금년에 우리 대성당 건축(명동성당)과 수녀들이 제물포에 짓는 새 수녀원 건축 일을 앞장서야 했습니다."

명동성당은 세 개의 회중석(신자석)을 갖춘 2층의 장십자형(라틴 크로스)의 고딕양식으로 계획되었다. 길이가 65미터, 폭이 20미터인 이 건물은 3천 명의 신도를 수용할 수 있으며, 우아한 천정 밑의 창문들이 회중석을 길이로 장식하고 있다.

1894년은 이 땅에서 갑오 동학농민운동이 일어난 해로, 8월 1일 청일전쟁이 터지고 이어 갑오개혁이 일어난 극도의 변혁기였다.

당시 조선인 가운데 벽돌을 쌓을 수 있는 사람은 별로 없었고, 벽돌을 주로 다루던 쿨리(Coolie, 하급 노무자)들은 청나라로 철수해 버렸기 때문에 종현 본당의 공사

(1892~1898년 5월 29일)는 늦춰질 수밖에 없었다. 높은 건물은 왕권(王權)을 모독하는 것이라 하여 공사 중지를 명하기도 하였다. 그러나 코스트 신부는 몇 개의 건물을 준공시킨다. 명동성당의 경우 러시아인 건축가 사바친(Sabatin)에게서 건축 기술 및 구조에 관한 자문을 받기도 했다(1893년 10월 8일). 조약 비준 후 성당건축이 활발하게 이루어지자 벽돌의 수급 문제가 큰일이었다. 『약현성당사(藥峴聖堂史)』에 벽돌의 생산 과정이 기록되어 있다.

"김요왕(金興敏)은 김덕순(金德淳)과 함께 용산 한강통(漢江通) 연와소(煉瓦所)의 흙을 파다가 건축기사 코스트 신부에게 감정한 결과 벽돌 만들기에 매우 적당한 흙인 것을 알고 즉시 매수한 후 벽돌을 제조 공급하였다.
서울 시내에 성당의 건축물이 곳곳에 있게 된 것은 김요왕의 정공(精功) 결과인 것이다."

벽돌을 만들 진흙이 있던 한강통 연와소는 1882년 말까지 조선 정부에서 기와를 굽던 와서현(瓦署峴)이 있던 곳(구용산 성심병원 서남쪽 언덕)으로, 이곳은 병인사옥 때 순교한 베르뇌(Berneux, 張敬一) 주교 등의 시신이 한때 묻혀 있었던 곳이기도 하다. 명동성당의 우(禹一模) 신부가 쓴 「서울 주교좌 성당 낙성 50주년을 맞이하여 옛날을 회고함」이라는 글에도 벽돌의 제조 과정이 나타나고 있다.

"… 그 옛날에는 벽돌도 석재도 양회(洋灰, 시멘트)도 긴 목재도 없었고, 조선인 중에는 양옥(洋屋)을 짓는 미장이나 목수도 없었다. 중국에서 벽돌공들과 미장이, 목수들을 초빙하기는 하였으나, 초보적 기술밖에는 지니지 못한 자들이었다. 그러므로 코스트 신부는 20여 종의 벽돌 모형을 만들게 하고 쉴새없이 지켜서서 제조하는 것이나, 그의 설계대로 쌓아 올리는 지에 대해 세심하게 지휘 감독하였다. 그러니 부벽주(扶壁柱, 버트레스), 창문 기둥 등을 쌓아 올리는 데는 얼마나 세밀한 주의와 인내가 필요하였던고!

지금은 조선인 중에도 건축기사, 곧 설계자(설계를 해독하는), 현장 감독자들이 있고 필요한 자재도 없지 아니하다. 그러나 5, 60년 전에는 이러한 기술자들이 아주 없었으며, 모두가 코스트 신부 한 사람에게 달렸었다. 중국인 직공들도 이러한 공사에는 전혀 경험이 없었으며, 미장 일이나 목수 일에 세밀한 부분까지 친히 보살피고 일일이 설명함이 필요하였다."

명동성당은 코스트 신부가 죽은 지 2년 후(1898) 푸아넬 신부에 의해 준공되었다. 명동성당이 세워졌을 때, 매천(梅泉) 황현은 『매천야록』에 다음과 같이 썼다. 매천은 명동성당을 종현학당 또는 종현교당이라 표기하고 있다.

"남부의 종현은 명동과 저동 사이에 있고 그곳은 지형이 높아 조망하기에 매우 편리하다. 윤정현의 옛집이 있던 높은 곳을 점하고 있다. 10년 전에 서양인이 그 집을 산 후 집을 헐어 평지로 만든 다음 교당을 신축하여 6년 만에 준공을 보았다. 그 교회는 산이 깎이는 것처럼 높고 수만 명을 수용할 수 있었다. 이것을

명동성당(자료; 『사진으로 보는 구한말』, 1980, 매일관광문화사).

세상에서는 종현학당이라고 한다."

명동성당 공사 중 자금난을 타개하기 위해 파리 외방전교회측은 5만 프랑(약 8천 달러)의 자금을 지원한 것으로 기록되어 있다. 그러나 종현교당 준공 직후의 『독립신문』 기사에는 총 공사비가 6만 달러로 되어 있다. 그리피스(W.E. Griffis)도 그가 쓴 『은자의 나라』(신복룡 역, 탐구신서, 1878년)에서 "… 프랑스의 천주교 신부들에 의해 1897년 5월 29일에 준공, 헌당된 이 성당은 서울에서 가장 높고 당당한 건물이 되었다. 건축비는 6만 달러가 소요되었다"고 하였다.

코스트 신부는 11년 동안 이 땅에 체류하면서 우리에게 '천주교는 고딕'이라는 인식을 깊게 심어 놓았다. 우리나라 초기의 성당 계통 건물 곧 성당, 주교관, 수녀원, 고아원, 인쇄소 그리고 묘지 등 대부분의 시설들은 프랑스인 신부들의 프랑스 고딕 '눈어림'에 의해 세워졌다. 이와 같은 상황은 유럽의 로마네스크시대(1000~1200년)부터 시작되었다. 당시에도 건축가라는 직업이 확고하지 않았기 때문에 대부분 신부들이 그 역할을 맡지 않을 수 없었다. 건축 신부들의 건축 경험은 일종의 노하우로 이어져 내려왔으며, 신학교의 커리큘럼에도 들어 있었다.

신부들은 전문적인 건축가는 아니었으나, 그 시대에 그들 이상 돌과 벽돌건축에 대해서 잘 알던 사람도 없었다. 특히 유럽의 벽돌조 건축물은 우리나라 사람이 세울 수 있는 일이 아니었다. 더구나 성당 건물을 본 사람이 없었기 때문에 그들이 직접 지을 수밖에 없었던 것이다.

조선의 성당건축은 중국 북경의 4당(堂)에서 간접 영향을 받았다. 대부분의 성직자들이 그쪽을 통해서 왔기 때문이기도 하지만, 실학에 영향받은 초기 신도들이 이미 북경을 출입하고 있었기 때문이기도 하다. 조선 초기는 전통적 한옥 교당으로부터 시작되었다. 그러나 이후에는 대부분 프랑스의 고딕양식으로 모습이 바뀌었다. 동아시아로 오는 신부들이 건축가들의 역할을 대신할 수밖에 없었던 것이다.

왜 그는 그의 모든 재능과 마음을 쏟아 넣었던 이 아름다운 건축물(명동성당)의 완성을 못 보고 세상을 떴는가?

코스트 신부 세상을 뜨다

『바오로 뜰 안의 애환 85년』에는 조선교구 부감목이며 수녀원의 지도 신부였던 코스트 신부에 대한 전기가 또 하나 약술되어 있다.

> "1896년 2월 19일 아침부터 앓아 누웠던 코스트 신부는 2월 28일, 영면(永眠)에 들기까지 그 방에서 나오지 못하였다."

그의 묘는 용산신학교에서 몇 분 거리에 위치한 삼호정 언덕의 파리 외방전교회 묘지에 있다. 삼호정은 프랑스 신부와 수녀들의 묘지가 있는 곳으로 지금도 남아 있다.

1896년의 기록(보고서)에도 "생전에 그토록 열성적으로 이 성업(聖業)에 전념해 오던 코스트 신부가 겨울이 끝날 무렵 우리들에게서 떠나가 버렸습니다"라는 신부의 사망 기사가 실려 있다.

조선포교단은 가장 훌륭한 일꾼 가운데 한 사람이었던 코스트 신부를 잃게 된 것이었다. 극동에서 알려졌고 수많은 친구들에게 존경을 받아왔었다. 사도의 직을 맡은 지 28년(54세)째였다.

코스트 신부가 남겨 놓은 것은 …

지금까지 그의 전기들을 통해 그의 삶과 죽음을 살펴보았다. 그는 1896년, 우리가 아직 건축 암흑기 속에 있을 때 우리에게 프랑스식 건축의 면모를 보여주었고, 그 길지 않은 삶을 이 땅에서 마쳤다. 한국식으론 환갑도 못 채운 아까운 나이였다.

이제까지 코스트 신부에 대한 연구는 가톨릭사 연구 차원에서만 다루어져 왔다. 그러나 그의 건축적 사실 전모를 알 수 있는 기록은 많지도 확실치도 않다.

암울했던 조선 땅에 가톨릭 선교 사명을 띠고 나왔던 신부, 그 가운데에서도 건축 신부였던 코스트를 통해 우리는 '명동성당' 뿐만 아니라 그 당시의 성당건축이 프랑스로부터 어떻게 조선 땅에 전이되어 왔는가를 살펴보았다. 외국인에 대한 '건축전이기(轉移記)'를 기록하는 일은 우리 근대건축사를 복원하는 데 있어서 매우 중요한 부분 가운데 하나이다. 그것은 외세에 의해 일방적으로 주입된 우리 근대건축의 또 다른 한 면을 새로 줍는 일이기 때문이다. 일제와 마찬가지로 서양 제국도 아시아 침략의 일환으로 조선에 들어왔다고 생각된다. 그러나 여기서는 내셔널리즘적 시각보다는 건축적 시각을 중점으로 접근해 보았다.

지금의 이 시점에서 외래해 온 근대건축사의 한 맥락을 찾아내는 것이 무엇보다 시급하다. 이제 우리 건축계뿐만 아니라 오늘을 사는 건축가, 성직자들은 그의 건축 정신을 다시 한번 되새겨보아야 할 것이다. 그러나 이 일은 그렇게 쉽게 이루어지는 것은 아니다. 우선 그들이 조선에서 한 일도 벌써 100년이 지나가고 있기에 1차 자료에 대한 접근이 어렵다. 또한 당시의 자료들 대부분이 세계 각국에 퍼져 있어 찾아 나선다 해도 시간과 경제적인 어려움에 직면하게 된다.

어쨌든 우리는 한 이방인이 우리 근대건축사에 남긴 자취들을 통해 조금 더 풍요로워질 수 있었다.

영국인 건축가 마샬이 서울
한복판에 세운 영국공사관

주한 영국대사관(British Embassy Seoul)은 덕수궁 북쪽 언덕에 위치한 석조전과 영국성공회 건물과도 이웃하고 있다. 대사관은 돌담길 골목에 깊숙하게 위치하고 있어 우리에겐 언제나 치외법권인 곳이었다.

필자는 대사관 건물이 언제나 궁금했었다. 그래서 덕수궁에 들어가 담 너머로도 살펴보았고, 내부가 보일 만한 곳이면 어디든지 가서 기웃거려 보았다. 가끔 신문에서 높으신 분들이 파티를 했다는 기사를 보았으나, 그곳은 견물생심일 뿐이었다.

대사관 구역은 상상 이상으로 넓은 터를 점하고 있다. 그러나 대지 약 3천여 평에 놓여진 대사관 사무실과 관저의 이양관 건물은 여전히 높은 담에 가려져 있다.

1995년 1월 17일자 『동아일보』에 흥미 있는 기사가 실렸었다. 영국대사관에서 TV 드라마를 찍는다는 것이었다. KBS와 영국 BBC가 공동으로 제작하는 「다른 선택은 없다」라는 이 드라마로 한국전쟁 당시 영국영사관 직원의 파란만장한 생애를 다룰 것이라고 했다. 그런데 무엇보다도 재미있게 느꼈던 것은 대사관이 무대 세트로 제공된다고 하는 점이었다. 궁금해하며 지내오던 중 「다른 선택은 없다」를 들먹이며 그곳에 편지를 보내보기로 했다. 다행히 한두 달이 지난 어느 날 그 '담 높은 집'에서 편지가 날아 왔다. 대사관 정치 참사관 마틴 우든(Martin Uden)이 보내온 것이었다.

"저는 당신이 우리 영국대사관에 대해서 그토록 흥미 있어 한다는 것을 알게 되어 대단히 기쁩니다. 제가 보내 드리는 서울 영국대사관 공관지구(Compound)에 대한 소책자에 흥미를 갖게 되기를 바랍니다. 거기에는 당신이 원하는 대부분의 사진들이 있습니다.

저는 이 책이 당신이 『건축사』 잡지에 실은 글에서 다루지 않은, 대사관 공관지구 안에 있는 건물들에 대해 별도의 정보를 제공할 수 있을 것이라고 생각합니다.

당신은 또한 영국대사관과 관련된 전시회(서울시립미술관)에서 한국에 대한 제

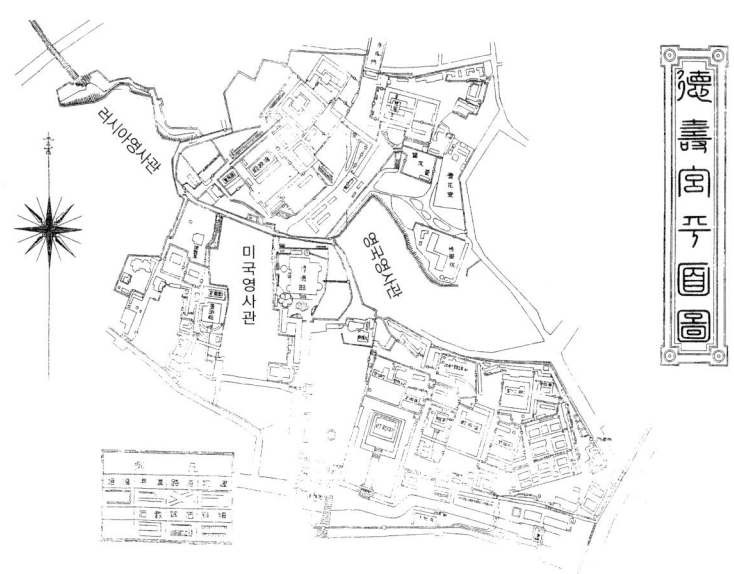

영국대사관 위치도(자료; 小田省吾, 『德壽宮史』, 1938, 李王職).

자신의 고서 몇 권의 컬렉션을 보셨을 것입니다. 당신의 글로 판단해 보건대, 당신이 그러한 책들에서 얼마간의 연구를 했다는 것을 확신합니다. 그런데 총영사 건물들에 관한 다음의 인용문에 대해 당신이 흥미를 느끼실지 모르겠습니다.

『조선과 신성한 흰 산(Korea and the Sacred White Mountain)』에서 저자 카벤디쉬(Captain AEJ Cavendish)는 1890년대의 조선에 대해 '월요일 아침 우리는 극동의 여러 영국 관공서 건물에서 보여지는, 일상의 필요 양식에 의해 설계된 새로운 총영사관을 방문했다. 총영사 관저는 약간 올라간 꼭대기에 서 있었고, 내부와 방들의 크기와 배치까지 안락하다. 사무실들은 약간 경사진 아래쪽에 있었는데, 테라스와 잔디가 깔린 테니스장(lawn-tennis ground)에 의해 분리되어 있었다. 열렬한 식물학자인 힐리어(Walter C. Hillier)는 조그만 온실에 아름다운 풀들과 꽃들을 많이 기르고 있었고, 그의 과실수들은 탐스러워 보였으며, 이른 계절에도 딸기를 많이 수확했다.

원래의 영사관 건물은 조선 가옥이었는데, 새로운 건물들이 완공되면서 그 집터들은 정원으로 바뀌면서 헐렸다.

영사관 공관지구 옆에는 몇 그루의 멋진 소나무가 있는 큰 정원이 있었다. 이것은 여왕의 재산이었으나, 어느 누구도 그녀에게 이것을 영국 정부에 내어주라고 권유하지는 않았다' 고 하고 있습니다.

근대건축에 관한 당신의 글에 영국공사관의 사진이 포함되어 있는 것을 보고 저는 흥미를 느꼈습니다. 그 건물은 외관상으로는 영국의 빅토리안양식 같아 보이나 우리들은 그 사진과 일치하는 구공사관 건물들의 어느 부분도 확인할 수가 없었습니다. 추정한 그 사진의 출처가 어디인지를 알고 싶습니다. 사실상 우리는 서울에 있는 신문사로부터 똑같은 사진을 받았으나, 지금까지 그 건물을 확인할 수가 없었습니다."

그가 동봉해 준 팸플릿에는 '서울 영국대사관'에 대한 기사가 실려 있었다. 이 글은 그 팸플릿을 중심으로 쓰여졌다.

총영사 아스톤의 터 사고, 건물 짓기

아시아에 대한 영국의 식민도시 계획은 대영제국의 '전원도시(garden city)'에서부터 출발한다. '즐거운 도시 환경을 창조한다'는 이 일의 개념은 1898년 하워드(Ebenezer Howard, 1850~1921년)가 주창한 '전원도시' 속에 표현되었던 것이다. 그러나 전원도시 이론의 뒤에는 아시아 침략의 모델 케이스가 되는 영국의 식민도시 건설의 의도가 숨어 있었다. "우리는 영국뿐만 아니라, 제국 내의 모든 곳이 전원도시로 뒤덮이기를 바란다"라는 말이 이러한 의도를 잘 대변해 주고 있다.

영국은 아시아 여러 나라에서 경험을 쌓은 후 조선에 들어오게 된다. 점령 기간은 1885~1887년 동안이었지만, 영국의 군함이 거문도에 들어온 것은 이보다 훨씬 전인 1845년이었다. 그들은 거문도를 '해밀톤항(Port Hamilton)'이라 불렀으며, 그곳에 몇 채의 바라크(임시로 지은 허술한 집)를 세웠다고 한다. 이에 관해서는 1887년 2월 12일자인 영국 잡지 『그래픽(The Graphic)』에 실려 있다. 지금도 거문도에는 영국 해군의 무덤이 남아 있다. 거문도에 있는 묘지 부지들은 조선 정부로부터 임대되어진 것들이었다.

영국이 초기 관심을 둔 곳은 중국, 일본이었고 랜스다운(Lord Landsdowne) 외무장관조차 조선은 "별 이해가 없다"고 했을 정도로 영국의 극동 정책은 일본이 우선이었고 조선은 차선이었다.

1898년 2월, 조선에 있던 영국영사관은 공사관으로 승격된 뒤 외교 업무를 계속하다가 1905년 을사보호조약에 의해 조선과 외교 관계를 단절시켜 버린다. 그러나 어쨌든 서울의 정동(貞洞)이 조선의 외교가로 두드러지기 시작한 것은 이 영국공사관이 들어서면서부터였다고 할 수 있다.

현재의 영국대사관 공관지구(정동 4번지)는 한국 내에 있는 유일한 영국 정부의 땅이다. 조선과 영국과의 외교는 한영통상조약이 체결된 1883년 11월 26일부터 시작되었고 조약은 경복궁에서 체결되었다.

1890년대 제물포에 관청 건물과 사무실들이 세워졌다. 제물포의 영사 주둔지는 균형 잡힌 상태로 이용되고 있었으나, 일제강점기인 1915년 폐쇄되었고, 영사관과 다른 부지들도 1925년까지 모두 처분되었다.

그뒤 제물포 영국영사관에 대한 기록은 '영국영사관 언덕' 이라는 이름으로만 남아 있다. 그 건물들과 영국영사관 언덕은 1950년 9월 연합군의 인천상륙작전 동안, 맥아더 장군의 목표물 가운데 하나가 되었는데, 그 터가 바로 지금의 올림피아호텔이 있는 곳이다. 연전 인천의 '차이나 타운' 을 조사할 때 그 호텔에서 묵은 적이 있는데, 그 침대가 바로 영국영사관의 언덕 위에 있었던 것이다.

영사관은 1884년 4월 26일 북경 주재 영국공사 해리 파크스(Harry Smith Parkes, 1828~1885년) 경이 주경특명(駐京特命) 전권공사로 입경한 후, 같은 달 28일 정식 설치되었다. 파크스는 1865년부터 20여 년 동안 일본 주재 영국공사를 지내며 극동아시아에서 막강한 힘을 행사했던 인물이다. 그는 영사관을 설치한 이듬해에 북경에서 죽었다.

1884년 첫 조선 총영사인 아스톤이 서울에 온다. 파크스에 의해 일본에서 조선으로 보내진 아스톤은 제물포, 부산, 마포, 서울 등지에 가능한 부지들을 찾도록 지시받았다. 영국은 1883년 1월 제물포에 영사관을 열었고 같은 해 8월까지 일본인들이 들인 경비와 비슷한 비용으로 서울 마포에 공사관을 열려고 했다.

일본과 중국은 이미 그때 서울의 성문 외곽지대에 외교 공관들을 설립하고 있었다.

아스톤 총영사는 1883년 3월부터 협상하기 시작했다. 거론되던 여러 부지 가운데, 그 땅(공관지구)이 얻어지게 되었다. 아스톤은 조선 관계 당국자들이 주택(하우스) 매입과 관련된 협상에 관심이 없다는 것을 알았다. 조선 정부는 아스톤이 부동산관리인(중개업자)들과 협상해도 된다고 했으나 부동산중개업자들은 어떤 것도 만족하게 제공할 수 없었다. 마침 아스톤은 자신이 묵고 있는 집이 곧 팔릴 집으로 가장 좋은 대상이 될 것이라 생각했다. 따라서 그는 먼저 김옥균(金玉均, 1851~1894년)으로부터, 그 다음에는 대한제국 외부(Korean Foreign Office)의 한 직원으로부터 그리고 영국과 친분 관계가 있던 사람으로부터 영국 정부가 그 집을 살 것인지 아닌지를 결정할 때까지, 그 집을 어느 누구에게도 처분하지 않겠다는 약속을 받아냈다.

아스톤이 선택한 그 집터에 오늘의 영국대사관이 들어서 있고, 대사관 지하의 아스톤 홀로 명명된 그 방에서는 현재 영국의 대한 경제 공세가 치열하게 이루어지고 있다.

"… 서울의 성안에 있었고, 남대문과 서대문 사이에 있었으며, 궁전과 외부(外部), 일본공사관에서 약 1마일 정도 떨어져 있었다."

물론, 그 집은 정원 내에 여러 동의 작은 건물을 가지고 있는 조선식 집이었다. 그 집이 덜 손질되어 있긴 했어도, 아스톤은 그 집을 임시 숙박시설로 생각하지 않았다. 그가 생각하기에 그것은 싼 거래였다. 그 집은 약 700제곱야드(177평 정도)의 뜰을 가지고 있었고, 3방면의 가파른 언덕에다 경사가 진 오르막인 부지였으며, 언덕에서 서울 시내를 내려다볼 수 있을 만큼 전망이 좋았다.

그러나 약간의 문제가 있었다. 그 집 자체가 보잘것없는 모양이었을 뿐만 아니라 주위를 둘러싼 벽이 (어떤 위해로부터) 보호벽으로서 충분치 않았다. 주위의 샛길들 또한 비위생적이었고, 깊은 우물을 파야 할 필요가 있었다. 우물들은 비록 마시기에 깨끗하고 기분이 좋았어도 근처에 악취가 나는 하수구가 있어 비위생적이었다.

이러한 단점들에도 불구하고 그 집은 좋은 위치에다가 값이 싸다는 점에서 쓸 만했다. 아스톤은 그 집에 대해 집주인으로부터 멕시코 달러로 약 860달러에 달하는 7,500냥을 제의받았다. 그는 서울의 집값은 1882년의 군사반란(임오군란)에 의해 매우 낮아졌다고 했다.

아스톤이 묵었던 그 일대는 조선 태조의 계비(繼妃)인 신덕왕후(神德王后) 강씨

(康氏)의 묘가 있던 자리라고 알려져 있다. 이 묘가 정릉(貞陵)이다. 1409년 이장했지만, 이 지역의 명칭이 정동이 된 연유도 정릉에서부터 온 것이다.

당시 이곳의 좋은 땅들 대부분은 조정 대신들의 손에 넘어가 있었다. 1883년 이후부터 고종은 몇년 동안 이 지역을 포함하여 서울의 성안에 외국인들이 거주할 수 있도록 허락했다. 아주 버려진 상태에서 서서히 정동은 외국인 거류지의 중요한 중심부가 되었다.

그러나 빈틈없는 아스톤의 판단에 파크스와 (영국) 외무성이 동의한 반면, 재무성은 동의하지 않았다. 재무성은 조선을 '불쾌한 장소'로 간주했고, 가장 싼 돈을 들일 제안을 의심스럽게 여겼다. 영국영사관의 '일시적인' 설립을 염두에 두었던 재무성의 관리들은 소유지 매입에 관해 브레이크를 걸었으나, 아스톤과 중국공사관의 칼스(W.R. Carles)가 일시적으로 조선에서 근무하는 것에 대해서는 동의했다.

1884년 4월, 새 협정의 비준을 위해 아스톤은 북경공사인 파크스를 만나기 위해 일본에서 조선으로 왔다. 그때, 파크스와 일행은 아스톤이 선택했던 집에 머물렀다. 파크스도 그 집이 싸다고 생각했다. 그러나 아스톤이 정식으로 그 매매에 대해서 협상하기 시작했을 때 집주인이 원래의 추정 가격을 받기를 꺼려한다는 것을 알았다.

아스톤은 파크스에게 보낸 편지에서 중개인으로 행동해 왔었던 그 남자가 기독교인이기 때문에, 초기의 거래를 주장하는 것은 현명하지 않다고 한다고 말했다. 아스톤은 이 은밀한 기독교인이 문제를 일으킬지도 모른다고 생각했던 것이다. 아스톤은 오른 가격인 10,500냥, 곧 멕시코 달러로 1,200달러를 받아들였다(그 당시 환율로 약 200파운드). 그 땅이 그 가격 선에서도 여전히 싸다고 생각한 그는 독일이나 러시아, 이탈리아 대표자들이 하나 둘씩 조선에 도착하면서 이 땅에 관심을 가지게 되면 그 소유지 가격이 더 높아지므로 빨리 결론짓기를 바랬다. 1883년 6월 미국공사 또한 정동 지역에 땅을 샀다. 가격은 자꾸 높아졌다.

그 땅은 '신석희(申奭熙, 1836~1907, Sin Syok-hwi는 차용증서에 나타난 이름이며, 아스톤의 편지에는 Shin Hyop-hi였다)'로부터 사들였으나 그에 관해서는

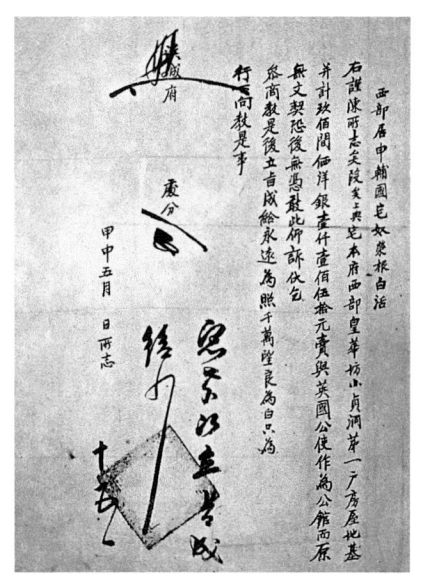

1884년 5월 한성부에 낸 토지 처분 문서로 소유주는 신보국으로 되어 있다.
영국대사관에 남아 있다.

거의 알려진 바 없다. 그러나 영국대사관에 남아 있는 문서에는 신보국(申輔國)으로 되어 있다. 신보국은 신헌(申櫶, 1811~1884)을 말한다. 보국은 관직 이름이다. 신석희는 신헌의 둘째 아들이다.

공관을 설치하기 위한 기지 선정은 1883년 3월부터 정동에 있던 이용익(李容翊?)의 저택을 대상으로 이미 교섭이 진행되고 있었다는 기록도 있다. 광무(光武, 1897~1904년) 연간에 궁내부(宮內部) 대신 이용익의 저택이 이곳에 있었다. 한성부가 소유주와의 사이에 중개하여 타결한 것은 4월 16일이었다.

"그 땅에는 서로 약간씩 떨어져 있는 열두 개의 유럽식 방(European room)들과 동등하게 여겨지지만 분리된 여섯 개의 숙박시설(별채)이 있다. 또한 꽤 좋고 큰 창고와 함께 예닐곱 마리의 말을 수용할 수 있는 마구간과 이 나라의 하인들에게 알맞은 많은 작은 집들이 있다. 모든 건물들은 나무로 되었고, 오래되었지만 특별하게 수리받지 않아도 될 상태였다."

이제 더 많은 돈이 그 건물들에 쓰여질 것이라는 것은 확실했다.

영국노동성(The Board of Work)은 그 땅을 싸게 샀다는 것과 특별한 일들이 필요하다는 것을 알고 있었다. 특히 겨울철 추위를 피하기 위해 적어도 몇 개의 건물들만이라도 연결하여야 할 필요가 있었다. 그러나 건축물의 매입과 함께 몇 가지 정치적 문제들이 일어났다. 1884년 12월 '우정국 사건'으로 아스톤과 그의 가족 및 일행들은 방어 능력이 없는 영국영사관을 포기하고 바로 뒤 언덕 위에 있던 미국공사관으로 피했는데, 이 1884년과 1885년 사이의 겨울에 일어난 일련의 사건들이 아스톤의 건강을 해치게 하였다.

아스톤은 그뒤 1880년대 말까지 얼마간을 일본에서 보내다가 1889년 영사관직에서 퇴직했다. 아스톤과 그의 후계자 가운데 적어도 한 명의 나쁜 건강 상태는 영국 주택지구에 있던 집들의 노출 때문이었다. 게다가 손보기 작업들이 실행되긴 했지만 그것은 고작 임시방편에 불과한 것이어서, 결국 새로운 건축물에 대한 문제가 고려되어져야 했다. 그것은 애당초 아스톤의 의도였고, 실제로 아스톤은 매우 일찍부터 건축 재료에 맞는 건물과 공사비에 대해 생각해 왔었다.

영국 건축기사들 들어오다

새 건물들이 세워지는 데는 많은 노력이 필요했다. 1880년대 말 영국외무성은 신축 건물 설립 추진을 결정했다. 동아시아에 있던 모든 영국 소유지들을 관리하던 상해의 공무부(工務部)가 그 작업을 맡았다. 영국은 상해에 1854년 7월 17일부터 1918년 3월 29일까지 '영국 상해 공동조계 공부국'을 설치하였다.

조선의 제물포에서 활동한 바 있던 영국 육군의 건축기사 크로스맨(W. Crossman, 1830~1901년)은 그의 보고서에서 "장래 건설과 유지 수리를 적절히 수행하기 위해서는 상해에 기사를 상주시켜야 한다"고 했다.

새 영사관과 공사관의 건설에 대해 영국의 외무성에 강력히 요청한 것은 파크스였다. 대장성은 이 요청을 받아들여 실제의 건축공사를 담당하던 공무국, 나아가 동아시아 군사시설 건설에 경험 많은 육군 대표들을 모아 회의를 개최했다. 회의 결과 공무국에 적당한 인재가 없으므로, 육군에서 영사관과 공사관의 건축을 도입할 기사를 파견해 줄 것을 요청하였다.

중국에 온 영국의 건축가들은 모두 공무국에 있었다. 홍콩에서 현지의 사정에 밝아 보이는 보이스(R. H. Boyce, 기사보)를 동반한 크로스맨이 뽑혀 왔다.

크로스맨은 1867년부터 거의 1년 동안 정열적으로 중국과 일본 그리고 조선의 대부분의 개항장과 공사관이 있는 도시를 방문하며, 건물을 어떻게 설계할 것인가에 관해 제안하고 도면을 작성하였다. 크로스맨은 그 건설을 보이스에게 맡기고 임무를 완료하였다.

그뒤 보이스가 중심이 되어, 1883년경까지 가장 오랜 기간에 걸쳐 동아시아 전역에 정면에 베란다가 붙은 목조 평지붕의 '영국 식민지풍(Colonial Style) 건축'을 전이시켰다. 제물포에 영국영사관이 개설될 때 보이스는 퇴직하였으나, 그의 영향은 계속되었던 것으로 보인다.

보이스가 퇴직한 뒤 서베이어(surveyor)직에는 마샬(J. Marshall) 그리고 코엔 및 심프슨이 뒤를 이었으며, 그들의 곁에는 항상 여러 명의 보조 서베이어와 클라크들이 있었다. 그 가운데 마샬이 가장 주목받은 건축가였다.

공무부는 설계 작업을 개시했다. 그러나 재무성이 어떤 작업도 인가하지 않았기 때문에, 동시에 난관에 봉착하게 되었다.

> "조선에서의 영사관 설립이 영국 의회 견적서에 있는 어떤 구분되는 조직이나 협상 없이 단지 중국이나 일본으로부터의 일시적인 분리를 의미하는 한, 재무성 관료들은 그것을 부적당한 것으로 생각했으며, 많은 돈을 필요로 하는 영구적인 영사관 건물 건립에 대해 의회에 요구하겠다."

재무성은 옛 건물들의 개조에는 동의했다. 그러나 이 응답이 외무성을 만족시키지는 못했다. 재무성은 조선 내의 영사관 설립을 영구적인 발판으로 하는 어떤 계획안이 이미 고려 중에 있다는 것을 알고 있었다. 재무성은 1886년 11월 30일 '이것은 단순한 숙박시설로부터의 분리를 의미한다는 것'에 관한 편지를 검토하고 있었다. 외무성의 견해는 의학적으로 사형선고를 받은거나 마찬가지인 그 기존 건물을 계속해서 임시방편으로 수리하는 것은 '공금의 낭비'라는 것이었다. 한편 영국의 거대한 두 관청이 다투는 동안, 상해의 공무부는 외무성의 승리를 예상하면서 계획들을 진척시켰다.

1889년 1월 18일 상해에 있던 마샬은 부분적인 건축 비용의 세부 사항들을 가지고 런던으로 갔다. "집을 지을 양질의 벽돌은 1톤당 약 13달러로 서울에서 얻을 수 있지만, 반면 돌(석재)은 길이가 짧은 것만을 얻을 수 있었다"고 말했다. 그들은 관청 건물을 영국식과 인도식으로 번갈아 지었는데, 중국의 해안가에 위치한 훌륭한 영사관 건물도 보여주었다.

지금 테라스가 있는 정문 입구는 초기 단계에서 현재 위치로 변경되었지만, 마샬의 원래 계획은 기초를 남기는 것이었다. "조선식 집들은 가능한 장소에 하인들의 집을 보유해야 되며, 현재 벽이 흙이 되고 우기(雨期)에 계속해서 조각조각 훼손된 후 튼튼한 벽을 세워야 한다"고 제안은 했지만, 이미 사직해서 중요한 견해를 갖고 있지 않았던 아스톤에게 그 계획들을 보여주었다.

설계는 영국인 건축기사 마샬이 맡았다. "제외된 새 건물들은 진척되어야만 한다"는 외무성과 "지금의 건물들은 더 이상 만족하게 수리될 수 없다"고 주장하는 공무부에 맞선 재무성은 "만일 요구되어진 그 돈의 일부만이라도 중국과 조선에서의 작업들을 위해 현재의 준비 과정에서 마련된다면, 그때 그 작업은 착수될 수 있다. 현재 건물들은 하인들의 숙소로 이용되고 있을지도 모른다"라는 아스톤의 의견에 약간의 위로를 받았다.

1889년 4월 그 결정이 상해에 전달되었지만, 그해에 작업을 시작하기에는 너무 늦었다. 그러나 가을, 공무부는 북경에 있던 장관의 승인으로 필요한 재료들을 모으기 시작했다. 1889년 10월, 그해 12월 21일까지 운반될 '우수한 질'의 붉은 벽돌 30만 매의 운반에 관한 협정이 서울에서 체결되었다.

1890년 마샬, 영국으로부터 건축 자재 들여오다

이 건물을 짓기 위해 1889년부터 1890년 겨울까지 자재를 모으는 작업을 하였다.

약속했던 공급물보다 더 많은 양을 운반하는 데 첫번째 벽돌 공급자가 실패하자 또 다른 공급자를 선정했다. 첫번째 공급자처럼 중국인이었지만, 더 믿을만 했다.

1890년 4월 초, 마샬은 영국에 여러 가지 자재들을 요구하였다. 여기에 '고급 현관 손잡이'와 '현관 자물쇠' 그리고 '포도주 저장 창고의 테두른 자물쇠'가 포함되어 있었는데, 이 마지막 요구 옆에다 런던의 공무부 소속의 어떤 관리는 "어리석은 짓"이라고 썼다. 이 말이 자물쇠의 질에 관한 비평인지, 아니면 그 요구 자체에 관한 무분별함에 대한 비평인지는 확실하지 않다. 영국측에 요구된 다른 공급품에는 지붕에 쓰일 나사와 아연 철판도 포함되었다.

공사 비용이 오르기 시작했다. 이 건물을 짓기 위해 1890년부터 1891년까지 들인 비용은 3천 파운드에 달했다. 1890년 1월, 공무부는 마샬의 즉석 계산을 기초로 실제 공사 비용은 그 금액의 거의 두 배가 될 것이라고 추정했다. 재무성은 어떤 말도 하지 않았다. 영국공사관 계획이 본격화된 때는 1890년이었다. 이것은 지금 영국공사관에 보관되어 있는 주춧돌에서도 확인된다.

1890년 5월 중순 마샬이 진행 과정 보고서를 되돌려 보낸 후 본부 건물의 기초가 거의 끝나 벽돌공사가 시작되자, 총영사인 힐리어는 그 지역에서 이사갔다. 만일 날씨만 허락된다면, 마샬은 4개월 내에 골조공사를 끝낼 수 있을 것이라고 여겼다. 마침내 7월 19일, 총영사 부인 힐리어는 지금도 남아 있는 그 공관의 현관 홀에 주춧돌을 묻었다.

"This stone was laid by Mrs. Walter C. Hillier on the 19th day of July 1890. Being the 54th year of the Reign of Her Vost Gracious Majesty Queen Victoria The 6th year of KUANG HSU and The 499th of the Corean Era."(영사 사인)

또한 건물의 박공 부분에도 '1890'이라고 새겨져 있어 착공 연도를 알 수 있다. 1890년 7월 정초된 이 공사관은 1892년에 준공되었다.

그 공사 기간 동안 힐리어 부부가 찍은 사진들은 여러 공사의 진척 상태를 보여 준다. 벽돌과 타일이 여기저기에 쌓여 있고 만주 태생의 혈통으로 보이는 조랑말들이 벽돌을 가득 짊어진 채 우두커니 서 있다. 한 사진은 많은 서양인 남자들과 여자들이 지켜보는 가운데, 승강기(hoist)를 사용하고 있는 한 무리의 노동자들을 보여 준다. 또 다른 사진에는 서양식이 아닌 조선의 전통적인 공사용 도구들과 비계 발판(scaffolding)의 모습이 보여진다.

공사가 진행되는 속도로 보아 건축 작업자들이 열심히 일했다는 것이 확실한데도 다음과 같이 말한 것으로 보아, 마샬은 그들을 다루기가 쉽다는 것을 알지 못했던

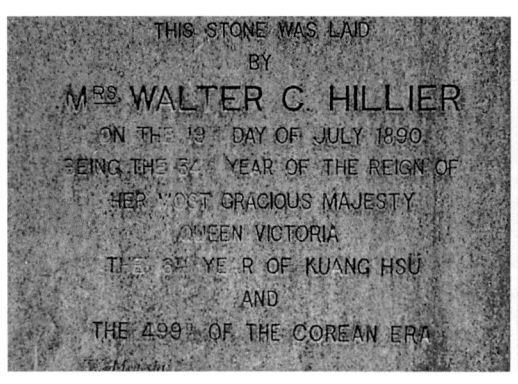 

왼쪽 총영사 부인 힐리어가 묻은 주춧돌이 지금까지 잘 남아 있다. **오른쪽** 제1의 집 벽돌공사 모습이다.

것 같다.

> "감독들이 나중에 어떤 일이 밝혀져도 별로 화를 내지 않는 반면, 조선인·중국인·일본인이 섞여 있는 여기 노동자들은 일반적으로 게으르고, 의존적이며, 아주 작은 일에도 화를 내며 서로 싸운다."

조선어와 중국어를 말할 수 있던 스코트(Scott)와 캠벨(Campbell)에게 힐리어는 공사 감독을 돕도록 했다. 건축가로서, 공사 청부인으로서 그리고 1895년 여성들을 위한 영국국교회(성공회) 병원 건설에도 참여했던 힐리어가 현관 홀에 가구 배치에 대해 조언한 것을 제외하고는 새 건물의 디자인이나 공사에 대해서는 어떤 역할도 하지 않았던 것으로 보인다.

1890년 가을 총영사 주택의 지붕이 완성되기를 원했지만, 그해 겨울이 지난 후에도 목재가 도착하지 않아 그 일은 완성되지 않았다. 석고 세공과 같은 내부공사를 제외하고 작업이 시작된 지 1년 후에 본부 건물과 하인들의 집이 완공되었는데, 사무실과 보조자들의 숙소인 두 번째 건물 공사를 곧 착수할 수 있을 것이라고 마샬은 보고하였다. 그 작업은 마샬이 예상했던 비용보다 훨씬 많이 들었지만, 재무성은 이의 없이 1만 달러의 특별 비용을 지불했다.

5개월 뒤 힐리어는 1층에서 해야 할 작은 작은 규모의 일만 남겨 놓은 채 새 저택의 2층에 들어갈 수 있었다. 습기찬 여름 날씨와 혹독한 겨울 날씨 때문에 두 번째 건물의 공사는 연기되었다.

힐리어가 그의 집을 비운 지 채 2년이 못 된 1892년 5월 12일, 마침내 두 번째 건물에 입주할 수 있었다. 힐리어는 1892년 5월 31일 북경에 있던 공사에게 보내는 급송 공문서에서 마지막 완성과 입주를 정식으로 보고했다. 그는 또한 수집용으로 완성 상태에 있던 두 개의 신축 건물의 사진도 몇 장 찍었다. 지출 비용은 총 6,213파운드였는데, 그 가운데 225파운드는 부지 비용이었고, 5,988파운드는 건물을 짓는 데 들은 비용이었다.

　1892년에 완성된 그 두 개의 건물 가운데 하나는 '제1의 집(Number 1 house)'이고 다른 하나는 현재 사회구제기관의 선두 역할을 하고 있는 '제2의 집(Number 2 house)'이다. 수년 동안 제2의 집은 주택과 사무실의 이중적인 기능을 해왔지만, 근래에는 숙박시설의 역할만 해오고 있다.

영사관 들어가 구경해 보기

　공관은 동쪽을 향하고 있으며, 전면도로 부분에 박공을 배치하였다. 붉은 벽돌과 전돌을 사용한 2층의 이 건물은 영국의 로마네스크풍을 그대로 도입하였다. 특히 런던의 스펜서 하우스(Spencer House, 1752~1754년)와 그 규모나 풍이 비슷하다. 박공 부분은 영국식으로 높지 않게 처리했으며, 중앙에 원형 통기구를 두었다. 1, 2층은 쌍아치로 네 개를 연속 배치하여 전체적으로 아케이드(arcade)화하였고, 강렬하게 음양 처리를 했다.

　공사관의 또 다른 부분은 런던 브릿지 역(London Bridge Station, 1836~1851년)과 유사한 것으로 보여지는데, 크기를 달리한 벽돌 아치(arch) 사이로 창을 낸 것이 특징이다. 건물은 또한 모서리 부분의 불필요한 면은 없애 버렸다. 지붕부를 평면형에 맞춰 낮게 처리한 것도 또 하나의 특색이다. 벽돌 벽면은 영국식 조적쌓기로 했다. 현존하는 방갈로 스타일로는 완벽한 건물이다.

　1층에는 큰 입구와 리셉션 홀이 있다. 정문으로 들어가서 왼쪽에 총영사실이 있고, 그곳과 떨어져 저장실이 있다. 입구 홀 오른쪽에는 접는 문으로 연결된 응접실과 식당이 있다. 그 문이 마주 보이는 곳에 간단한 음식을 차릴 수 있는 방이 있고, 그 문 왼쪽에 연구실이 있다. 다시 그 문 왼쪽에 부엌과 보일러실이 있다. 뒤쪽 밖에는 하인들의 숙소가 있다. 정면에는 베란다가 있으며 위층에 각각 네 개의 침실과 목욕탕이 있는데, 영국인의 주거 양식이 상당히 한국화되었음을 말해준다.

　원래 '베란다'라는 말은 인도계의 거주 양식이라고 하며, 유럽의 언어 가운데에

1892년에 완공된 제1의 집은 2층의 벽돌조 주거로서 1·2층 위아래에는 베란다의 열주와 아치를 이어 놓았다.

서도 포르투갈에서 일찍이 사용되어졌던 예가 있는데, 콜로니알양식(Colonial Style)으로 불려졌다. 2층의 벽돌조 주거로서 1·2층 위아래에는 베란다의 열주와 아치를 이어 놓았다. 통풍이나 일사량을 고려한 이러한 양식은 열대의 식민지 국가에 머물던 외교관, 무역상, 종교인들에 의해 전파된 것으로 보인다. 비교적 온대인 극동에서는 잘 쓰이지 않는 양식이었으나, 일종의 상징 형식으로 받아들여졌는데, 이것은 아시아에 있어서 그들의 생활이 현지화되어진 증거라고 할 수 있다.

제2의 집은 특히 최근 몇년 동안 변해 왔다. 첫번째 건물이 지어졌을 때, 1층에는 사무실이 많았고, 2층에 있던 숙박시설은 지금보다 작았다. 1층에 리셉션실과 거실이 있었다.

중앙난방이 19세기 말경 영국에서 사용되기 시작했지만, 두 건물 중 어떤 건물에도 설치되지 않았다. 대신 아랫배가 불룩한 러시아제 난로에 의존해야 했다. 겨울에 찍은 사진에서 여러 개의 창문 밖으로 불쑥 내밀고 있는 난로의 연통을 볼 수 있다. 아르튀르 드 라 마르(Arthur de la Mare) 경이 서울에서 총영사로 활동했을 때인 1930년대 말에도 이 난방 기구들은 계속해서 사용되었는데, 아주 비효율적이었다고 한다.

제1의 집 앞마당에서 영국 군인들이 기념 촬영을 하고 있다.

공사의 준공과 마샬에 대한 감사의 표시를 전하는 보고서에서 힐리어는 예상하지 못한 구역에서의 새 건물에 대한 관심을 보고했다. 힐리어는 "고종은 그 건축 과정에 대해 많은 관심을 가지고 지켜보았다. 완성 당시, 고종은 평면도와 사진들을 보여달라고 부탁했다" 면서 다음과 같이 썼다.

> "만일 마샬이 그 건물의 설립을 위해 상해의 노동자들과 계약을 처리한다면, 고종은 은행에 돈을 맡겨 책임지고 인출해 줄 것을 약속하면서 궁궐 부지에 그와 닮은 건물 하나를 세우는 데 마샬이 도와줄 것을 나에게 부탁했다."

그러나 힐리어의 이러한 보고에 외무성은 무시하였고, 공무부에 전달되었다. 공무부는 마샬에게 표창장을 주었지만, 상해에서 또 다른 작업 중에 있던 마샬을 그 일에서 손을 떼게 하는 것은 불가능하다고 결정하였다. 한편 마샬은 그 계획안이 채택될 것 같지는 않았지만, 고종에게 평면도를 제공하였고 이 계획안은 덕수궁에 있는

수년 동안 주택과 사무실의 이중적인 기능을 해왔지만, 근래에는 숙박시설의 역할만 하고 있는 제2의 집.

서양식 건물의 원형이 되었다.

이 새로운 영국영사관에 감명받은 것은 고종만이 아니었으나, 고종의 관심을 알고 있었던 미국 장관은 "그것은 조선에 대한 영국의 관심을 보증하는 것으로도 볼 수 있는 훌륭한 건물이다"고 말했다.

『더 코리안 레포지토리(The Korean Repository)』는 1896년 10월에 있은 힐리어의 마지막 출국에 대해 말하면서, 영사관 부지 획득은 힐리어가 애쓴 덕택이며, 그 두 건물을 '서울에서 가장 훌륭한 두 개의 건물'이라고 묘사했다. 지금은 잘 발달된 나무들에 둘러싸여 있어 눈에 잘 띄지 않지만, 당시만 해도 지금보다는 더 띄었었다. 한편 "그 건물들의 내부는 편리하다"고 힐리어가 보고했지만, 공사 중이던 그 공사장을 방문한 한 영국군 장교는 "이것은 극동에 있는 영국 관청 건물들과 다를 게 없이 디자인되었다"고 하면서 조금은 불쾌하게 러시아영사관과 제1의 집을 비교하기도 했다.

1894년에서 1897년까지 3년 동안 조선, 중국, 일본 등을 여행하며 『한국과 그 이웃나라들(Korea and Neighbours)』(이인화 역)이라는 여행기를 남긴 유명한 영국 여왕가의 버드 비숍 여사는 조선의 서울을 여행하는 동안 영국공사관과 힐리어의 집에 묵으면서 시내를 구경하곤 했다고 한다.

그녀는 붉은 벽돌로 지어진 영국공사관과 영사실을 '산들바람이 부는 언덕'이라 말함으로써 이 영국 영사 건물에 대해 소심한 비평을 했다. 또한 미국인 알렌(H. N. Allen, 1858~1932년)도 이 건물에 대해 『조선견문기』(신복룡 역)에서

"… 영국 건물들은 과거 공사에게 쓸 만했던 것처럼 지금도 총영사의 직원들을 위해서 유용하게 사용되고 있다."

며 긍정적으로 말하고 있다. 이에 반해서 헐버트(Hulbert)는 『The Passing of Korea(大韓帝國序說)』(신복룡 역)에서

"… 영국공사관의 모습은 당당하기는 하지만 내세울 만한 것은 되지 못한다."

며 비판하고 있다. 대체적으로 미국인들은 그저 그렇다는 평을 하였다. 이처럼 그 건축물들에 대해 많은 견해들이 있었지만, 정원이 훌륭하다는 것에는 모두 동감했다.

이 정원은 1897년 모든 외국인들과 많은 조선 고위 관료들이 참석한 가운데 열렸던 '빅토리아여왕 60주년 기념 축하연' 동안 파티(석찬) 장소가 되기도 하였다. 정원은 랜턴(호롱등)으로 장식되었다. 그곳의 두드러진 특징 하나는 주택과 제2의 집 사이가 아닌 주택 뒤쪽(지금 테니스장이 있는 곳은 아니다)에 테니스장이 있었다는 것이다.

영국공사관에서 있었던 테니스 경기에 관한 많은 사연들이 남아 있는데, 민비(명성황후)와 고종이 영사관에서 행해지던 테니스 경기를 보고, '외국인들이 격렬한

운동에 하인들을 뛰게 하지 않았다'는 이야기는 지어낸 이야기에 불과하다.

또 하나 흥미 있는 것은 비숍이 영국공사관이 있는 거리를 '캐비닛 거리(Cabinet Street)'라고 불렀다는 것이며 그리고 이탈리아 외교관 까를로 로제티가 '가구 거리'에 관해 쓴 글이다.

"서울의 가구 거리에서는 작은 보석상자를 볼 수 있다. … 그 보석상자들은 서울 또는 전라도나 평안도에서 만들어졌는가에 따라 세 가지 주요한 종류로 구분된다. … 그것들은 어떤 면에서 옛날 300년 전, 세련되고 엄격하게 선을 꾸미던 피렌체나 시에나의 보석상자들을 연상시킨다." 까를로 로제티, 『꼬레아 꼬레아니』

여기서 캐비닛 거리와 가구 거리는 같은 곳을 말하는데, 이 길거리에 장롱이 널려 있었던 것 같다. 현재의 영국대사관 입구 길을 말하는 것 같다.

일제강점기의 영국영사관

1894년 청일전쟁 발발과(중국공사는 그 당시 영국공사관에 피신했다) 이어지는 혼란의 시기에 고종은 덕수궁에 정문을 짓게 하고 영사관들에 둘러싸여 안전하게 지냈다. 영국공사관에서도 덕수궁이 보였다.

러일전쟁이 진행되는 동안 고종은 1901년부터 1906년까지 영국공사를 지냈던 죠던(John Jordan)에게 구공관으로 피신할 것을 제의받고 설득된다.

동아시아 여러 나라에 영국 영사 초소가 있을 때, 서울에도 한 개의 작은 공사 수비대가 있었지만, 위기에 닥쳤을 때 거의 공관을 보호할 수 없었다. 보통 수비대는 같은 시기 정기적으로 제물포에 들렸던 해군이나 중국에서 온 사람들에 의해 청일전쟁 기간에 증원되었으며, 그뒤도 마찬가지였다.

1898년의 러시아공사관이나 미국공사관처럼 계속해서 불안정한 조선 정부를 보면서 영국인들은 그들을 위한 영구적인 병영(兵營)을 짓기로 했다. 그러나 구공관에는 20명의 사람들과 20명의 장교들을 위한 건물을 지을 땅이 없었다. 그런데, 영사관 부지 정문에 소유지를 가지고 있던 영국국교회가 두 공관을 분리한 높은 벽을 짓는다는 조건하에서 해병대를 이용해 건물을 설립할 것을 제의하고, 그 땅을 공사관에 빌려주었으나 제공된 그 부지의 세밀한 검사 후, 새로 지을 건물용으로는 너무 작다는 사실을 알았다.

해군 목사로 초기 시절의 대부분을 보냈고, 처음 그 계획을 찬성했었던 코프(Corfe) 주교는 그 이상의 어떤 땅도 빌려주지 않았으며, 요구되어진 그 건물을 짓는 데 기부금도 내지 않았다. 사실 그는 원래의 계획 전부를 취소하기를 원했다고 한다. 당시 런던의 복음전파회(SPG)에서 설교 중이던 코프 주교가 빌려주기로 했었던 그 땅을 1900년 3월 팔 때까지도 이 문제에 관한 논쟁이 계속되었다. 한편 계획한 건물의 부수적인 땅은 마구간의 일부분에서 얻을 수 있었다.

그러나 1902년까지도 공사를 시작하지 못했다. 한편 1902년 영국과 일본은 영일동맹(英日同盟)을 맺어 한패가 되었으며, 일본의 대 조선 침략도 강화되고 있었다. 1903년 공사가 완료되었고, 약 1,200파운드의 비용이 들었다. 환율 저하로 공사 청부인도 많이 손해를 보게 되자 재무성도 대사령(代謝令)으로 그에게 보상하는 것에 동의했다.

그 병영 막사는 처음 2년 동안만 사용할 계획이었으나, 1905년 일본의 통감부가 설치된 이상 공관 보호를 위한 군부대를 보유할 필요가 없어지자, 해병대를 철수시켰다. 한국전쟁 후까지도 '병영 막사'라는 이름으로 쓰였던 그곳은 관청실로 개조되었다. 1907년 5월 상해에서 그린 평면도는 총영사실, 보좌관실 그리고 영국인 작가들과 치안관 및 기록보관용의 방이 포함된 정교한 것이었다. 한편 1930년대 말, 이 병영 막사는 마구간과 지역 관리를 위한 사무실로 복귀되었다. 해군의 숙소 문제뿐만 아니라, 다른 문제가 19세기에서 20세기로 넘어가면서 발생했다.

덕수궁이 확장되면서 조선 관리들의 공관으로의 출입이 잦자, 외무성은 새 공사관과 같은 동등한 조건의 대치 장소를 요구할 작정이었다. 그러나 이것이 몇년 동안 양도되었던 그 땅의 일부분을 돌려받기 위해 노력하던 고종으로 야기되어진 것은 아니었다.

그 지역의 쓰레기에 오염되어 깊게 파졌던 우물을 더 이상 사용할 수 없었기 때문이기도 했다. 모든 하수와 일반 쓰레기가 성벽 밑부분에 있는 구덩이 속에 버려졌고 20피트나 되던 성벽의 대부분은 4~5피트가 쓰레기로 범벅이 되었다. 악취가 풍겨났고, 영사관은 거대한 쓰레기 구덩이에 파묻혔다.

1902년 12월, 공사 죠던은 공관 의사가 조사한 궁궐 주위의 사람들에 의해 발생된 그 지역의 취약한 위생 환경에 대한 보고서를 발송했다. 상황은 1880년대보다 더 악화되었다.

죠던처럼 그 의사도 덕수궁 확장에 반대했다. 1905년 일본의 탈취 후, 상황은 더 악화되었으나, 그뒤 취약한 위생에 관해 말하는 사람들은 아무도 없었다. 병영 막사 건물과 관청실, 영사관의 건물들이 폐쇄된 채, 1906년 일본 관리용으로 전환되었고 1942년까지 그대로 남겨졌다.

일제강점기 동안 정원에도 약간의 변화가 있었다. 정원은 외국인들의 생활에 있어서 중요한 장소의 하나였다. 한 장기 외국인 거주가(영국인은 아님)는 1920년대와 1930년대 동안 잔디밭에서 정원 파티가 열렸었다고 한다. 5월에 있었던 대영제국 경축일(빅토리아여왕 탄생일)에는 모든 외국인들이 오는 시기였는데, 두 가지 기능을 동시에 했다. 어른들은 위쪽 잔디밭에서 차를 마셨고, 어린이들은 아래쪽에서 놀았다. 파티를 원활하게 하기 위한 감독관, 심부름꾼, 문지기, 하급 노무자 그리고 정원사가 있었다고 한다.

그러나 1930년대 말, 도쿄에서 수습 중이던 부총영사 마르가 총영사로서 모든 일을 처리하면서 중요한 두 건물은 돌보아지지 않았다. 또한 1938년 가을 총영사가 병에 걸리자 그 주택은 4~5개월 동안 비어 있기도 했다. 마르가 수리할 것을 명령했음에도 불구하고 노동부는 그에 대해 어떤 반응도 보이지 않았으며, 임시 후임자로 델웬트 켈모드(Derwent Kermode)가 도착했을 때는 이미 그 주택(건물)은 매우 나쁜 상태에 놓여 있었다. 마르가 살았던 제2의 집 또한 비슷했고, 창틀과 벽 사이에 큰 금이 갔고, 난방이 잘 되지 않았다.

자료 찾기 숙제

영국공사관은 1890~1910년대에 세워진 각국 공사관 건물 중 유일하게 원형 그대로 보존되고 있다. 또한 다행스러운 것은 자료에서 이 영사관 건물이 영국 정부가 상해와 연결되어 서울까지 들어왔다는 것을 알게 된 것이다. 영국 건축가 마샬에 의해 일백 년 전에 세워진 이 붉은 벽돌조 지상 2층건물이 당시의 공사 모습 사진과 함께 남아 있다는 것이 다행스러울 따름이다.

1994년 대사관에는 영국인 24명, 한국인 60명이 몸담고 있었는데, 그들이 이 건

영국대사관에서는 건축 역사에 대한 기록도 잘 정리해 놓고 있다.

물에 대해서 얼마나 관심 있는지 한편으로 궁금하다. 새로운 신축 대사관 건물은 한때 민원을 불러일으키기도 했으나, 그대로 지어져 있다. 부끄럽게도 그것은 우리 세대가 해놓은 일이다.

우리에게 건축 정신을 보여주었던 캐나다인 건축가 고든

"주께서 집을 세우지 아니하시면 집 짓는 자들의 수고가 헛되며 …"
(시편, 127)

한 잊혀진 건축가를 찾아

캐나다의 토론토(Toronto)에 살던 건축가 고든(Henry Bauld Gordon, 1855~1951년)은 1900년대 초 한국의 건축계와 관계를 맺는다.

'온타리오주 건축보존위(ACOF, Architectural Conservancy of Ontario)'의 자료에 의하면, "고든은 3년 동안 코리아의 서울(한양)과 차이나의 베이징(북경)에 건축물을 남겼다"고 기록되어 있다.

그의 한국에서의 활동은 건축 그 자체에 머무르지 않고 한국과 북미 대륙인 캐나다, 미국 그리고 영국(스코틀랜드)의 건축과도 연결되었음을 말해준다.

그의 건축 일은 서울의 장로교파(Presbyterian) 관계시설(교회, 병원, 기독교회관, 선교사 주택, 학교) 등에 펼쳐졌는데, 정동 개조계획, 6~7채의 주택(또는 숙소), 세브란스병원, YMCA회관(계획), 중앙예배당, 새문안교회, 연동교회, 종교교회, 경신학교, 정신여학교 등 다양했다.

1905년 일제에 의해 을사보호조약이 강제로 체결됨으로써 고든의 조선에서의 일도 모두 끝났다. 1903년을 고비로 성장을 계속하던 한국의 교회는 1907년을 기점으로 더욱 더 부흥해 나갔다. 따라서 많은 교회 건물이 요구되었고 고든이 그 중심에 있었다.

조선에서 활동한 서양건축가들을 연구해 오는 동안 대개 선교사나 외교관 등의 글을 통해서 건축 및 건축가에 관한 정보를 얻어 왔었다. 이것이 연구의 한계였고 늘 미흡함을 느꼈었다. 그런데, 건축가 고든의 편지나 자료 등을 통해 당시의 상황에 접근할 수 있게 되었다. 그에 관한 자료들이 캐나다의 신문이나 잡지 등에 남아 있었다.

사실 필자와 고든의 증손자(曾孫子) 고든(Rev. Noel Conant Gordon, 1942년 생) 목사와의 서신 왕래를 통한 질의 응답은 아직 끝나지 않았다. 또한 토론토에서 동쪽으로 60킬로미터 거리에 있는 북미 자동차 산업의 중심도시인 그의 오샤와(Oshawa) 자택 지하 창고에는 건축가 고든의 아직 끄르지도 않은 1900년경의 여행용 가방이 그대로 남아 있으며, 일본과 중국의 자료도 상당수 눈에 띄었다. 고든의 증손자는 그것이 극동의 어느 나라 것인지 아직 잘 모르고 있었다.

1901년, 캐나다와의 건축 교류 시작되다

고든 증손자와의 만남

고든의 증손자인 고든 목사는 1994년 8월 3일 필자가 그의 집에서 건축가 고든에 대해서 질문했던 여러 문제들에 대한 답신을 그해 12월 1일 보내주었다. 그는 그 밖에도 고든이 조선에서 활동하던 당시(1901년)의 선교사 언더우드와 게일(James Scarth Gale, 1863~1937년) 그리고 캐나다의 엘린우드(F.F. Ellinwood)와 나누었던 1901년의 편지와 타이핑 본 5통도 함께 보내주었다.

우선 고든 목사의 답장을 보면,

"… 건축가 고든이 조선을 언제 처음으로 여행했는지를 정확히 알지는 못하지만, 1901년경이었다고 추정합니다. 그의 첫번째 부인(처녀 때 이름은 May Reynolds)은 이미 사망해서 혼자 가게 되었던 것입니다. 그는 배로 조선을 여행했는데, '중국 황후호(中國皇后號, Empress of China)'로 1901년 5월 6일 밴쿠버항을 떠났습니다.

캐나다 장로교의 선교단에 의해 조선에 보내졌지만, 어느 정도는 YMCA와 토론토에서 그가 가르쳤던 성경반의 지지를 받았습니다.

고든이 조선에 간 목적은 교회(屋宇)와 기독교 기관 건물을 짓기 위해서였습니다. 그가 설계도(블루 프린트)를 어디서 준비했는지, 어떤 도면이 현재 남아 있는지는 아직 잘 알지 못합니다.

또한 그가 조선이나 캐나다의 저널(잡지)에 조선에 대해서 어떤 글을 썼는지 본 적은 없습니다. 다만 18페이지에 달하는 「조선, 중국과 일본건축에 관한 인상」이라는 제목의 기록만이 지금 남아 있습니다."

라고 되어 있다.

사실 1900년 초 서울에 온 기독교 선교사의 대부분은 미국인이었다. 그러나 캐나다인 선교사도 적지 않았다.

한 기록에 의하면, 1903년 조선에는 250명의 미국인(캐나다인 포함)이 있었는데 그 가운데 과반수가 선교사계의 인물이었다. 나머지는 정부 고용인이나 기술자, 사업가 등이었다. 1907년경의 한 통계에는 미국인 224명(장로파 150명, 감리파 74명), 캐나다인 14명(장로파)이 조선에서 선교 활동을 하고 있다고 했다. 그들은 그들 방식대로 살아가야만 했기에 그들의 나라로부터 건축 양식을 도입해야만 했다. 이

토론토에서의 고든.

들과 가장 밀접했던 건축가가 고든이다. 그 시대 조선에서 가장 저명한 건축가 가운데 하나였던 고든의 건축 활동은 1900년대 초, 서울의 한복판에서 집중적으로 이루어졌으며, '건축사(建築師) 코덴'으로도 불리어졌다.

그의 일 대부분은 캐나다와 미국 장로교 선교부로부터 나온 것이었지만, 국내에 이미 들어와 활동하고 있던 선교사들로부터도 나왔다. 그는 미국인 선교사들과도 관계를 맺고 있었는데, 언더우드와 게일도 그들 가운데 하나였다. 고든을 이끌어 낸 발판(무대)은 에비슨(Oliver R. Avison, 1860~1956년), 게일, 언더우드 등이었다. 한편 세브란스(Louis H. Severance)나 워나메이커(John Wanamaker) 등은 '재정의 식대'가 되었다.

선교사들 새 양식을 들여오다

구한말 궁중전의(宮中典醫)였던 캐나다의 감리교 선교사 에비슨이 1893년 조선에 들어왔다. 그는 1893년부터 1899년까지 구리게(동현, 을지로) 구역에 자리잡은 제중원(濟衆院)에 근무했다.

영국의 신문기자였던 해밀톤(A. Hamilton)은 『구한말 비록』에서 "… 미국 선교사들은 서울에서 굉장한 저택을 마련하였으며, 많은 식구들을 거느리고 사치스러운 생활을 했다"고 적고, "… 고종마저도 언더우드의 집터가 마음에 들어 그것을 사고 싶어 한 일이 있었다"고 하는데, 선교사들 가운데 일부는 한 나라의 왕조차 갖고 싶을 정도의 부를 누렸다.

언더우드는 알렌과 이해 관계를 맺고 있었는데, '새문안 교회당' 이 창립될 때는 참석해 교회의 앞날을 축복해 주기도 했다.

당시 덕수궁 주변의 정동 일대는 치외법권지대였으나, 일제에 의해 을사보호조약이 강제로 체결된 1905년에서 1910년경에 이르면 왕권 외에도 장소성마저 떨어진다. 경복궁과 창경궁도 예외는 아니었다. 그때부터 정동과 새문안 일대에서 활동하던 미국과 캐나다 선교사들은 종로로 무대를 옮기기 시작했고 그들의 거주 지역도 창경궁이 있는 연건동 일대까지 확장되어 갔다. 당시 최고의 노른자위에 속했던 종로는 조선인 상권의 중심이기도 했으며, 침략해 오는 일제의 본무대와 남산, 진고개 일대와도 접경지에 위치했다.

94년 만에 발견된 고든의 편지 철

우선 다섯 통의 편지들을 통해 고든이 조선에 오게 된 과정을 살펴보자. 이 편지는 당시 캐나다의 고든에게 보내졌다가 최근 그의 증손자 집에서 발견된 것들이다. 가능한 한 본문을 그대로 싣기로 한다.

고든 조선에 가기로(1901년 2월 19일자 편지)

첫 편지는 고든이 언더우드에게 보낸 것으로 이 편지에는 고든이 캐나다의 일을 중지하고 장기간-그는 1년 내지 1년 반으로 예정하고 있었다-조선에 와서 일하게 되면서 건축가로서의 사명감과 그에 따르는 토론토의 설계사무소가 겪어야 할 어려움 그리고 가족과의 떨어짐에 대한 안타까움이 절실히 담겨져 있다. 그때 그는 첫 부인과 사별하고 독신으로 있을 때였다. 더구나 당시는 교통, 통신도 매우 불편하던 때였다. 1892년부터 1915년까지도 뉴욕에서 시카고나 캘리포니아 등에 일체 시외전화를 할 수 없었고 기차로의 국내여행도 오랜 시간이 걸려 건축가들은 겨우 2, 3년마다 여행을 할 정도였다. 하물며 캐나다에서 조선의 경우에야 ….

"… 저는 얼마 전 12월 16일자 당신의 정성어린 편지를 받아보았습니다. 답장을 빨리 하지 못한 점에 대해 죄송하게 생각하고 있습니다. 그러나 저는 코리아로 가라는 결정적인 제안을 받았을 때 어떻게 해야 옳은 것인지 결정하는 데에 어려움을 겪었습니다.

사업적인 면에서 볼 때, 현재 관련된 일을 남겨둔 채 1년 내지 1년 반을 조선에서 보낸다는 것은 저에겐 하나의 희생이 될 것입니다. 제가 다시 돌아왔을 때 잃어버린 부분을 회복하는 데 시간이 좀 걸릴 것입니다. 그러나 그것이 저를 방해하지는 않을 것입니다. 왜냐하면, 저는 주님의 큰 뜻을 위해 기꺼이 그것을 하려고 하기 때문입니다. 제가 예측하는 큰 어려움은 저의 가족의 문제를 만족스럽게 해결하는 것입니다. 저에게는 아이들이 셋 있습니다.

첫째는 토목기사가 되려고 실무학교에 다니고 있는 열여덟 살의 아들 녀석인데, 많이 걱정이 되지는 않습니다.

둘째는 열다섯 살의 딸인데, 사랑스럽게 돌봐 줘야 합니다.

막내는 열 살의 영리한 소년인데, 저의 엄하지만 친밀한 지도를 몹시 그리워할 것입니다.

지금 제가 직면한 문제는 어떻게 하는 것이 하나님께 잘 봉사하는가 입니다. 저의 가족을 돌보면서 집에 머무르느냐, 아니면 친척들에게 자식들을 맡겨 놓고 조선으로 가느냐 입니다. 이런 저의 가족 관계를 뒤로하고서라도 가족들을 편안하게 지낼 수 있게 하고 떠날 수 있는 결정적인 제안이 주어진다면 아주 기꺼이 호의적으로 그것을 생각해보겠습니다.

재정적으로 저는 몇 년 전에 재산을 모두 잃어서, 지금은 매년 제 직업에서 나오는 수입에만 의존하고 있기 때문에, 커다란 희생을 감당할 수 있으리라고는 말할 수 없습니다. 당신은 여행 비용과 1년 반의 봉급으로 3,000달러를 받을 수 있다고 말씀하셨습니다. 이렇게 되면 저의 현재 수입은 크게 절감되고, 저의 비용은 가중될 것입니다.

만약 제가 오랫동안 토론토를 떠난다면, 멀리 떨어져 있는 저의 파트너와 소득을 나누어 갖게 되리라고는 기대할 수 없습니다. 저는 조선에서 받는 봉급에 의지하게 될 것입니다. 왕복 경비와 현재 제 가족의 소요 경비에 추가분이 생길 경우 저의 지출금을 무시할 수 없습니다. 만약 그 일이 1년 안에 성취될 수 있다면, 재정적인 어려움과 가족의 어려움은 훨씬 가벼워질 것입니다.

저는 솔직하게 제 사정을 말씀드렸습니다. 제가 이 세상에 혼자 있다면, 조선에 가는 것이 기쁠 것입니다. 그리고 제가 만약 복음사업을 분담할 수 있고, 선교 부문에서 유용한 역할을 다할 수 있다면, 저는 남기 위해 강력하게 시도할 것입니다.

그러나 주님께서는 저에게 일을 맡기셨고 세 명의 소중한 영혼을 돌보게 하였습니다. 제가 처한 상황이 너무 복잡해서 결정적인 해결책을 찾지 못하고 있어 제 앞에 있는 결정적인 제안을 받아드리길 원하는 바입니다.

저는 당신이 당신의 일에서 주님의 특별한 돌보심을 받으시고 많은 결실을 이루게 될 것이라고 믿습니다. 이 따뜻한 저의 바램을 조선에 있는 우리 공동의 친구들에게 전달하여 주십시오. 그리고 당신의 조사에서 생겨난 쟁점이 무엇이든 간에 저를 믿어 주십시오. 저는 항상 당신과 관련 있는, 우리의 모든 일꾼들에게 따뜻한 동료가 될 것입니다."

건축 자재를 알아보다(1901년 3월 9일자)

두 번째 편지는 언더우드가 조선에서 명예 신학박사 엘린우드에게 보낸 것으로 아직 고든은 서울에 오지 않았다.

실제적으로 세브란스병원과 새문안교회를 짓는 일이 기록되어 있다. 또한 당시 미국 서부의 오리건주로부터 워싱턴주의 시애틀 항구를 경유하여 목재를 반입해 온 과정이 아주 구체적으로 쓰여 있다. 또한 건축 재료 및 시공과 관련된 당시 상황을 알 수 있다.

> "… 우리가 조사해 보니 오리건주에서의 목재 값이 이곳(조선)보다 훨씬 싸다는 것을 알게 되었습니다. 실제로 오리건주에서 재단하여 손질한 목재의 값이 1,000피트 당 10달러이지만, 조선의 경우 같은 목재가 70달러입니다. 그 철도회사는 1,000피트 당 1달러 90센트에 배 한 척 분에 해당하는 오리건주의 목재를 제물포로 운송할 것을 보증했습니다.
> 병원과 새로운 교회(정부가 새문안교회를 구입) 그리고 6, 7채의 집을 지어야 하기 때문에-세심하게 견적을 내보면-우리는 거의 배 한 척 분의 목재가 필요합니다. 그래서 지금 제물포에 이 분량의 목재를 운송해 줄 수 있을지에 대해 미국 회사와 타진하고 있습니다. 지금 이곳(조선)에 건축가가 있다면, 명확한 주문을 낼 수 있는 세밀한 명세서를 (미국에) 보낼 수 있을 것입니다."

3,000달러에 1년 체재 요망(1901년 3월 28일자)

세 번째 편지는 캐나다 선교국의 회계 담당자인 노드(Chas.W. Naud)가 조선의 조선선교부(The Korea Mission) 사무관이었던 게일 목사에게 보낸 편지이다.

게일은 캐나다 토론토대학에서 신학을 공부하였고, 졸업한 후에는 그 대학의 YMCA에 소속됐었다. 그는 YMCA로부터 1886년 조선에 선교사로 파송돼 와 있었고 15년 동안 서울 생활을 해오고 있던 중이었다.

장로교선교국은 정동에 소유하고 있는 대지에 필요한 건물들을 짓기 위해 또 계획된 세브란스병원의 설계와 건축을 위해 1년 체재 조건으로 고든을 보낸다고 하고 있다.

여기서 말하는 정동 복숭아골의 장로교 땅은 기포드(D.L. Gifford)가 그린 배치도에 나타나고 있다. 왼쪽에 지금의 러시아영사관 터가, 오른쪽에 미국대사관 터가 보인다. 또한 언더우드의 집과 첫 새문안교회 그리고 언더우드학당 등도 보인다. 언더우드 남학당은 1897년에, 여학당은 1902년에 각각 매각된 것으로 적혀 있다.

"… 캐나다선교국은 고종에게서 정동의 소유 재산을 판매할 것을 권유받아 왔고, 정동의 소유지 대신 왕이 하사하신 소유지에 세워질 새로운 건물들의 건축을 감독하기 위해 유능한 감독 및 건축가를 파견해 달라는 조선선교부의 요구를 고려하고 있습니다.

이에 캐나다선교국은 조선선교부에 의해 위원회에 추천된 캐나다 온타리오주 토론토시의 고든과 만족스런 인터뷰를 가졌습니다. 1901년 3월 18일에 개최된 캐나다선교국 회의에서 다음과 같은 조처가 취해졌습니다.

고든은 세브란스병원을 포함하여 캐나다선교국에 의해 허가를 받은 조선의 다른 지역에서의 건축물을 감독하기 위해 1년 동안 조선으로 가기로 되어 있습니다. 그 보수로 1년에 3,000달러를 지급하기로 결정하였고, 조선에 가는 경비와

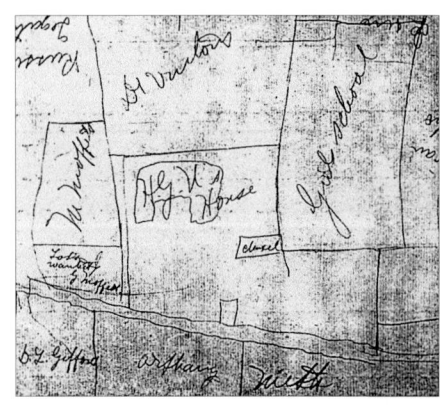 

왼쪽 기포드가 그린 정동의 장로교 땅의 외인 주택 배치도. **오른쪽** 언더우드 집과 복숭아골(가운데가 언더우드 집).

되돌아올 경비를 지급합니다. 그리고 고든에게는 한달 후 편리한 때, 가능한 한 빨리 서울로 향하도록 요구하였습니다. 고든의 위치를 분명히 할 필요가 있음이 명백합니다. 고든과 선교부와의 관계와 더불어 임무들은 다음과 같습니다.

선교국은 정동 소유지에서 지금 사용되고 있는 건물들을 대신할 만한 설계와 건축에 착수하기 위해, 또 계획된 세브란스병원의 설계와 건축을 위해 고든을 보냅니다. 선교국은 정동의 땅 판매에서 받는 돈을 최대한 효율적으로 이용하기 위해 그 기지(基地, 基址)의 작업과 근무자들의 편리와 안락에 힘쓰는 한편, 모든 면에서 가장 잘 어울리는 새로운 건축물을 만드는 데 유의하고 있습니다.

고든은 이 일을 서울기지(Seoul Station)의 재산위원회(Property Committee)에 보고할 것입니다. 이 위원회와 협의를 거치면서 고든은 다양한 건축물들에 대한 계획안들을 만들어 낼 것이고, 승인을 위해 그것을 위원회에 제출할 것입니다.

고든을 채용한 것은 이 일에서 선교사의 시간과 정력의 소비를 부분적으로 줄일 목적에서 이루어진 것입니다. 그러므로 선교사의 도움이 필요할지도 모르는 특별한 상황을 제외하고는 고든과 함께 일할 수 있는 조선인을 찾게 되기를 희망합니다.

그 계획안이 결정된 후에 세부적이고 기계적인 공사, 역학적인 구조에 대한 모든 문제들을 고든에게 맡겨야 합니다. 그 건물들은 일반적인 조선건축 양식을 되도록 실행하면서 외관상으로는 매력적이지만 실질적으로 만들어질 것이며, 선교 임무에 생기게 되는 변화하는 환경을 최대한 수용할 수 있도록 보통 가정의 건물 형식으로 설계될 것입니다.

왕이 정동의 소유 재산에 지불한 돈의 전액을 사용할 필요가 없게 되는 것이 저희 선교국의 소망입니다. 그러므로 고든과 재산위원회측은 모두 분별 있게 효율적으로 사용해야 합니다. 선교국은 이 일을 위해 사업을 뒤로 한 채 큰 희생을 하고 있는 고든을 선교사단에 추천합니다.

고든은 캐나다에서 존경할 만하고 성공적인 경력을 갖고 있으며, 그의 사업에 대해서는 충분히 알려져 있습니다. 고든은 선교 건물의 건축 방법 채택에 있어서 이 일이 선교의 동기에 유용하기를 희망하면서 떠맡은 것입니다. 그러므로 가능한 한 개인적인 편향을 떠나서 일반적인 유용성을 따라 만들도록 고든에게 제안하는 것이 바람직할 것입니다. 선교국은 이미 앞에서 언급한 바와 같이 정책을 수행함에 있어서 서울기지는 여러 면에서 미래 사업에 대한 모델이 될 것이라고 믿습니다.

덧붙여 고든이 조선선교부의 모든 건축물을 감독하는 것이 선교국의 바람입니다. 그리고 그것은 선교국에 의해서 정당하게 위임되었습니다."

'엠프리스 오프 차이나' 로 출항키로(1901년 4월 15일자)

네 번째 편지는 회계 담당관 노드가 서울의 사무관 게일 목사에게 보낸 것이다.

서울기지의 일원들이 서명하여 엘린우드 박사에게 보낸 편지가 캐나다 재정위원회에 회부되었는데, 이것과 관련된 그들의 보고가 다음과 같이 채택되었다.

이 편지에는 완전한 장비가 갖추어진 서울 세브란스병원에 대한 필요성이 설명되었고, 세브란스가 제공하는 모든 기금의 실질적인 지출에 대한 계획안이 구체화되어 있다.

"… 위원회는 1901년 3월 28일자로 선교비서국(Secretary of Mission)에 보낸 편지에서 구체화된 선교국의 기능이 이 일을 충분히 감당하여 서울기지에 만족스런 결과를 가져다 줄 것으로 생각하고 있습니다. 위원회는 고든이 조선으로 떠나기 전에 세브란스와 협의하여 줄 것을 요청하였습니다. 이 문제에 대한 세브란스의 의견이 가능한 한 실행되어야 한다는 것이 위원회의 판단이라고 말할 수 있겠습니다. 우리는 5월 6일 밴쿠버항을 떠나는 증기선 '엠프리스 오프 차이나' 에 고든의 항해를 마련하고 있습니다."

조선에 건축을 세우는 일들(1901년 4월 24일자)

마지막 편지는 노드가 조선의 게일 목사에게 보낸 것이다. 고든이 5월 6일 밴쿠버항을 떠나 조선으로 간다는 것과 병원과 주택들을 지을 리스트를 이미 마련했고 목재도 함께 사 간다는 내용이었다.

이것으로 볼 때 우리는 세브란스병원의 설계도와 몇 채의 '주택' 설계가 이미 고든이 토론토에 있을 때 끝나 있었다는 것을 알 수 있다. 그러나 그가 어디서 건축설계도를 그렸는지는 확실치 않다. 『에비슨 일기』를 보면 1901년 4월경 끝난 것으로 되어 있다.

여기서 몇 채의 주택이라 하면 이양관 몇 채를 의미하는 것으로 보인다. 그 설계 도면은 캐나다의 어딘가에 아직 남아 있으리라 보이는데, 아직 발견되지 않고 있다. 지금까지도 우리는 우리 근대건축사와 관련된 1900년대 서양인 건축가의 설계 도면을 발견하지 못했다.

"… 저는 감독 건축가인 고든에 관한 3월 28일자의 편지와 또한 이달 19일자의 해외 전보를 통해 고든이 (조선에) 도착할 때까지 모든 일이 연기된다는 것과 그가 5월 6일 항해할 것이라는 것을 다시 한번 이 기회에 확인하고 싶습니다. 당신에게 전보를 보낸 이후 고든은 몇 가지 중요한 일들을 그가 기대하는 바대로 즉시 끝마칠 수 없다는 것과 5월 27일 다음 증기선이 올 때까지 기다려야 한다는 것을 알게 되었습니다.

고든은 우리들만큼 이것을 유감으로 여기고 있습니다. 그러나 그가 꼬박 1년을 사업에서 떨어져 있게 될 것이므로 우리측이 그의 원래 출발 날짜를 고집한다면 합당치 않을 것입니다. 지연이 됨으로써 고든은 태평양 연안에서 목재를 구입할 수 있는 가능성과 그 수송에 작은 배가 안전한지를 충분히 조사할 수 있을 것입니다. 이 일이 이루어질 수 있는지 매우 의심스럽지만, 여하튼 우리는 시험을 해 볼 것입니다.

에비슨 박사는 편지에서 여기 대서양 연안에서 목재를 살 수 있는 가능성에 대해 제안했습니다. 그러나 서울에서 그가 정한 가격만큼이나 목재 비용이 40세제곱피트 당 50실링이라는 것과 제물포에서 서울까지의 운송 비용이 포함되지 않은 것을 알게 되었습니다.

고든은 새로운 병원(세브란스병원)을 짓는 데에 필요하다고 생각되는 자국의 재료 리스트를 작성했습니다. 또한 각 주택에 필요한 재료에 대해서도 견적서를 작성하였습니다.

여기에 사본들을 함께 동봉합니다. 적당한 사람들이 이것들을 맡기를 제안하며, 또한 고든이 서울에 도착하면, 지연 없이 그것들이 제시되었는지를 확인할 것입니다.

저는 전적인 구매는 현명치 못한 일이라고 생각합니다. 왜냐하면, 고든이 그의 설계안에 대해 재산위원회와 어떤 것을 협의할지도 모르기 때문입니다. 그러므로 재산위원회와 협의한 다음 미국에 자재를 주문하는 것이 최선으로 보입니다. 그러나 이것은 밴쿠버에 도착한 고든이 대략 결정할 수 있는 사항들입니다. 만약 그가 서울에서 자재를 구입하는 것이 제일 좋다고 한다면, 그가 항해하기 전에 전보를 보내겠습니다.

이런 목적으로 다음과 같은 메모 코드를 제안합니다.

Adnavi; 토론토 1901년 3월 16일자 목록에 제시된 새로운 병원건축 자재를 구입하시오.

Adnoun; 위와 같은 날짜 목록에 제시된 각각의 주택용 자재를 구입하시오.

Adobe; 고든이 도착하는 대로 그의 승인으로 위에서 제시한 조건과 같은 병원의 자재들을 구입하시오.

Adocar; 고든이 도착하는 대로 그의 승인으로 위에서 제시한 조건과 같은 각각의 주택의 자재를 구입하시오."

당시 토론토에서 조선으로 오는 경로는 기차로 캐나다의 서부까지 가서, 항구 도시 밴쿠버에서 다시 일본의 요코하마로 가는 배를 타는 것이었다. 그리고 다시 제물포행 배로 갈아타야 했는데, 고든도 이 코스로 왔다. 고든은 1901년 6월 25일경 (또는 그 이전) 조선에 도착해 있었다. 고든의 입경에 관한 기록은 알렌에 의해서도 확인된다.

"… (새문안교회 신축) 일에 결말이 없자, 알렌은 다시 1901년 6월 25일 외부대신 박제순(朴齊純)에게 문서를 띄워, 앞서 청빙(請聘)한 미국인(캐나다인을 오인) 건축가가 착한(着韓)하였기 때문에 곧 착공을 해야할 터인즉." 새문안교회, 『새문안 80년사』

토론토의 건축가 고든

고든의 자료는 현재 '메트로폴리탄 토론토 리퍼런스 라이브러리'의 온타리오 건축보존위에 카드로 보관되어 있다. 유감스럽게도 토론토대학 건축도서관에 그의 '조선에서의 건축에 관한 기록'은 없었다.

고든은 스코틀랜드계의 후손으로 토론토에 이민 온 집안에서 태어났다. 그는 줄곧 그의 인생과 함께 했던 토론토 시내에 있는 녹스교회(Knox Presbyterian Church)에 다녔다. 1821년에 세워진 토론토의 첫 장로교 교회였다. 고든은 건축을 정규 교육을 통해 배운 것이 아니다. 그는 헨리 랭글리(Henry Langly, 1836~1907년)로부터 건축 트레이닝을 받았고 랭글리의 사무소에서 그랜트 헤리웰(Grant Helliwell, 1857~1953년)을 만나게 된다. 1877년 독자적인 사무실을 내고 2년 뒤 헤리웰과 파트너로 설계사무소를 열었다(1877~1941년). 그들은 50여 년 동안 함께 건축을 했으며, 토론토 건축계의 주요 멤버가 되었다. 사무실은 스코트 스트리트(Scott St, Pacific Bldg.)에 두었다.

고든은 1896년과 1908년, 캐나다 온타리오주 건축가협회(Ontario Association

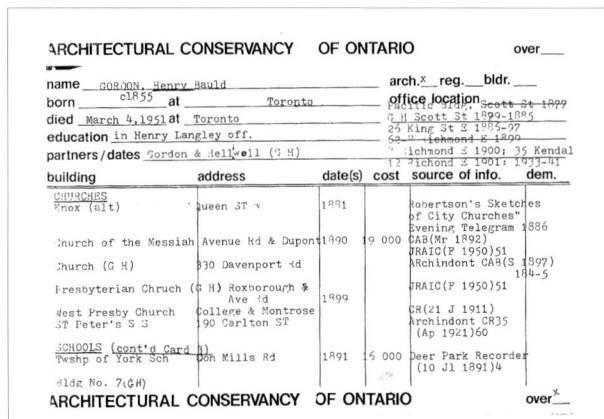

ACOF 파일 안에 있던 고든에 관한 자료로 4매 중 첫 장.

고든과 토론토의 건축가들 모습으로 가운데 줄 오른쪽 끝이 고든이다 (자료; Toronto No Mean City).

왼쪽 온타리오주 건축가협회(OAA)의 휘장. **오른쪽** 고든이 그린 교회 투시도.

of Architects; OAA)의 회장을 역임하였다. 그가 조선에 처음 왔을 때는 OAA 첫 회장을 역임하고서였고, 그때 「석조건축의 색채(Colour of Stone Architecture)」라는 논문도 썼다. 조선으로 왔던 1901년 캐나다의 그의 사무실은 리치몬드(Richmond)로 옮겨져 있었다. 3년 뒤 귀국한 그는 다시 회장에 재취임했다. 캐나다에 없었던 그 시간의 핸디캡(공백)도 영향을 못 미칠 만큼 그는 뛰어난 능력자였다.

온타리오주 건축가협회의 휘장에는 '아름다운 디자인(Design With Beauty), 성실하게 세움(Build With Truth)' 이라고 새겨져 있다. 고든의 마음속에는 휘장에 담겨진 건축 정신이 남달랐으리라 보여진다. 오늘날 우리의 부실건축 행위라든가 정신없는 물질 만능주의에 경구가 되는 글이 거기에 남아 있다.

그가 디자인 한 윈체스타교회(80, Winchester ST.)는 녹스교회와 입면, 측면이 모두 닮았다. 증손자 집에서 발견된 한 장의 교회 투시도는 무척 정밀하고 아름다웠다. 그 투시도는 1904년의 승동교회와 1910년의 새문안교회와도 비슷했다.

그는 1907년경 유명한 여의사였던 엠마 고든(Emma Lelia Skinner Gordon, ?~1949년) 박사와 재혼한다. 에비슨과의 관계도 그녀로부터 온 것이 아닌가 여겨진다.

고든은 1951년 3월 4일(일요일) 저녁, 96세를 일기로 자택에서 숨졌다. 두 번째 부인이 죽은 지 2년 후였다.

　토론토의 명사였던 고든의 장례식은 3월 7일 오후 2시, 그가 평소 다니던 녹스 교회에서 열렸고, 그날 네크로포리스 공원묘지(Toronto Necropolis and Crematorium)에 매장되었다. 묘지는 그의 스승, 헨리 랭글리가 1850년 설계한 것으로 토론토 시내의 윈체스터 거리(200, Winchester Street)에 있다.

　1994년 2월 눈 내리던 날, 그의 묘지에 들렀을 때 묘지 관리사무소 직원이 보여준 고인의 때묻은 파일 철에 고든가에 관한 자료가 있었다. 그러나 1952년을 끝으로 기록은 정지되어 있었다. 그런데, 그의 후손들이 캐나다에 살고 있다는 것을 알게 되었고 어렵게 그의 후손과 연락이 되었다. 필자는 두 번째 여행에서야 그들을 만날 수 있게 되었다. 1944년 고든이 그의 가족들과 함께 찍은 사진이 고든 목사의 집 창가에 따뜻한 햇살을 받고 세워져 있었다.

왼쪽 고든의 사망 기사(자료; 『The Telegram』, 34면, 1951. 3.6).
오른쪽 고든가의 묘비.

고든, 조선에서의 건축 사명

그 고든이 조선에 왔었던 것이다. 그가 조선에 왔을 때는 이미 와 있던 어떤 선교사들보다도 연장자였다. 언더우드보다는 다섯 살이, 에비슨보다는 여섯 살이나 위였다.

세브란스병원 세우는 일

1899년 에비슨이 안식년 휴가를 맞아 고향 캐나다에 돌아갈 기회를 갖게 되는데, 그곳에서 현대식 병원의 설립 계획을 세우고 건축설계 기금 모금에 나섰다. 그는 재래식 병원의 시설과 설비가 불편하자, 서구식(西歐式)의 난방, 급수, 하수를 위한 이양풍 병원의 신축을 서둘렀다.

토론토에서 고든을 만나 병원의 설계를 의뢰하였던 것이다. 설계 의뢰 과정과 설계비, 공사비에 관한 기록이 잘 나타나 있다. 오늘을 사는 우리 건축가들도 눈여겨 볼 만한 일이다. 에비슨은 그의 회고록에서 고든을 박사라고 불렀는데, 고든이 박사학위를 받는지는 아직 확인되지 않았다. 에비슨 자신이 박사였기에, 또한 고든의 명성이 이미 높았기에 예의상 붙인 것이 아닌가 생각된다.

"… 1년 동안 캐나다에 체재하는 동안, 현대식 병원 건립계획을 추진할 수 있는 방법을 모색해 보기로 했다. 우연의 일치로 일이 하나하나 잘 풀려갔다.

맨 먼저 찾아간 곳은 토론토에 사는 건축가 고든이었다. 우선 설계를 청해 보려는 계산에서였다. 그는 이미 조선에 관심을 가지고 있었다. 조선에 주재하던 맬컴 펜윅(片爲益, M.C. Fenwick)의 활동을 후원하던 위원회의 위원이었기 때문이다.

'현재 가진 돈이 얼마냐'는 고든의 첫 물음에 나는 할말이 없었다.

'한푼도 없다'는 나의 대답을 들은 그는 '말 앞에 수레를 매어 놓은 격이 아니냐'고 나무라면서, '투자할 금액을 알아야 건축설계 계획상의 크기와 양식을 결정할 수 있다'고 하였다. 나는 나의 주장을 고집하면서, '필요한 대략의 경비를 알아야 돈을 마련할 테니 40명 환자를 수용할 병원을 설계해 달라'고 졸라서, '건물 자체만 1만 달러 정도 들 것'이라는 대답과 함께 '먼저 나 자신부터 설계를 무료로 해줌으로써 첫번째 기부자가 되겠다'고 했다. 감사하는 마음과 함께 계획에 대한 어떤 길조 같은 것을 느꼈다. 고든은 '어떤 사업에 임할 때건 그 사업의 필요성을 느끼고 신의 인도를 믿는 자는 반드시 성공하는 법'이라며 나를 격려해 주었다."

고든은 40명의 환자를 수용할 수 있는 규모(병실)와 양식으로 병원을 설계했다. 1900년 봄(4월 이전), 병원의 설계가 완료되었다. 설계비는 무료로 했으나, 공사비는 1만 달러 이상이 소요되었다. 그 공사 금액의 대부분(1만 5천 달러)을 미국 크리블랜드의 실업가인 세브란스가 내놓았다.

에비슨은 1900년 뉴욕을 거쳐 조선에 다시 들어와 가을 남대문 정거장 바로 건너편에 있는 약 9~10에이커(11,016~12,240평)의 땅을 병원 대지로 매입했다. 1만 5천 달러가 들었다. 아직 정거장이 들어서기 전이다. 정거장이 세워질 계획이 있자 땅값은 폭등했다.

병원의 공사는 중국인 시공업자 헤리 짱(張時英)이 하기로 했다. 세브란스병원의 난방, 통풍, 상하수도를 제외한 일체의 공사를 맡았다. 그는 서울에 '헤리 짱' 회사를 경영하고 있었다. 헤리 짱은 1883년 미국영사관 관저 공사를 했으며, 서울 천도교 중앙대교당(1918~1921년)의 시공도 맡아 했다. 또한 새문안교회와 기독교서회도 시공하였다.

헤리 짱에 관한 기록은 한성부 훈령(1897년 5월 12일) 문서에도 나온다. 영국영사관 공사와 관련하여 그는 경기도 광주군 오포면 둔전리 부근에서 목재를 가져다 썼다.

"… 헤리 짱은 한때 미국공사관에서 일하면서 영어를 배웠고 그뒤에 외국인 주택 건립 공사에 참여하면서, 건축을 배운 사람으로 무엇보다도 신뢰할 수 있었다. 청약(請約)한 대로 준수할 사람이었다."

"… 고든의 설계는 건축학상으로 정확할지언정 결코 사치스런 것은 아닌데도 장로교 선교사들은 병원을 그 설계도대로 하지 말고 병원 건립에 그렇게 많은 돈을 들이지 말라고 했다."

우여곡절 끝에 병원은 착공되었다. 이때의 세브란스 기념병원 정초식 초청장을 보면,

> 본월 이십칠 일(음력 시월 이십팔 일) 오후 세 시에 남문 밧게 새로 짓는 제중원 (쎄버란씨 긔렴병원) 긔초의 모퉁이 돌을 놋켓사오니 오서서 참예하심을 바라옵니이다
> 이 돌을 대미국공사 안련씨가 놋켓사옵
> 구쥬강생 1902년 11월
> 대한 광무 6년 임인 11월
> 제중원백

이라고 되어 있다.

주춧돌은 미국의 추수감사절이기도 한 1902년 11월 27일에 놓여졌다. 아직 제중원이란 이름이 쓰이고 있다.

헤리 짱이 공사 준비를 하고 있을 때인 1903년, 건축가 고든이 서울에 다시(?) 왔다. 러일전쟁(1904)의 기운이 감돌고 있을 때였다.

편지에도 나타났듯이 고든에게 영어 통역이 한 명 배정되었는데, 김씨(金奎植

?)라고 하는 사람이었다. 김규식은 이때 고든 및 에비슨과 함께 난방, 배관공사에도 직접 참여했다. 김규식은 그뒤 이승만, 김구 등과 함께 우리나라의 정치 지도자가 되었다.

47세의 고든은 필요한 자료와 기계를 외국에 주문하였고, 얼마 지나지 않아 모두 수입되었다. 이 와중에 러일전쟁이 일어나 건축 자재값이 폭등했다. 짱은 공사비 추가 문제에 봉착하였고 파산에 이르렀다.

조선 최초의 이양풍 병원인 세브란스병원은 1904년 9월 23일 문을 연다. 병원 이름은 '세브란스 기념병원'이라 했다. 1907년 미국인 세브란스가 전담 의사와 함께 입국했고 2만 5천 달러를 기부했다. 고든의 봉급과 경비 모두를 세브란스가 부담했다. 그러나 이 병원 건물은 1970년 12월 18일 철거되었다.

조선에 YMCA를 창설하는 일

1908년 종로에 YMCA회관이 낙성되었다. 서울의 노른자위 땅에 서양 선교사들에 의한 건축물이 세워진 것이다. 현재 YMCA회관을 누가 설계했는지는 정확하지가 않다. 여러 사람의 이름이 등장하기 때문이다. 고든 외에도 미국인 건축가 비스레이(Percy M Beesley), 캐나다인 건축가 그레그(Gregg) 그리고 돈햄(B.C. Donham) 등이 등장하고 있기 때문이다. 이들 각각의 역할이 지금으로서는 불확실하다. 1908년에는 고든이 조선에 없었던 것이 확실하지만, 그가 YMCA의 인물이었기에 YMCA회관 신축에 깊이 관여했을 거라고 짐작해 볼 수 있다. 우선 YMCA회관 세우는 일을 연대기적으로 정리해 보며, 그 저간의 사정을 살펴보기로 하자. 먼저 고든의 역할부터 찾아보자.

1899년 장로교의 언더우드와 감리교의 아펜젤러 선교사가 '조선 YMCA' 신설을 위한 재원 확보를 위해 미국과 캐나다에 있는 YMCA와 접촉했다. 1901년 북장로교파의 미국인 질레트(P.L. Gillet)도 조선에 왔다. 1903년 3월 18일 저녁 종로의 한 미전기회사 사옥에서는 서울에 와 있던 외국인들을 만찬에 초청해서 모금을 했는데, 7천 원이 들어왔다. 또한 그해 10월 29일 수요일 저녁 8시 정동 유니언클럽(Union Club, 또는 서울 유니온회관)에서 기독교청년회가 발족되었다.

민경배(閔庚培)는 『서울 YMCA 운동사』(1903~1993년)에서 "… 게일이 창설되는 YMCA의 헌장 초안을 읽었고 고든이 동의하여 YMCA는 헌장을 갖추게 되었다. 헌장에 따라 12명의 이사를 선출하게 되었다. 이 선거에서도 고든은 12명의 후보자에 대해 동의하였고 이들이 최초의 이사들이 된 것이다"라고 하였다.

고든은 YMCA회관의 건축을 위해 애썼을 뿐 아니라, YMCA의 창설에도 크게 공헌하였다. 서울에서 이 일을 위해 직·간접으로 활약한 사람으로는 게일 목사가 있었다. 캐나다 사람인 에비슨과 게일은 각각 YMCA의 이사이며, 회장이었다. 고든이 YMCA의 특별위원회 회원이 된 것도 중요한 의미를 갖는다. 2명의 캐나다인 이사가 고든을 설계자로 밀었던 것이다.

고든은 또한 1903년 11월경 인사동에 중앙예배당을 설계했다.

"… YMCA는 우선 회관을 마련해야 했다. 질레트 총무가 결혼식 관계로 중국

세브란스병원에 초석을 놓고 있다.

상해에 가 있는 동안 헐버트가 책임자가 되어 켄뮤어(A. Kenmure) 이사와 고든 등이 특별위원회를 마련해 1903년 11월 11일 인사동 자리에다 '임시회관〔회소(會所)〕'을 마련했다." 이성림, 『한국감리교회사』

"중앙예배당 자리인 이곳은 헌종(憲宗)의 후궁인 김씨가 살던 태화궁(太華宮)터였다. 건축가였던 고든이 집을 수리하여 우선 중앙에 사무실 및 기도실 겸용의 교실 하나와 친교 및 게임도 할 수 있고 강연도 할 수 있는 100명 가량의 사람을 수용할 수 있는 강당을 꾸몄다." 대한 YMCA, 『한국 YMCA 운동사』(1895~1985년)

이미 조선에 와 있던 고든은 서울의 이 청년회회관 설계에 깊이 관여했다. 설계는 서울에서 한 것으로 추정된다.

고든은 1903년 11월 이후에도 조선에 체류하고 있었던 것으로 보인다. 조선에서 3년을 보내고 1904년경 조선을 떠난 것이 아닌가 추측되는데, 캐나다로 일단 돌아갔다가 다시 조선에 온 것이 아닌가 생각된다. 토론토 녹스교회의 기록에는 1907년 이후부터 캐나다에서의 활동이 나타나고 있다.

YMCA회관에 대한 민경배의 또 한 기록에는 "1904년 3월 30일 회관기지로 현재 기지를 완성하고 매입하기 시작하였다"고 되어 있다. 청년회는 1907년 종로 거리(북변)의 현흥택(玄興澤) 소유지까지 사들여(120×144피트) 새 회관을 세우기 시작하였다.

"… 1905년 3월 8일 미국 공사 알렌은 YMCA 간사와 직원들이 베푸는 조선 저명인사들 초청 간담회의 사회를 맡게 되었다. 그날 조선의 저명한 고관(브라운, 윤치호 등)들이 여럿 참석하여 YMCA의 건축 계획안을 결정하였으며 …"

이때가 영국인 총세무사로 탁지부 고문을 겸했던 브라운의 영향력이 제일 컸던 시기이다. 그는 당시 YMCA의 창립이사이기도 했다.

민경배는 『The Korea Review』를 인용하며 1906년의 건축설계에 관해 다음과 같이 기록하고 있는데, 여기에 또 다른 건축가 비스레이가 나오고 있다. 고든과 비스레이의 관계도 중요하다. 고든은 세브란스와, 비스레이는 워나메이커와 각각 관계되었기 때문이다. "… 신축 준비가 거의 다 마무리되었을 때, 중국 상해의 알제 비스레이(Alger Beesley) 회사의 건축기사 퍼시 비스레이가 1906년 3월 서울을 방문하여 10여 일을 보내면서 설계와 건축에 관한 여러 문제들을 살펴보았다. 워나메이커가 그에게 여러 가지 타당성 조사를 의뢰하였기 때문이다. 얼마 후 그는 모든 신축설계에 관한 자료들을 가지고 미국으로 떠났다"고 되어 있다.

그뒤 워나메이커의 도움으로 신축 계획 및 건축들이 발전하였다. 워나메이커는 미국의 '백화점 왕'으로도 불렸던 재벌로 체신부장관을 지낸 바 있다. 그는 사재를 털어 일본의 교토와 중국의 상해 그리고 서울에 YMCA를 각각 세웠다.

YMCA의 첫 이름이었던 '만국기독교청년회' 또는 '황성기독교청년회' 회관 신축은 그들에 의해서 추진되었다. 당시 YMCA의 간사였던 건축가 그레그도 설계와 공사감독을 했다고 한다. 그레그는 건물이 준공된 뒤 다음과 같이 말했다고 한다.

"… 수천 시민의 눈이 기독교청년회에 쏠리고 있습니다. 서울은 고층 건물의 도시는 아닙니다. 서울은 그 변두리 지역까지 합쳐서 약 30리(12킬로미터) 넓이의 도시인데, 열 자부터 열두 자 높이의 초가집으로 가득 차 있는 도시입니다. 어떤 사람은 말하기를 서울은 커다란 버섯 온상과 같은 도시라고 말했습니다.
이처럼 납작한 집들 속에 청년회관이 우뚝 서게 되었습니다. 이 웅장한 3층 서구식 벽돌집이 온 시가를 한눈에 내려다보게 되니 이 집이야말로 이 나라의 운명이 달려 있는 집입니다. 그래서 서울 시민뿐만 아니라 전국 각처에서 사람들이 몰려와 우리를 쳐다보고 있습니다." 전택부, 『남기고 싶은 이야기들』

그는 이 건물 하나가 우리나라의 운명까지도 바꿀 수 있다며 자만하고 있다.

이어 또 한 사람의 건축가가 등장하는데, 그가 바로 돈햄이다. 돈햄에 관한 기록은 다음과 같다.

"… 이와 같이 국내·외 유지들의 힘으로 1907년 5월 15일경부터 건축공사가 시작되었다. 건축설계 감독은 돈햄이란 사람이 하고 건축공사는 헤리 짱이란 중국 사람이 맡게 되었다.

회관의 규모는 3층 벽돌 양옥으로 1층에는 다섯 개의 목공실과 철공실·두 개의 교실·다섯 개의 점포·식당·목욕실 등이, 2층에는 강당과 체육실·친교실·사무실 등이, 3층에는 일반 교실과 교직원실이 있었다. 약 600평의 건물로 난방은 증기 장치로 했고 건축 자재는 수입품이 많았다.

1907년 11월 7일 정초식 때에는 고종 황제가 11세의 왕세자, 곧 영친왕을 공사 현장에 내보내서 은으로 만든 흙손 2자루를 내리면서 격려했다." 『한국 YMCA 운동사』

1908년 12월 3일 당시로는 최고층인 지상 3층으로 준공된 YMCA회관에 대해서 매천 황현은 "… 집의 높이가 산과 같았으며, 종현의 교당(명동성당)과 함께 우뚝 솟아 남북에 마주서니 서울에서 제일 큰 집이 되었으며, 예부터 공사 청사 건물이나 집이 그만한 것이 없었더라"며 『매천야록』에서 건축평을 하고 있다.

또한 게일도 『Korea in transition』에서 "… 서울에 YMCA의 새 건물이 방금 완공되었다. 이 회관은 도시의 상점들과 관아의 중심이자 나라의 중앙에 서 있다. 이 건물은 명동성당과 신궁(新宮, 덕수궁)을 제외하고는 서울에서 가장 눈에 띄는 건물이다"고 하였다. 이 YMCA회관은 현재 토론토의 에름가(18 Elm Ave, 1890~?년)에 있는 토론토 YMCA와 평면, 입면이 거의 같다.

승동교회(1904년)

1904년 승동교회를 세우게 되었다. 승동교회는 현제 동제(洞制) 개편으로 인사동(仁寺洞) 137번지로 바뀌었으나, 교회명은 설립 당시 그대로다. 지하 1층, 지상 2층 그리고 약 200평의 벽돌조로 세워진 이 교회의 설계자는 고든이다.

1951년 당시 빛 바랜 건물은 잔잔한 주위 배경에 비해 높이 솟아 튼튼함과 당당함을 아울러 보여주고 있다. 1910년 세워진 새문안교회 또한 이 승동교회와 유사한 면모를 보여준다.

경신 웰스기념당(1902~1905년)

경신학교(儆新學校)의 최초 교명은 '언더우디학당'이었다. 이 학당 이름은 언더우드 목사가 1886년 고종 황제와 미국 북장로교 선교본부의 허가를 받아 학교를 설립하면서, 자신의 이름을 그대로 붙인 것이었다(1886년 10월 16일).

교세 확장을 위해 학당은 연못골〔연동(蓮洞), 연지동(蓮池洞)〕로 옮겨갔다. 교회 목사인 게일의 사택 자리에다가 연동예배당 부속 가옥을 개축하고 우선 경신의 교사로 사용했다. 1905년 봄, '경신학교'라고 교명을 바꾸고 새 교사를 준공시켰다.

왼쪽 증축하기 전 종로의 YMCA회관. **오른쪽** 승동교회.

"… 건평 50여 평(52×35피트)의 이 교사는 시내 동쪽에 있는 전망이 아름다운 언덕 위에 서 있다. 언덕 위에 있던 일곱 명의 선교사 주택들을 포함하여 '선교 언덕(missionary ridge)'이라고 불렸다." 『Korea Mission Field』(1906년 8월)

고든은 연면적 150여 평 규모의 이 교사를 2층의 붉은 벽돌조와 석조가 혼합된 구조로 설계했다. 웰스를 기념하기 위해 '웰스 트레이닝 스쿨(John D. Well's Training School)'이라 명명했다.

세브란스병원 탑과 경신학교의 탑은 서로 닮았다. 이 탑, 곧 영국식 튤렛(Turrets, 계단 탑)은 고든 건축의 상징 언어였다. 이 튤렛 탑 또한 토론토 시내의 골게스트가(163 Gorgest St.) 건물 그리고 크레센트가(181, Crescent Rd.)의 것들과 흡사하다.

정신, 세브란스관(1905~1910년)

1895년 10월 20일 정동여학당은 정동을 떠나 연못골로 이전했다. 이름도 연동여학교(蓮洞女學校, 연지동 137번지)로 바꿨다. 선교사들은 터를 닦고 벽돌 교사를 짓기 시작했다. 선교사들의 사택으로 사들인 땅이 정신 교사 대지였다. 1905년 벽돌조 교사로 세워지기 시작해 1910년 본관 건물을 준공시켰다. 세브란스 기념병원의 설립을 도왔던 세브란스가 건축 기금 1만 5천 달러를 기부함으로써 본관은 세브란스관으로 이름지어졌다.

고든은 세브란스와 또 한번 인연을 맺었던 것이다. 시공 역시 중국인 헤리 짱이 맡아 했다.

1층은 흰색으로 면 처리를 하여 2~3층의 붉은 벽돌 면과 적절히 어울리게 했다. 내부시설은 모두 미국에서 들어온 기자재로 채웠다. 수도시설, 수세식 화장실, 가스시설도 도입되었다. 교재, 기구 등도 미국식이었다.

고든의 웰스기념당(자료; 『Korea Mission Field』, 1906. 8).

정신의 본관(세브란스관).

두 번째 새문안교회(1910년).

1910년의 종교교회.

새문안교회(1907~1910년)

언더우드는 1904년 교세를 확장하고자 새 교회를 계획하게 된다. 미 북장로교 선교부와 남장로교 선교부는 고든에게 설계를 의뢰했다. 새로운 기지에 영구적인 큰 예배당을 건축하기 위해 1904년 건축위원회가 조직되었다. 1907년에 이르러 새문안(新門內, 신문로 1가 42번지)에 현 교회 기지를 구입하고 신축 교회를 짓기 시작하였다.

예배당 시공자 역시 중국인 헤리 짱이었다. 그는 YMCA회관을 시공한 경험을 살려 당시로는 고가인 벽돌을 사용해 지었다. 목재는 고든이 오리건주에서 가져온 것이 쓰여졌다. 1,200명의 예배자를 수용하였던 이 교회의 양식은 1904년에 세워진 승동교회와 유사했다. 교회는 3년 후인 1910년 5월 22일 주일(主日)에 준공되었다. 고든의 클라이언트(건축주)였던 세브란스는 여기에도 헌금했다. 김규식 박사는 새문안의 초기 신자였다.

종교교회(1910년)

지금의 종교교회(琮橋敎會)는 정부종합청사 남측에 있다. 종교교회는 1897년 미국인 캠벨 선교사에 의해 세워졌다. 처음 세운 교회는 '내자(內資)호텔' 자리에 있었다. 교회는 1910년 6월 현재의 위치로 자리를 옮겨 새 교회를 세웠다. 미국 남감리교파의 교회인데, 고든은 교파를 떠나서 이 교회를 설계했다. 대지는 416평이었으며 80평 규모이 단층에다가 붉은 **벽돌조** 규모였다.

연동교회

"… 급속도로 성장하여 훨씬 큰 교회가 필요하게 되었다. 인근의 부지를 구입하여 1,200명을 수용할 만한 교회를 장만했다. 건물을 올리는 동안은 대형 천막을 치고 예배를 보았다." 에비슨, 『구한말비록』 하권

연동교회도 에비슨, 게일, YMCA와 깊은 관계를 갖고 있었으며, 이 교회도 고든이 설계하였다.

기타 건물들

1903년 11월 고든에 의해 중앙예배당이 문을 연다. 1910년에는 인사동에 새 회관(서울 중앙감리교회)을 세웠다. 물론 고든에 의해서였다. 종로의 중심부에 있어서 상인들이 많이 모였다. 한때는 YMCA본부뿐 아니라 종로여학교(이화학당의 부속학교), 중앙유치원(오늘날의 중앙대학의 모태)도 이곳에 있었다. 그러나 1919년 세워진 새로운 교회당은 고든에 의한 것이 아니었다.

이 밖에도 고든이 설계한 것으로 몇 개의 건물이 더 있으리라 추측되나, 아직 발견하지 못했다.

고든으로부터 배워야 할 건축 정신

건축가 고든은 조선에서 약 3년을 보냈다. 3년이란 기간은 오늘날을 기준으로 볼 때 결코 짧지 않은 세월이다. 그의 진실한 인간성에서 나온 '건축 사명'은 오늘날 우리가 배울 점이 많다. 그러나 지금까지 우리는 이 캐나다인 건축가에 대해 모르고 있었고 관심도 없었다.

큰 설계사무소도 갖고 있었고 토론토 건축계의 리더 가운데 한 사람이었던 고든의 역할은 이미 조선에 오기 전부터 컸다. 그는 온타리오주 건축가협회 회장을 두 번이나 지내기도 했으며 YMCA와 장로파교회 등 여러 건물들을 설계했다. 지금도 이 건물들은 그곳에 잘 남아 있다.

1994년 7월 31일 일요일, 그가 다니던 녹스교회의 한곳에 자리를 잡고 예배를 보았다. 그 자리에서 90년 전 그의 조선에서의 건축 사명을 다시 생각해보지 않을 수 없었다. 그 교회에는 '고든 홀'이라고 하는 기념관이 따로 세워져 있었다.

그가 설계한 건물들은 그가 우리나라에 세운 건축물들과 규모, 디자인 측면에서 너무 유사해 지나가면서도 금방 알아볼 수 있을 정도였다. 그는 미국인과 캐나다인 선교사들의 건축 후원자이기도 했다. 극동의 나라에 기독교와 관련된 시설을 건축하는 일이, 건축가이며 장로교 신자인 그에게 맡겨진 사명이기도 했다. 캐나다에서 설계해 온 것도 있었지만, 서울의 현장에서 직접 한 것도 있었다. 일제강점기가 되면서 그의 영향은 모두 끝나 버렸는데, 설계만 하고 준공을 못 보고 돌아간 건물이 많다.

그가 우리나라에 남겨 놓고 간 건축의 꿈은 무엇이었을까. 우리는 그의 건축들을 제대로 보존하지 못하고 마음대로 헐어 버렸다. 그의 건축물들은 세워진 지 100년도 안 된 사이에 거의 다 사라져 버렸다. 그의 조선에서의 건축 정신, 곧 '아름다운 디자인, 튼튼하게 세움'을 생각해 볼 때, 이는 곧 우리 건축사의 오늘의 문제와도 연결된다. 마치 우리 근대건축물 모두가 일본 식민지의 산물인 양 다루어지는 인식도 불식시킬 수 있고 우리 근대건축사를 더욱 풍요롭게 할 수 있기 때문이다.

그가 세운 건축물들은 우리 교회사, 병원사, 학교사, 해외교류사 등에 큰 도움을 주는 것들이다. 오늘도 우후죽순같이 세워지고 있는, 정신없는 교회 건축물들을 볼 때 우리 건축가들의 자기 반성이 있어야 할 것이다. 고든의 시대를 되돌아보며, 그의 건축을 알아보려 한 목적은 바로 우리 건축계의 역사 의식 좌표를 다시 세워보려는 데 있다.

제 4 부

우리나라 최초의 신식무기 제조공장, 번사창

한말 풍운이 담긴 서양건축물, 정관헌

식민지시대의 산물, 조선총독부 그 마지막 기록

우리나라 최초의 신식무기 제조공장, 번사창

국방 능력 배양을 위해

16~17세기 대항해시대 이후 서양의 신무기에 대항하려는 아시아 여러 나라의 몸부림은 처절했다. 중국, 일본, 우리나라 모두 마찬가지였다. 오늘날 약소국의 미사일 핵무기 개발 상황과 크게 다르지 않았다.

우리나라에서 처음으로 서양식 무기를 제조한 것은 '북벌계획', 곧 청나라 정벌을 준비하던 효종(孝宗, 재위 1649~1659년) 때이다. 1653년 네덜란드인 하멜 일행이 표류해 오자 그들로 하여금 서양식 무기를 직접 제조하게 했다. 그러나 이를 미리 안 청나라가 우리의 무기 확충계획을 방해했다.

그로부터 200년이 흐른 뒤 아이러니컬하게도 청나라의 도움을 받아 신무기 제조에 나서게 된 것이다. 일본과 중국은 이미 서양식 무기를 만들어 힘을 행사하고 있었고 우리나라도 일본, 러시아 그리고 청나라에 맞서기 위해 시급히 서양식 신무기를 마련해야 했다.

1879년 4월 30일부터 청나라로부터 무기 수입 및 제조 기술 연마를 위한 방안이 논의된다. 우리나라 최초의 신무기 공장을 세우는 일은 사역원이 담당하였다. 당시 조선은 무위소라는 곳에서 재래식 무기를 만들고 있었고, 신기술의 경험이 없는 장공인(匠工人)들이 이 일을 하고 있었다. 무기에 관한 일은 병부(兵部)에, 배우는 문제는 예부(禮部)와 관계되는 일이었다.

한편 '무기를 무역해다 쓸 것과 그 기술을 배우는' 내용으로 청나라 조정에 공문을 보내는 일이 매우 중요한 사안으로 대두되었다. 공문으로 처리하면 일본이 이를 알게 될 수도 있으므로 피해를 받지 않을까 하는 우려에서 신중을 기하여야 했다. 이러한 상황에도 불구하고 조선 조정은 1879년 7월 9일 부사 변원규(卞元圭)를 청나라에 보냈다. 가져간 공문은 다음과 같았다.

> "온 나라 사람들의 여론에 의하면 모두 다 큰 나라는 무기가 정밀하고 예리하여 천하에 그 위력을 떨치고 있으며, 천진에 있는 공장(工場) 같은 데는 온 나라의 정교한 장공인들이 모인 곳이고 각국의 신기한 기술이 집중된 곳이니 빨리 재간 있는 사람을 뽑아보내 진심으로 무기 제조법을 배우는 것이 오늘의 급선무라고 합니다."

우리에게는 인재를 구하고 재정을 확보하는 것도 큰일이었다.

『이조실록』에는 "변원규가 9월 16일 전진에 가서 기계국, 제소국, 군기소 및 서고의 화기와 화약을 쌓아 둔 각 창고들을 돌아보았고 22일에는 이홍장(李鴻章, 1823~1901년)을 만나 무기 제조와 군사 훈련을 배울 가지 수와 무기 제조법 그리고 군사 훈련을 배울 곳에 대해 토의하였다"고 기록되어 있다.

이에 대한 중국측의 기록인 왕이민(王爾敏)의 『청계병공업적흥기(淸季兵工業的興起)』에는

"조선 정부는 이듬해인 1880년 7월 9일, 우리 천진기기국(機器局)에 관원과 공장을 파견하여 기기를 배울 것을 청했다. 이어 9월 22일 이홍장과 조선 사신 변원규는 조선이 변병(하급병사) 38명을 선발하여 천진에 파견, 기기 제조를 배우는 것에 대해 논의했다. 며칠 후인 27일 이홍장은 조선이 하급병사를 파견하여 제품 조련 등을 배우는 장정을 토의하여 결정했다. 이틀 후인 29일 조선 국왕이 상황을 판단하여 관원을 파견, 청나라에서 기기를 배울 것을 공문으로 조회하도록 예부에 명했다."

라고 기록되어 있다.

조선 정부는 이듬해인 1881년 2월 10일, 통리기무아문(統理機務衙門, 1880년 12월 21일 설치)에서 무기 제조법을 배워오는 문제와 관련하여 사신을 청나라에 파견키로 방침을 정한다. 조선은 무기 제조를 배울 장공인들을 파견할 것이고 기술은 교사를 청해다가 익히며, 연습할 조사들을 보내는 대강의 계획을 세운다. 그러나 이미 이때 일본 공사는 우리의 계획을 간파하고 있었다. 통리기무아문이 일본의 영향 아래에 있었기 때문이다. 그들은 총, 포, 선박 등 예민한 문제에 대해 우리 조정에 의견을 개진하고 있었고 1881년 창설된 별기군도 일본군의 지도하에 신식 군대 훈련을 받고 있었다.

청나라로부터 도입

1881년 2월 26일, 무기 제조법을 배워 오는 사신의 호칭을 영선사(領選使)라 칭했다. 글자 그대로 '선발한 학생을 영솔(領率)하는 사절'이란 뜻이다.

영선사 김윤식(金允植, 1841~1920년)은 다음과 같은 글을 임금에게 올린다.

"의주(義州)에 급히 도착하여 장공인들을 더 뽑아 열 명의 수를 다 채운 다음 행장을 정돈해서 압록강을 건너려고 … 외적을 막으려면 반드시 먼저 군사를 훈련해야 하고 군사를 훈련하려면 날카로운 무기의 도움을 받아야 한다고 생각했기 때문에 장공인들을 널리 선발해서 멀리 천진에 보내되 자금과 식량이 드는 것을 아까와 하지 않고 만들어다 쓸 것을 바라니 이것은 참으로 종묘와 사직을 위하고 백성들을 위해 깊이 고심하여 내린 결정으로 나라가 위태롭고 어지럽기 전에 보전하려는 것입니다." 『이조실록』, 1881년 11월 4일

"조선은 1883년 서울 삼청동(三淸洞)에 '기기창(機器廠)'을 설치하고 신식 무기 생산을 시도함으로써 국방력을 키우고 아울러 무너져가는 수구파들의 통치를 강화하려 하였다." 김윤식, 『음청사』, 하권, 고종 20년 4월

이런 목적에서 영선사 김윤식은 1882년 1월 17일 조선을 출발한다. 중국측의 기록에 의하면 "김윤식이 영선사로서 학도를 인솔하여 천진에 와 기기를 학습하는데, 보정에 도착, 잠시 기다린 후 나누어서 출발했다. 조선의 학도들은 1882년 1월 21일 천진의 기기국에 와서 기기를 배운다"고 하고 있다.

1882년 6월 9일 임오군란이 일어난다. 일본공사관이었던 청수관(淸水館), 경기감영 그리고 궁궐이 수백 명의 군사들에 의해 침탈되었다. 또한 그해 7월 13일에는 운현궁에 있던 흥선대원군(興宣大院君, 1820~1898년)을 납치하는 행패도 부렸다. 대원군은 청나라 사신과 군인들에 의해 병선을 타고 이홍장 관할 지역인 천진으로 끌려가는 치욕을 당한다. 대원군은 이홍장의 본거지인 보정정에서 1882년 7월 26일부터 1885년 10월 3일까지 3년 넘게 유수(幽囚) 생활을 하게 된다.

당시 청나라는 직예총독 이홍장의 손아귀에 있었는데, 그의 힘은 황제 못지 않았다. 서태후(西太后)가 이홍장에게 모든 것을 위임하고 있는 형태였다. 이홍장은 이중당(李中堂)이라고 불렸는데, 1870년부터 1895년까지 무려 26년 동안 천진을 중심으로 조선과 일본에 대한 정책을 구사했다. 1883년 7월 13일에는 북양통상사무신을 겸하는 등 그 자신 조선 국왕과 같다고 할 정도로 지위가 높았다. 그리고 1895년 4

월 17일 청일전쟁에서 패한 그는 죽기 직전인 1901년 후임으로 원세개(袁世凱, 위안스카이)를 천거한다. 이홍장은 실권을 쥐고 있을 때 원세개를 대 조선 정책에 투입했고 그 뒤를 봐 주었다.

청나라, 일본의 외제 무기 생산

　청나라는 양무운동(洋務運動, 1861~1894년)의 일환으로 1860년부터 무기 제조시설을 만드는 일에 착수한다. 장지동(張之洞, 1837~1919년)이 주도한 무기 제조시설은 "중국의 전통적 제도는 유지되어야 하나 서양의 기술을 도입해야 한다"는 그의 「중체서용론(中體西用論)」이 이론으로 뒷받침되었다.

　홍콩에 와 있던 외국계 무기 상인들이 이를 추진하였다. 청나라는 1865년 미국 매사추세츠(Massachusetts)의 피츠버그(Fitchburg)에 있던 토스 헌트 사(Thos Hunt & Co.)에서 제철 기기를 도입, 오늘날의 상해와 같은 상해기기국(上海機器局)을 세운다. 영국의 암스트롱(Armstrong), 독일의 크루프(Krupp)사 등의 협력을 얻어 본격적으로 무기 생산을 한다.

　이어 1867년 5월 29일, 천진에 무기 제조국인 기기국을 개설한다. 천진기기국은 '북양기기국' 이라고도 불렸는데, 영국인 메도스(Meadows)에게서 설립 자문을 받았다. 기기국에서는 서양 총포와 화약 등의 군계(軍械), 곧 무기류와 철물과 관계된 것들을 만들었는데, 심지어는 기차까지 만들어내었다.

　천진기기국은 처음 만주 귀족인 삼구통상대신(三口通商大臣) 숭후(崇厚)가 설립을 추진하다 1870년 이홍장이 직예총독으로 부임하자, 이를 확장하여 1882년 1월 8일 동국(東局), 남국(南局)으로 개공(開工)했다. 남국은 서국(西局)이라고도 불렸다. 이로써 천진기기국은 1860~1880년대 대규모 군수 공장의 하나가 되었다.

　이 기기국에서 나온 무기들이 조선에 와 있던 원세개 휘하의 청나라 군인들에게 지급되었고 임오군란(1882년)과 갑신정변(1884년), 동학란(1894년) 등에 개입한 청나라 군인들에 의해 사용되어졌다. 이어 1894년 청일전쟁에도 쓰여졌다.

위 해광사.
아래 천진기기국.

　　천진성 남쪽에서 3리 떨어진 해광사(海光寺) 구내에 있던 천진기기국은 공장 6~7백 명이 일할 수 있을 만큼 규모가 컸다. 해광사는 중국 근대사에 있어 중요한 역사적 장소의 하나이다. 1858년 영국과 프랑스 연합군의 침략으로 패한 청나라가 서양에 문을 연 천진조약도 이곳에서 맺어졌다.

　　이홍장은 수뢰학당(水雷學堂), 무비학당(武備學堂, 1885년 6월) 등과 같은 학교들을 세우고 있었다. 이 가운데 은원국(銀元局)은 1898년에 조폐창으로 만들어져 은화 화폐를 찍기도 하였다. 수사학당(水師學堂)은 중국인 과학기술자 양성소였고 무비학당은 일종의 해군학교였다.

　　일본의 경우도 에도(江戶) 말기, 대포 제조소를 만들며 군비에 몰두해 간다.

사가번의 대포 제조소 (자료; 『일본사 101장면』, 266쪽).

1850년 사가번(佐賀藩)에 세워진 대포 제조소가 그 예이다. 일본 전통건축에 서양식 굴뚝을 세웠는데, 공장과 창고 그리고 용광로 주변에는 물레방아를 두어 물을 공급했다.

유학생의 배움

우리 유학생은 38명이었으며, 그 가운데 20명이 공학도, 18명이 공장이었다. 관원은 12명, 수종(隨從) 19명으로 도합 69명이 정식 인원이었으며 이 밖에 유학생의 사대수종(私帶隨從) 14명이 더 있었다. 그들은 중인 또는 그 이하층 신분이었다고 한다. 『천진봉사연기(天津奉使緣記)』에는 기기학도 70여 명이라고 기록되어 있는데, 이들 대부분은 중인 또는 그 이하층 신분이었다고 한다.

그들의 주 임무는 청나라 '신식 기기의 학습'에 있었다. 1882년 2월, 우리 유학생들의 분창(分廠)도 완료되었다. 그해 2월 11일 우리 유학생의 분창 상황은 동국에 13명(학도 5명, 공장 8명), 남국에 12명(학도 5명, 공장 7명), 수사학당에 학도 1명, 수뢰학당에 2명(학도, 공장 각 1명)으로 합계 28명이 재학하고 있었다.

유학생의 학습 내용을 보면 화약, 탄약의 제조법에 한정된 것이 아니라 이와 관련된 전기, 화학, 제도, 제련, 기초 기계학 등은 물론이고 서양의 외국어 연수까지 그 범위가 확대되어 있었다.

이홍장은 1880년 7월 북양에 수사학당을 개설했다. 우리 학생들은 수사학당이 열린 지 1년 조금 지난 시점에 이곳을 찾는다. 그들은 이곳에서 합리적이고 과학적인 제도법과 화본에 의한 모형 제조법 등을 배운다.

한편 1882년 3월 29일, 좌의정 송근수는 영선사 문제에 대해 비판하는 상소문을 올린다. 비경제적이므로 철수시키라는 것이었다. 정부는 보내고 좌의정은 철수시키라는 어이없는 행태가 벌어졌으나 정부는 상소에 관계없이 김윤식을 특별히 발탁하여 이조참판으로 승진시켰다. 변원규와 함께 사대파, 곧 친청파로 이 일에 앞장섰던 김윤식은 1892년 『천진봉사연기』에서 이 무기 제조의 필요성과 시급성에 대해 말하고 있다.

중국측의 비판도 있었다. 동국 총판 심준덕(瀋駿德) 등은 김윤식에게 "본국(本國) 설창(設廠)의 재정적 뒷받침이 없는 군계학조(軍戒學造)는 불필요하다"며 유학생들이 학습하고 있는 여러 기기의 부적성을 지적하였다.

우리측의 문제도 컸다. 중도 귀국자의 속출, 재정적 곤궁, 본국 설창계획(本國設廠計劃)의 추진 문제와 배워서 귀국한 뒤 이것을 쓸 수 있을까 하는 회의적인 생각 그리고 임오군란과 갑신정변도 하나의 원인이 되었다.

철수 요청 문제에 대한 중국측의 기록에는 "1882년 9월 27일 조선은 천진기기국에서 머물며 공부하는 학도를 귀국시킬 것과 아울러 대신 기기를 구매해 줄 것을 요청했다"고 되어 있다.

1882년 9월 24일 호조좌랑(戶曹佐郎) 김명균(金明均)을 영선사의 종사관(從事官)으로 임명하고 무기 구매를 위해 천진으로 보냈다.

기기국 제창의 규모를 둘러보고 귀국한 김윤식은 그들의 주장이 타당함을 인정하고 유학생들이 실제로 전용할 수 있는 소수기기(小手機器)를 학습하도록 하였다. 이것은 귀국 후 건설될 소규모 병기공장의 기술 요원 확보에 역점을 둔 것이었다.

"이전에 천진에 있는 기계 제조국에 파견되어 기술을 배우던 생도들이 병에 걸려 돌아온 까닭에 남아 있는 사람이 얼마 되지 않은 것과 관련하여 자문을 가지고 갔던 길에 그들을 철수시켜 돌아오게 할 것을 청하였다. 그리고 따로 작은 기계를 사다가 수도에 국을 설치하고 자체로 기계를 제조할 생각이었다." 『이조실록』 1882년 11월 5일

1882년 5월 23일에는 마건충(馬建忠) 편에 '본국 설창에 따른 기기 구입 자금이 6월 말 이내에 전송될 것'이라는 통리기무아문의 하봉서(下封書)가 접수되었다.

"7월 7일 김윤식은 학도 2명과 광동수사제독(廣東水師提督) 오장경(吳長慶)과 함께 귀국하였다가, 9월 29일 잔류 유학생 귀환과 기기 구입을 위해 재차 천진으로 떠나 10월 6일 천진에 도착하였다. 이때 종사관으로 김명균을 대동했는데, 김명균은 그뒤 기기창 설립의 모든 실무를 담당하게 된다. 김명균은 종사관(1882년 9월~1883년 3월)과 또한 기기국 방판(1883년 5월~1883년 10월)으로서 이 일을 앞장서서 추진했던 것이다." 김정기, 「1880년대 기기국·기기창의 설치」, 『한국학보』, 일지사

1882년 11월 5일, 김윤식은 고종과 다음과 같은 문답을 한다.

고종: 영선사가 나올 때 학도들과 장공인들을 다 데리고 왔는가?
윤식: 다 데리고 왔는데 종사관 김명균과 통사 한 명을 당분간 '동국(同局)'에 머물러 두었습니다.

김명균은 소수기기를 원칙으로 하여 종류도 동모(銅冒, gun cap), 강수수기(強水手器), 단자소수기기(彈子·小手機器)에 한정하지 않고 수리기구, 화학소시기구(化

學小試器具), 전기기구, 수룡(水龍, fire engine), 거중기(擧重機) 일구(一具) 등의 기구를 구입하였다.

귀국시 이홍장의 추천에 의해 독일인 묄렌도르프〔목인덕(穆麟德), Paul Georg Von Mölendorff, 1847~1901년〕도 함께 오게 된다. 그들은 1882년 11월 1일 인천에 도착하는데, 이때 협판 묄렌도르프가 고종의 지시를 받들어 12마력짜리 화륜선 기계를 구매하였다.

김명균은 1883년 3월 천진에서 공장건축과 기기 설치를 위해 장공인 원영찬(袁榮燦) 등 네 명의 천진 공장들과 함께 귀국하였다. 생도들은 돌아올 때 과학 서적, 기기의 형(型), 설계도를 일부 기증받았다.

이에 고종은 "상해에서 구매한 기계가 이제 도착한다고 한다. 공장을 세우고 제품을 만들 방도에 대해 군국기무아문에서 세칙을 만든 다음 들여오게 해야 할 것이다"라고 지시했다.

기기국 설치

기기국은 1883년 5월 서울의 삼청동 북창(北倉) 옛터에 설립되었다(지금의 삼청동 28-1).

정부는 협판에 군국사무인 김윤식과 박정양(朴定陽)을, 참의 군국사무 윤태준(尹泰駿)·참의 교섭통상사무 이조연(李祖淵)을 총판(總辦)에, 전직장 구덕희(具德喜)·부호군 백락윤(白樂倫)·관성장 안정옥(安鼎玉)·군국아문 수사 김명균(金明均)을 방판(幇辦)에 임명하여 함께 그 일을 감독하게 했다.

기기국 직속 기기창은 번사창(飜沙廠, 모래를 뒤치는 곳), 숙철창(熟鐵廠, 쇠붙이를 불리는 곳, 용광로), 목양창(木樣廠, 화본제도), 동모창(銅冒廠, 투구) 그리고 고방(庫房) 등 다섯 개의 건물로 분리하였고 각 창에는 감동(監董)을 두었는데, 기기국 방판이 총괄했다. 번사창은 기기국 부설의 무기공장인 기기창 중의 하나로 설립된 것이었다. 기기창은 칼과 창을 만드는 공장으로 단순한 병기고(兵器庫)가 아니었다.

1902년 발행된 서울 지도에는 '화기도감(火器都監)'이라 표시되어 있는데, 이곳은 당시만 해도 호랑이가 나온다고 할 정도로 외지고 숲이 울창했다.

김명균은 연대(煙臺)와 상해 험취소(驗取所)까지 가서 기기를 구입하여 선신양행(禪臣洋行)의 밀파선인 수선(輸船)에 싣고 왔다. 87톤의 기기를 싣고 상해를 떠나 1883년 8월 30일 인천에 도착하였다.

묄렌도르프가 사온 기기도 바로 그 창사(廠舍)에 쓸 것이었다. 이 일을 주선한 사람은 진해(津海)의 도태(道台, 중국의 고위 관직명) 주복(周馥)이었다.

묄렌도르프는 이홍장의 외국인 막빈(幕賓, 사신들을 따라다니는 관원)이었다. 이홍장의 휘하에 있던 주복은 천진에 와 있던 묄렌도르프와 대원군과의 대화 통로이기도 했다. 묄렌도르프는 『조선의 개혁』에서 "조선은 일반 교육과 공업시설을 통해서만 독립을 확보할 수 있을 것이다"라고 하였다.

기기가 들어올 때까지도 창사가 준공되지 않자 김명균은 공도(工徒)들을 독려하여 벽돌과 돌을 쌓게 하였다. 얼마 지나지 않아 중국 공장 10여 명이 본지(本地)의 공장들을 교습시켰는데, 이들은 고용해 온 사람들이었다.

그런데 이 번사창은 무기 생산도 제대로 못해 보고 문을 닫게 된다. 1894년 일어난 동학란과 청일전쟁에 의해 일본이 번사창을 비롯 모든 무기 제조창들을 폐쇄시켜 버렸기 때문이다. 그뒤 일제의 침략이 본격화되면서 삼청동의 북창 등 모든 시설이 문을 닫았다.

다시 부각되는 무기 제조창

기기국 소속의 번사창 건물은 그뒤 오랜 세월 잊혀진 상태로 방치되어 있었다. 하잘것 없는 헛간 창고로 보였던 것이다. '기기창' 또는 '병기고'라고만 알려져 왔던 이 건물은 그뒤 100년이 지난 1984년 5월 31일, 개수 작업 도중 대들보 속에서 사사(司事) 이응익(李應翼)이 쓴 상량문이 발견되어 그 건축물의 의미를 대강이나마

위 상량문 발견 당시의 번사창.
아래 개수 후의 번사창.

알 수 있게 되었다. 상량문에는 25명의 건립 위원과 11명의 기술자가 참여한 것으로 적혀 있다. 상량문은 다음과 같다.

"엎드려 생각컨데 무기를 저창코자 터전을 반석(盤石) 위에 정하고 쇠를 부어 흙과 합쳐 건물을 지으니 이를 번사창이라 하였다. 칼, 창 등 정예한 무기를 제조, 수선, 보관하는 건물은 기예의 으뜸가는 수준으로 지어져야 함." 이성수, 『경향신문』, 1984년 6월 9일

화강석으로 두른 정문.

번사창 내부.

'번사(飜沙)'라는 말은 흙으로 만든 주형(鑄型)에 금속 용액을 부어 주조하는 것을 말한다. 1883년 5월에 착공하여 1884년 5월 16일 준공하였다. 공사 기간이 비교적 오래 걸린 것은 내부에 기기시설 설치 등과 관련된 기술적인 문제들이 있었던 것으로 여겨진다.

대지 5,710평에 건평은 75평에 불과한 소규모 공장 건물이었다. 지붕은 고측창(高側窓, Clearstory)을 두어 들어올렸는데, 이는 건물이 공장으로 쓰여졌기 때문에 열(熱), 환기(換氣)를 위한 조치였던 것으로 보인다.

본 건물은 검은 벽돌과 석조로 지어졌다. 본체는 장대석(長台石)과 사괴석(四塊石)으로 토대(土台)를 만들고 그 위에 검은색 벽돌을 사용, 벽체를 쌓았다. 또한 붉은 벽돌로 견치형(방추형) 띠를 둘렀다. 기단부와 아치문은 석조로 돌렸다. 특히 정문은 화강암으로 만들고 측면 문은 붉은색 벽돌로 띠를 넣어 장식하였다. 지붕은 왕대공 지붕틀을 일정한 간격으로 늘어 놓아 맞배지붕으로 하고 그 위에 기와를 올렸다.

이 건물은 우리나라 최초의 공장 건물로 건물의 양식 자체도 동양과 서양의 건축 양식을 절충하여 지음으로써 건축사적 가치가 크다. 1984년 4월 해체 보수한 바 있으며 이때 벽면과 지붕, 창문 등이 모두 개수되었다.

현재 이 건물은 한국금융연수원 부지 안에 있다. 한국은행 소유로서 1982년 서울시 유형문화재 제51호로 지정되었다.

한말 풍운이 담긴 서양 건축물, 정관헌

덕수궁사를 다시 읽는다

　덕수궁은 서울 구도심의 한복판 정동에 있다. 정동은 원래 '서부 황화방(皇華坊)'이라 불렀다. 이 황화방에 덕종(德宗)의 원자 월산대군(月山大君) 이정(李婷)의 사저가 있었다. 월산대군의 동생이 후에 임금이 된 성종(成宗)이다. 월산대군은 성종 10년(1479)에 죽었다.

　1592년 임진왜란으로 서울의 궁궐들이 불에 타자 월산대군 사저가 임시 행궁인 경운궁(慶雲宮)이 되었다. 시어소(時御所)가 된 것이다. 시어소 울타리는 나무 울타리, 곧 목책(木柵)을 두른 상태였는데, 이항복(李恒福, 1556~1618년)이 병조판서로 있을 때 돌담을 둘러 경계로 삼았다. 1623년 인조가 경운궁에서 창덕궁으로 옮기자 경운궁은 다시 별궁으로 전락되었다.

　고종은 일본인들에 의한 민비 살해 사건이 일어나자, 그들을 피해 덕수궁으로 왕궁을 옮기기로 했다. 덕수궁 우측에 미국공사관을, 좌측에 영국공사관을 그리고

덕수궁 배치도

서북쪽에 러시아공사관을 각각 두게 했고 각 공사관과 덕수궁 사이에는 일종의 비밀 통로를 만들어 놓았다.

1895년 고종이 러시아공사관으로 도피(아관파천)하면서 경복궁과 경운궁은 모두 텅텅 비게 되었다. 경복궁을 떠났던 고종은 러시아공사관에 머물면서 경운궁 수리를 명령, 1897년 2월 20일 경운궁으로 돌아왔다. 1897년 2월 20일부터 고종은 경운궁에서 정사를 보기 시작했고 경운궁은 다시 궁궐이 되어 근대사의 주무대가 되었다.

1883년 봄 러시아인 건축기사 사바친이 조선에 왔다. 그는 19세기 말과 20세기 초에 걸쳐 덕수궁과 정동 일대에 많은 서양식 건축물을 세워 나갔다. 덕수궁 내에 그가 세운 건축물로는 정관헌(靜觀軒), 구성헌(九成軒, 1904년 헐림), 돈덕전(惇德殿, 1910년 헐림) 등 정동 일대에는 러시아공사관(1885년, 1950년 헐림), 독일영사관과 관저(1902년, 1970년 헐림), 손탁호텔(1903년, 1912년 헐림) 등이 있었다.

한편 1904년 러일전쟁이 일어나면서 일본군이 서울 시내에 들어왔다. 그해 4월 14일 밤 9시 30분경 경운궁 함녕전(咸寧殿)에서 원인을 모르는 불이 일어나 여러 전각들이 불탔다. 일본은 함녕전을 수리하다가 온돌에서 발화하였다고 발표했으나, 일본이 일부러 불을 질렀다는 추측이 있다.

독일인 의사 분슈 박사의 1904년 4월 15일자 일기를 보면,

"황궁이 몽땅 불에 타 내려 앉았습니다. 그 건물은 목조건물인 데다 바람이 불자 웅장한 건물 덩어리가 온통 따닥따닥 소리를 내며 타올라 불바다가 돼버렸습니다. 황제는 일본군과 한국군의 보호를 받으며 이른바 도서관이라는 육중한 건물로 피신했습니다. 불은 어젯밤 9시 30분에 났습니다."

라고 되어 있다.

고종은 불이 나자 미국공사관 서측에 있던 수옥헌(漱玉軒)으로 피신하였다. 수옥헌은 2층의 검은 회색 벽돌조 건물로 연면적 135.95평인 서양관이었다. 수옥헌은 그뒤 중명전이라 부르게 되었다.

이 수옥헌에서 1905년 11월 17일 어전회의가 열렸는데, 이토 히로부미(伊藤博文)와 우리의 5적이 모여 앉아 협상 같지 않은 협상을 했다. 을사보호조약이 강제로 맺어진 것이다. 수옥헌, 곧 중명전이 치욕의 장소가 된 것이다. 이 일이 있고 난 뒤 일제의 통감부가 남산에 들어서면서 조선의 정무에 간섭하기 시작했다.

순종은 1907년 임금이 될 때까지 이곳에서 살았다. 1915년부터는 정동구락부(클럽)로 사용되었다. 주한 외교관과 선교사들이 주 이용객이었다. 해방 후에는 외인구락부가 사용하였는데, 대개 미국인을 위한 시설이었다. 1925년 화재가 일어나 외부 벽체와 내부 일부가 불탔으나, 곧 복원되었다. 원래는 검은 회색의 건물이었으나, 흰색으로 칠해져 임대사무실로 쓰이고 있으며, 서울특별시 유형문화재 제53호로 지정

덕수궁 화재(자료; 『파란 눈에 비친 하얀 조선』, 315쪽).

중명전.

되어 있다. 하루 속히 복원해야 할 건물 가운데 하나이다.

돈덕전과 환벽정

1907년 8월 27일, 고종 황제가 사신을 맞기 위해 지은 돈덕전에서 순종이 황제로 즉위하였다. 붉은 벽돌에 양철지붕으로 되어 있으며, 석조전 뒤편 주차장 자리에 세워졌다. 당호는 정이라 했으며, 붉은 벽돌조 이양관 주택으로 미국대사관 관저 내에 있었다.

환벽정은 돈덕전에서 태어난 고종의 왕세자 이은(李垠, 1897~1970년)이 1907년 12월 5일 이토 히로부미에 의해 일본으로 끌려갈 때까지 살았던 곳이다.

경운궁은 1904년 화재 후 중건을 시작, 1906년 5월에 준공했다. 1907년 순종이 즉위하며 경운궁의 이름을 '덕수궁'이라 하였다. 그러나 순종은 그해 11월 13일 창덕궁으로 옮겨갔고 덕수궁에는 고종이 실권 없는 태황제가 되어 남아 있었다. 창덕궁이 정궁이 된 것이고 덕수궁은 다시 별궁으로 전락되었는데, 1919년 1월 21일 고종이 함녕전에서 승하함으로써 덕수궁과 왕실과의 관계는 끝났다.

환벽정 현판.

옆 1906년 정관헌 앞에서 일본인들이 기념 촬영을 하고 있다. 시부자와기념관에 남아 있다.
아래 서양화가 김인승이 그린 「덕수궁에서」, 1939년.

아름다운 건축물 정관헌

정관헌은 덕수궁 내에 있는 작은 한양절충식 이양관이다. 이름 그대로 덕수궁을 조용히 내려다보고 있다. 고종 황제가 다과를 들며 음악을 감상하던 휴게소로 이용되어졌고 그뒤 태조, 고종, 순종의 초상화와 사진을 보관했었다. 그 이유는 이들의 초상화를 여기서 그렸기 때문이다. 햇볕이 잘 드는 곳이 정관헌이었다. 건축물은 연유지소(宴遊之所), 곧 대한제국의 연회장으로 사용되었다.

규모는 단층이고 지하가 일부 있다. 목조와 석조, 벽돌 혼용이다. 사용된 벽돌은 중국 제품이었다. 정면 7칸, 측면 5칸의 장방형(직사각형) 평면으로 내부 공간은 내진(內陣)과 외진(外陣)으로 구분되었다. 내진고주(內陣高柱)는 굵은 원주(圓柱)로 되어 있고, 외진주(外陣柱)는 목재로 주두를 로마네스크식으로 하였고 베이(柱間) 상부는 투각(透刻)으로 장식하였다. 외진주 하부는 철제 난간으로 둘렀는데, 사슴(瑞鹿), 소나무, 박쥐, 당초(唐草) 등의 무늬를 새겨 넣었다.

1906년 내한한 시부자와 에이치(澁澤榮一, 1840~1931년)는 고종 황제를 배알

정관헌.

위, 아래 목조와 돌, 철물 조각이 무척 아름답다.

한말 풍운이 담긴 서양건축물, 정관헌 | 181

굵은 원주로 되어 있는 내진 고주(자료; 대원사).

하고 정관헌에서 사진을 찍었다. 그 사진이 시부자와기념관에 남아 있다. 이것이 정관헌의 가장 오래된 사진이다. 또한 1939년 서양화가 김인승(金仁承)이 그린 「덕수궁에서」라는 그림은 정관헌을 그린 것이다.

    1977년 사적 제253호로 지정되었고 최근 건물 전체를 보수하였다. 목조 조각 부분은 다시 칠하였다.

식민지시대의 산물, 조선총독부 청사 그 마지막 기록

식민지시대 건축은 권력의 산물

적산(敵産)건축의 상징인 '조선총독부 청사'는 준공으로부터 철거까지 약 70년 넘게 이 땅에 존재해 왔었다. 시대에 따라 다른 그 이름만큼이나 많은 복잡한 내용을 갖고 이 땅에 존치되어 왔었다.

우리 정부는 해방 이후 계속해서 이 청사 건물에 무게를 실어 왔다. 때문에 이 '화상석 넝어리'는 마치 서울의 활화산과 같아, 일제와 관련된 일만 생기면 '식민지 청산', '민족 정기 회복'이란 이름으로 상기되곤 했다. 원부(怨府)였을 때는 물론 국립중앙박물관이 된 후에도 그 껍데기에 대한 찬반 여론은 여전했다.

총독부 건물이 준공된 후 일본에 의해 사용된 기간은 19년이었다. 나머지 50여 년은 우리 현대사와 함께 했다. 그러므로 이 건물은 단순한 돌덩어리라기보다 오히려 우리 근·현대사의 증거물이기도 한 것이다. 일제의 총독부 청사로 사용된 이후, 8·15 해방과 미군정 → 한국전쟁 → 서울 수복 → 중앙청으로 복구 → 국립중앙박물관으로 개축 → 용도 변경 등을 겪으며 이 건물은 우리의 근·현대사와 함께 해왔다.

이 건물의 존폐론에 대해서는 국민 모두 나름대로 의견이 있었던 것으로 건축물에 관심 없던 일반인들도 일제의 상징적 건물이라는 점에서 그 주장은 단호해질 수밖에 없었다. 그 위치가 풍수지리상 조선왕조에 있어서 왕권(王權)의 정수(精髓)라는 것과 경복궁을 파괴하고 전면을 가로막고 있다는 점에서, 또한 일제의 침략과 압정(壓政)의 상징이란 점에서 그러했다.

우리 근대사와 함께 해온 이 건물의 역사를 연대기로 다시 적어 본다.

우리에게 양식 건축의 의미

우리는 근대화 과정(1876~1945년)에서 일제의 왜식건축과 서양건축가들에 의한 서양건축의 무분별한 도입 등으로 말미암아 스스로의 근대성을 잃게 된다. 또한 우리 것을 무시하는 치명적인 자학 인식에 빠져들게 되었다.

19~20세기 이미 서양에서는 르네상스를 지나 근대건축이 태동하던 단계로 고전주의 및 신바로크(Neo-Baroque)양식이 풍미하고 있었다. 1910년대는 서구의 건축 사조나 상황을 감안해 볼 때 이른바 식민주의 양식인 신고전주의와 빅토리안양식이 유행하고 있었다.

총독부 청사 건물은 모던으로 가기 직전의 식민주의 양식이었다. 『조선총독부 청사 신영지(朝鮮總督府廳舍新營誌)』에 의하면 일본인들은 총독부 건물의 양식을 '근세부흥식'으로 했다고 적고 있는데, 이는 당시 르네상스양식을 그대로 번역한 것에 불과하다. 당시만 해도 일제는 오늘날과 같은 양식 분류가 없어 외국의 건축 양식은 모두 근세부흥식이라 하였다.

1800년대 중반기부터 고대 로마에서 이웃 나라를 침략하면서 만들어 쓰던 '콜로니아'란 단어가 유럽화되어 아메리카, 아프리카 그리고 다시 변형되어 아시아로 들어온 것이다. 이양식 건물이란 그리스나 로마신전을 원형으로 동서로 이동해 가면서 절충 변화된 건물을 일컫는다.

식민주의 양식은 평면과 입면 구성을 미적 원리에 두었는데, 완벽한 비례(Proportion)와 대칭(Symmetry), 그러면서도 조화(Harmony)를 강조했다.

총독부 청사 자체로만 봐서는 르네상스 비례 체계를 갖고 있다. 기둥의 주범(柱範, order)은 코린트식을 채택하고 있으며, 이 건물의 성격을 특징짓고 있다. 박공(pediment)과 열주(벽으로부터 떨어진 기둥들의 열)가 전면에 오거나 때로는 박공이 생략되기도 하였다. 한편 베란다가 전면에 채택되었다. 이것은 초안 설계자인 독일인 게오르그 데 라란데(Georg de Lalande, 1872~1914년, 이하 '데 라란데')와 그 뒤를 이어 설계와 시공을 진행했던 일본인 건축가들의 구미 제국을 답사한 결과였던 것으로 생각된다.

중국, 동남아 여러 나라들을 들렀을 때 그곳에 남아 있던 식민지시대의 건물을 보고 느낀 점과 비슷했다. 상식적으로 침략자가 식민지에서 우선하는 일은 위풍적이고 둔중한 건물을 짓는 것이다. 아프리카, 아메리카의 경우는 물론 인도, 동아시아 그리고 홍콩, 대만 및 중국의 여러 곳에도 이런 건물들이 식민제국주의자들에 의해 줄지어지듯 세워졌다.

이 시대의 건축가들 또한 대부분 집권자에 의해 차출되었다. 대표적인 예로 히틀러 때의 알베르트 슈페어(Albert Speer, 1905~1981년)가 있다. 현재 인도나 베트남, 싱가포르, 인도네시아의 보르네오 등에는 당시의 식민지 건물들이 그대로 남아 있다. 동인도공사(東印度公司) 건물도 아직까지 남아 있다.

근세사에 있어 인류의 죄악은 어느 한 나라에만 국한된 것은 아니다. 우리가 금과옥조로 여기는 우드로 윌슨의 '민족자결주의' 라는 것도 그 숨은 목적이 무엇이었는가. 아시아에 대한 서구 열강의 침략과 식민지화의 방법은 곧 일본에 전수되었고, 그들은 그 경험 값으로 우리나라에 쳐들어왔던 것이다.

식민지를 경영하는 자가 '자국의 건축' 또는 '권력의 건축' 으로 도시와 건축을 바꾸고자 하는 것은 건축사의 한 유형이기도 하다. 건축은 본질적으로 권력의 산물이다. 권력 국가 또는 권력자가 자신의 힘을 뽐내기 위해 스케일 큰 건축물을 만들어 내는 것은 상식이다. 이런 류의 건축물들을 우리는 '역사주의 건축' 또는 '양식 건축'이라고 부른다.

당시 일본은 우리뿐만 아니라 중국, 동남아시아 등지에도 식민지 개척의 권위적인 면모를 보이기 위해 이런 양식 건축물들을 세워 나갔다. 식민지 국가의 전통을 누르고 자신들의 위세를 높이기 위한 의도적인 행위였다.

경복궁과 일제의 파괴사

경복궁의 창건에서 중건까지

총독부 청사 존폐론을 이야기할 때 빼놓을 수 없는 부분이 바로 그 장소성이다. 한양은 조선왕조의 국도(國都)였으며, 나라의 국맥(國脈)이었다. 1392년 태조 이성계(李成桂)는 조선의 개국과 더불어 국도를 한양으로 옮기게 된다. 역성혁명을 한 이성계가 이제 고려의 개성(開城)을 좋아할 리가 없었다. 1964년 이태평(李太平)이 일본 도쿄 요다출판사에서 출간한 『이왕조육백년사(李王朝六百年史)』에 의하면,

"… 태조대왕(이성계)이 1393년까지 강화도와 거제도에서 고려 왕손들을 투살, 전국의 왕(王)씨 일족을 말살하고 천하를 평정한 뒤 1394년에 경복궁 등을 만들었다 …"

고 되어 있다.

이성계는 1394년 11월 26일, 한양으로 천도하게 되는데 이는 '개성은 이미 왕기(王氣)가 쇠진했다'는 풍수가들의 말을 받아들인 결과다. 한양은 그때까지도 백제시대의 역사가 잠자고 있는 평범한 한강가의 고을이었다. 그들은 경복궁을 풍수적인 면에서 '한양의 혈(穴)'이라 여겼고 그해 경복궁의 창건 사업이 시작되었다. 풍수사상에 입각해 정궁을 세웠는데, 건물 배치에 있어서도 다른 궁들과는 달리 남북축을

1900년경의 광화문 앞 육조거리. (자료: 『한국일보』, 1986. 3. 28)

강조했다. 경복궁은 태조 4년(1395년)에 창건되어 점차 정비되어 갔다. 경복궁 앞 세종로에는 의정부 및 육조(六曹)가 나란히 배치되어 있었고 옆에는 한양을 관할하던 한성부가 있었다. 이곳들은 경복궁과 함께 반드시 복원되어야 하는 곳들이다.

종묘와 사직 그리고 도시 내 주요 시설 및 공간의 배치가 경복궁을 중심으로 이루어졌다. 경복궁은 창덕궁(昌德宮), 창경궁(昌慶宮), 경희궁(慶熙宮), 경운궁(慶雲宮, 지금의 덕수궁)과는 달리 조선이 창건될 때 건립되었다.

그러나 경복궁은 명종 8년(1553), 창건된 지 160년 만에 소실되었다. 또한 임진왜란 때는 크게 파손되어 황폐한 채로 남게 되었는데, 광해군은 새로운 궁궐을 창건하면서도 경복궁은 중건하지 않았다. 조선 후기에 들어서서도 경복궁은 명분상의 법궁(法宮)이었을 뿐, 실제로는 이궁(離宮)인 창덕궁이 정궁 역할을 했다.

경복궁의 폐허화는 흥선대원군의 집정 직전까지 계속되었고 결국 소실된 지 270여 년 만인 고종 2년(1865년), 대원군 주도로 중건을 시작하였다. 경복궁의 중건은 처음부터 왕권 강화를 통한 조선 왕실의 중흥과 권력의 장악이라는 목적을 갖고 시작된 일이었다. 「경복궁 타령」이란 민요에서 보듯 원납전(願納錢)을 걷어 민중을 괴롭힌 한의 의미도 담고 있지만, 1868년 6월 우여곡절 끝에 준공되었다.

세종로에서 보면 멀리 근정전(勤政殿)과 궁의 모습이 뒤편의 백악(白岳)을 배경으로 왕궁의 위엄을 나타내기에 손색이 없었으리라 여겨진다. 웅장하고 단아했던 경복궁의 전각(殿閣)들은 심전(心田) 안중식(安中植)의 「백악춘효도(白岳春曉圖)」에 일부 남아 있다.

그런데 정부와 우리는 그동안 그토록 자랑스러웠던 4대문 안을 과연 어떻게 만들어 왔는가. 조선왕조가 정도했던 경복궁 자리만 왜 조선의 국맥이라고 말하며, 오늘에도 그 왕기를 지켜야 한다고 말하고 있는가. 언젠가 통일이 되면 서울도, 개성도 모두 수도가 될 자격이 있는데, 유독 거의 다 파괴되어 버린 서울 4대문 안에서만, 고도(古都)적인 의미로 '조선왕조 600년'이라고 하는가. 이런 단선적 전통회귀론에 의문이 든다.

일본에 의한 경복궁 파괴

1868년 준공된 뒤 30여 년 동안 계속 왕궁으로 쓰이다가 국내·외 사정으로 왕이 경운궁으로 옮겨가면서, 경복궁은 다시 폐허화되었다. 샤벨(장검)을 찬 일본의 군경이 장악해버린 것이다.

대한민국의 오늘이 있기까지 조선왕조의 정궁이었던 경복궁은 중요한 역사의 현장이 되어 왔다. 우리의 중심이었기 때문에 경복궁은 임진왜란 이후부터 일본에 의해 계속 수난받아 왔다. 이에 관한 한국근대사 최초의 왕궁 파괴 행위가 드러난 기록이 하나 있다. 정진화(鄭晋和)의 『조선사연표(朝鮮史年表)』에는 "일본 침략군은 왕궁을 습격해서 문화재와 재보(財寶)를 약탈했다"며 갑오경장이 일어나던 해(1894년)의 왕궁의 상황에 대해 적고 있다. 이를 통해 일제의 경복궁 점령은 청일전쟁(1894~1895년) 때부터 시작되었음을 알 수 있다.

일본은 '동학란' 진압을 명분으로 이른바 육전대(陸戰隊)를 이끌고 1894년 6월

안중식의 「백악춘효도(白岳春曉圖)」로 당시의 총독부 자리를 볼 수 있는 유일한 그림이다. 1915년, 국립중앙박물관 소장.

9일 인천에 상륙했다. 일본군의 대한 침략은 1894년 동학혁명 때부터 시작되었다. 일본군 오오시마 요시마사(大島義昌, 1850~1926년) 소장이 이끄는 제5혼성여단 9연대의 6천 병력이 용산(龍山)에 주둔하기 시작하면서부터였다. 조선 침략을 위한 일본군의 주둔지로는 용산, 필동(筆洞) 그리고 원산(元山)이 주 대상지였다. 그는 이 부대를 이끌고 아산과 평양 전투에 참가하여 일본 승리의 주역이 되었다.

한반도에 진주한 일본군은 경복궁 탈취계획을 세우게 된다. 일본 육군 참모본부가 공식으로 발행한 『일청전사(日淸戰史)』 8권 42책(1895년)과 『청전사(淸戰史)』에 의하면, "일본 육군은 청일전쟁 직전인 1894년 7월 23일 경복궁을 무력으로 점령했다"고 하고 있다. 그리고 이어, "조선 왕궁(경복궁)에 대한 위협적 운동과 준비는 이미 7월 21일 시작되었다"고 하고 있다. 또한 작전 수행을 위한 혼성여단 사령부를 당시 경성(京城)공사관 안에 설치했으며, "오전 3시 반에 출발, 왕궁 동북 고지부터 점령할 것" 등 각 부대의 행동계획을 상세히 기술하고 있다.

경복궁을 점령하고는 고종을 위협하여 친청 세력을 몰아낸 지 8일 만인 1894년 8월 1일, 일본은 이 땅에서 청일전쟁을 일으켰다. 그뒤 청일전쟁에서 이긴 일본은 1895년 경복궁을 장악, 그해 10월 8일 명성황후를 시해하는 만행을 저질렀다. 게다가 일제는 창덕궁 낙선재(樂善齋) 후원에 있던 승화루(承華樓)를 우리 왕실을 탄압하고자 창덕궁경찰서로 사용하였다.

침략을 뒷받침해주는 건축사학자

이토 쥬타와 세키노 다다시의 전횡

일제는 또한 한일합방을 기도하며 여러 시설들의 입지를 물색한다. 1902년 6월 30일 일본은 국수주의 건축사학자 세키노 다다시(關野 貞, 1867~1935년)를 중심으로 한 '조선고건축조사단'을 한국에 파견, 62일 동안 한국의 고도와 서울의 남산과 궁궐 등을 조사하게 했다. 장차 세울 조선신궁(朝鮮神宮)과 총독부 청사 자리를 물색하기 위해서였다.

그 배후에는 일본에서 활동하고 있던 건축사가 이토 쥬타(伊東忠太, 1867~1954년)가 있었다. 동경제국대학 제12회(1892년) 졸업생인 이토 쥬타는 일본 최초의 건축사학자였다. 그는 「법륭사(法隆寺) 건축론」으로 1901년 일본 최초의 건축사 분야 공학박사 학위를 받았으며, '탈아(脫亞) 건축론'을 주장한 메이지시대의 전형적 건축가다.

세키노는 이토의 3년 후배로 동경제국대학을 15회(1895년)로 졸업하였다. 그는 그 뒤 조선건축사 연구에 앞장섰는데, 이 공적으로 공학박사 학위를 받았다. 당시로는 대단한 특혜였다.

우리 정부〔외부(外部)〕는 일본의 압력에 의해 세키노에게 특혜를 주었는데, 외부 대신이 내린 '훈령 제15호'가 이를 여실히 증명해준다. 이 훈령은 광무(光武) 6년(1902) 7월 16일에 고시되었다. 또한 제35호인 '호조(護照, 여권)'는 7월 17일자에 고시되었다. 훈령과 호조 내용을 보면 다음과 같다.

"주한 일본 공사의 부탁 공문을 받은 즉, 제국 공과대학 조교수 겸 신궁을 세우는(造神宮) 일을 맡은 기사이며 또한 오래된 절들(古社寺)의 보존회 위원이기도

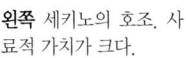

왼쪽 세키노의 호조. 사료적 가치가 크다.

오른쪽 외부의 훈령으로 우리 정부가 일본인 건축사학자에게 특혜를 베푼 증명서이다.

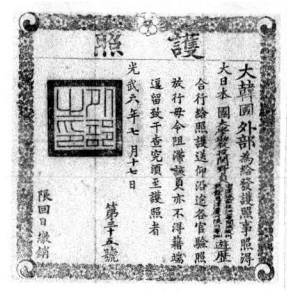

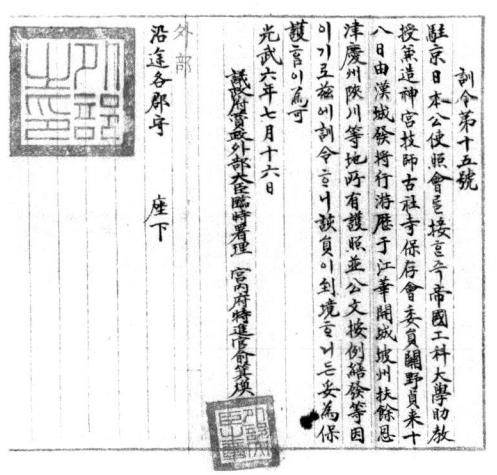

한 세키노(關野 貞)는 오는 18일부터 한성을 거쳐서 강화, 개성, 파주, 부여, 은진, 경주, 합천 등 여기저기를 돌며 조사할 것이니, 이 호조(護照)와 공문을 가진 바 훈령하니 전례에 따라 그 사람이 도경해 오거든 연도의 각 군수들을 비롯한 관리들은 알맞게 적절히 보호해 주도록 하라(議政府 贊政 外部大臣 臨時署理 宮內府 特進官 俞箕煥)."

여기서 이해가 가지 않는 것은 세키노가 왜 이렇게 급히 한국에 들어왔는가 하는 점이다. 당시 문부성 기사 신분이었던 세키노는 호조와 훈령에 적혀 있듯이 아직 동경제국대학 조교수가 아니었고 그해 9월 2일부(일본 내각 발령일)로 조교수로 임관된다.

무엇 때문에 일제가 우리 정부에게 신분을 위장하고 특명으로 이 건축사학자를 보냈겠는가. 매우 빠른 속도로 건축사가가 조선건축을 조사하러 들어왔던 것에는 그만큼 시급한 대한 침략의 흉계가 숨어 있었던 것이다. 이 시기가 바로 일본이 청일전쟁에 승리한 직후라 마음놓고 들어올 수 있었던 것이다.

세키노는 1902년 6월 30일 일본 고베(神戶)를 출발하여 7월 5일 인천에 도착한다. 그뒤 62일 동안을 조선에서 보낸 그는 임무를 마친 9월 5일 일본으로 되돌아갔다. 그는 조선의 어디든지 마음대로 갈 수 있는 혜택을 받았는데, 궁궐에서도 마음대로 카메라를 들이댈 수 있었다.

돌아간 지 3년 후 그는 조사보고서를 내게 되는데, 그것이 소위 「한국건축조사보고」였다. 누구에게 보고한 것인지는 명확하지 않지만, 이 보고서의 출간 연도가 우리나라에 일제의 통감부가 설치되기 전인 1904년 2월이었다. 일본의 대한 침략 첩보에 건축사가가 앞장선 것이다. 그는 이 조사보고서로 엉뚱하게도 프랑스 정부가 주는 학사원상(學士院賞)을 받기까지 한다. 프랑스 정부는 그의 '조선건축연구'의 학문적 업적을 높이 평가하여 명예상과 상금 1,500프랑을 주었다.

1910년에도 그는 서울 남산의 파성관(巴城館)에 머무르면서 추가 조사를 벌였

세키노의 보고서에 나타난 경복궁의 모습으로 왼쪽부터 함원전, 교태전, 흠경각, 서북소전, 강녕전, 경성전, 사정전, 만춘전, 근정전, 근정문, 홍례문 등이 차례로 보인다.

고, 각지의 박물관 자료를 모았다. 그는 이 일로 후배들로부터 "조선건축사를 백지로부터 새로 짠 통사로서 체계화했으며, 한국의 사적(史跡) 보존에 대대적인 공헌을 했다"고 칭찬받았다. 과연 그런가. 그는 중국건축사 연구에 열을 올리던 이토 쥬타를 피해 한국을 택했으며, 우리나라 건축사를 비하하고 마음대로 재단하였다. 예를 들면 "광화문은 2류, 3류"라고 하는 등의 망언(妄言)이다. 이 망언이 식민통치자들에게 받아들여져 경복궁과 수많은 궁궐 그리고 광화문 등이 수난을 받았다.

남산에 통감부가 들어서나

일제는 1905년 을사보호조약을 강제로 맺고, 조선에 대한 실권을 장악한다. 또한 그해 12월 20일 통감부 및 이사청(理事廳) 관제를 공포했다. 통감부를 서울에 설치하기로 한 조약 내용에 따라 그들은 1906년 2월 1일, 통감부 및 각 이사청의 개청식을 열었다. 그해 3월 2일 초대 통감으로 이토 히로부미가 부임해 왔으며 통감부 청사에 들어가 앉았다.

초기 통감부시대에는 단일 청사가 없어, 옛 우리 한옥 청사들을 이용하기도 했는데, 서울 4대문 안 여러 곳에 나누어져 있었다. 새 통감부 청사는 1907년 남산 왜성대(倭城臺)에 세워졌다. 르네상스풍의 2층 목조로 통감 관저와 나란히 세웠다. 남산에서의 통치가 시작된 것이다. 남산은 통감부 청사와 통감관저 그리고 그뒤 세워진 조선신궁 등으로 버려지기 시작했다. 이사청 역시 우리나라 지방도시 요지에 설치되었다.

그뒤 1908년 다쓰노 깅고(辰野金吾)가 붉은 벽돌조에다 475평짜리의 통감부 관저를 설계하였으나, 같은 해 용산에 가타야마(片山東熊)의 통감부 관저가 들어서면서 계획으로 끝났다. 가타야마는 이 일로 1908년 6월, 고종 황제로부터 훈 1등 8괘장을 수여받았다. 이 통감부 관저는 한일합방 뒤 조선총독부 관저로 이름이 바뀌었다.

남산에 세워진 통감부 청사. 첫 대규모 이양(異樣)건축물이다.

1912년부터 경복궁, 일본의 손아귀에

1910년 우리는 일본의 식민지가 되었다. 통감이 된 지 3개월 후인 10월 1일, 데라우치 마사타케(寺內正毅, 1852~1919년)는 첫 조선 총독(1910~1916년)이 되었다.

당시 총독이 무엇을 의미하는지 다시 살펴보기로 한다. 왜냐하면 총독부의 실질적인 존재는 임명된 총독이고 그 임명권자는 일왕이었기 때문이다. 그런데 일본은 지금도 일본 천황은 식민지 조선 지배에 책임이 없다는 말을 해오고 있다.

일제는 1910년「조선총독부 관제」라는 것을 제정했는데, 그 1조에는 "조선총독부에 조선 총독을 두고 총독은 조선을 관할한다"고 했으며 2조는 "총독은 친임(親任)하고 육해군 대장으로 임명한다"고 했다. 여기서 중요한 것은 친임이다. '친임'이란 왕이 친히 임명한다는 뜻이다. 조선총독부의 장관인 총독을 친임관이라 하는데, 친임관은 당시 일본에 있어 최고의 지위였다. 왕이 친히 서명하여 임명하는 관직이라는 뜻이다. 즉 일본 천황을 대신하여 조선을 통치한다는 뜻이다. 그런데도 그들은 일본 천황에게는 식민의 책임이 없다고 억지를 쓰고 있다.

그들은 또한 그 상징으로 총독부 청사 내 회의실에 이른바 옥좌(玉座)라는 것까지 만들어 놓았다. 이 자리에 일본 천황이 와 앉은 적은 없다. 그 대신 그들은 이른바 어신영(御身影, 일본 왕의 사진)이라는 걸 거기 걸어 놓았다. 일본의 관리들이 그 사진 아래서 회의를 하게 되면 그것이 자동적으로 어전회의가 되는 것이었다.

총독부 초기까지만 하더라도 총무부는 왜성대에, 회계국의 영선과·탁지부·사법부 취조국은 정동에, 내무부는 광화문 앞에 각각 떨어져 있었다. 한편 특허국청사인 영락정(永樂町)은 지금의 영락교회 부근의 한 한옥을 가청사로 썼다. 1910년에는 영희전(永禧殿)을 헐어낸 자리에 특허국청사를 신축하려 하였으나, 중단하고 남산의 통감부 청사 구내에 증축해 옮겼다. 또한 전매국은 명치정(明治町)에 있던 대한제국의 농상공부(農商工部) 청사를 이름만 바꾸어 썼다. 재무국과 학무국은 1911년 통감부 구내에 신축했다.

그뒤 총독부 청사가 세워질 즈음, 남산의 옛 통감부 청사는 과학박물관으로 바

꿔었다. 총독부 시기 박물관은 총독부 학무국 종교과(宗敎課) 소관이었다. 종교과에는 박물관과 동(同) 분관이 설치되었다. 이 박물관은 총독 관저가 현 청와대 자리로 옮겨진 후 총독시정기념관이 되었다가, 해방 후 민속학자 송석하에 의해 그 자리에 국립민속박물관(경복궁 내 민속 유물을 옮겨감)으로 개관되었다가 1950년 국립박물관 남산분관이란 이름으로 흡수되었다.

그들은 총독부 청사들이 그들의 위세에 어울리지 않는다고 생각되자, 새 청사를 계획하기 시작했다. 또한 정동의 청사가 화재로 불타 버리자, 일제는 새 청사가 시급해졌다. '청사의 산재(散在)로 인한 집무 불편 및 노화'를 이유로 식민 정책의 본산을 건립하기로 한 것이다.

남산 총독부 파괴 계획은 두 번 있었다. 첫번째는 1920년으로 조선 총독과 총독부를 동시에 암살, 파괴하는 계획이었는데, 모두 미수에 끝났다. 두 번째 계획은 1922년에 있었다. 김익상(金益相) 의사가 전기수리공으로 위장, 총독부 청사에 들어가 폭탄 2발을 던진 사건이었다.

이토 쥬타는 조선신궁과 총독부 입지의 결정권을 행사했다. 일본 정부는 그의 의견에 따라 조선신궁은 남산으로, 총독부 청사는 경복궁 안쪽에 세우기로 결정했다. 총독부 청사는 조선신궁 신축과 연계하여 결정되었다. 조선의 맥을 끊기 위해, 조선 왕가의 기를 누르고자 경복궁을 터로 잡아 총독부 청사를 세우기로 한 것이다.

이 밖에도 일본이 조선의 풍수지리를 무시한 증거는 많다. 그러나 당시 일본은 그런 의도를 가질 만큼 성숙한 나라가 아니었다. 군부의 세력을 확장하거나 굳히기 위해 그 자리를 택한 것이다. 경복궁과 남산 그리고 용산을 세 개의 점으로 연결시킨 것이다. 일반적으로 신사(神社)는 높은 곳에 세우는데, 일본 군대를 강변에 세운 것은 군 작전 및 이동상 편리했기 때문에, 경복궁을 총독부에 양보한 것이다.

조선신사 또는 조선신궁은 일본의 상징이나 마찬가지였다. 남산이 전략적으로 유리하다고 생각한 그들은 이곳을 입지로 택하고 1919년 7월 준공시켰다. 이것이 이토 쥬타에 의해서 이루어졌다. 부여신사, 평양신사도 다 그런 맥락에서 세워진 것들이다. 그 두 개의 건물에 대한 사전 조사 준비비로 3만 원의 예산이 계상되어 있었다. 새 청사의 규모는 '충분히 장래를 내다보고 대규모의 것'으로 하기로 결정하고 예산을 300만 원으로 책정했다.

1911년 데라우치 마사타케 총독과 실권자 가운데 한 사람인 고다마 히데오(兒玉秀雄, 1876~1947년) 총무국장은 우선 180만 원의 신축 청사 예산액을 메이지 정부에 요청하였다. 고다마는 일본의 조선 통치에 있어 금권과 실권을 함께 쥐고 있었는데, 이것은 그의 아버지와 인척인 데라우치의 후광 때문이기도 했다.

1912년 경복궁의 소관이 총독부로 이관(일본에 넘어감)되었다. 그들 마음대로 처리할 수 있게 된 것이다. 실제로 이때부터 경복궁은 우리 손을 떠났다. 당시 일본은 내지(內地)라 부르며 1912년부터 우리나라를 탐욕스럽게 노리던 메이지시대가 끝나가고 이른바 다이쇼(大正)시대로 들어서고 있었다. 다이쇼시대에 들어서면서 새 총독부 청사를 위한 준비가 시작되었다. 같은 해 토목국이 신설되고 영선과가 이 일을 맡게 된다. 이 기관의 기사 한 명이 자료 수집차 구미 여러 나라의 관청을 답사하였다.

데 라란데가 초안을 만들어

이때 등장한 건축가가 데 라란데다. 그는 프러시아(Prussia)계 독일인으로 일본에서 활동하던 제국(帝國)건축가였다. 그는 독일 베를린 근교 히르쉬베르크(Hirschberg)에서 1872년 9월 6일 태어났다. 히브쉬베르크는 당시 프로이센(Preusen)에 속해 있었으나, 지금은 폴란드령에 속해 있고 체코 국경과 맞닿아 있다.

프러시아는 1866년 오스트리아와의 전쟁과 1871년 프랑스와의 전쟁에서도 이겼다. 데 라란데는 그의 나라가 전쟁에서 이긴 그 다음 해에 태어났는데, 그의 아버지는 당시 독일에서 건축가로 활동하고 있었다. 그의 선조는 프랑스의 귀족 계급이었고 프랑스 대혁명 때 독일로 망명했다. 그의 이름에 붙은 '데(de)'는 귀족에게만 쓰이던 것으로 그의 가문이 귀족이었음을 알 수 있다.

데 라란데는 아버지의 영향을 받아 건축가가 되기로 했다. 그는 베를린 공대(당시는 샤르롯텐부르크 고등공업) 건축과를 졸업했다. 그뒤 오스트리아의 빈과 독일의 베를린에서 건축 활동을 시작했고 명예스런 독일 제실(帝室)의 건축기사 자격도 얻었다.

당시 한창 서양건축을 흠모하던 일본의 메이지 정부는 서양인 건축가들을 많이 불러들였다. 정치가와 군인들은 이미 서양 옷으로 갈아입었으므로 건물만 서양식으로 지으면 되었다. 그렇게 하면 자신들도 서양 사람이 된다고 생각하였다.

한편 독일은 이미 식민 제국을 거느리기 시작하였는데, 독일의 많은 건축가들이 그들의 식민지로 나오고 있었다. 독일 식민지의 하나였던 인천 앞바다와 산둥반도(山東半島) 쪽에 있던 중국의 칭타오(靑島)로 온 데 라란데는 이곳 외에 상해, 천진에서도 영역을 넓혀가고 있었다.

1903년 그는 일본에 이미 와 있던 독일인 건축가 젤(Richard Seel, 1854~1922년)의 요구로 일본으로 가게 되었다. 독일 여객선 슈투트가르트호를 타고 요코하마 항구에 내린 그는 젤의 건축사무소에 입소했다. 이미 일본에서 일본 최고재판소(1888년 10월 12일)의 공사 감독을 맡은 바 있던 젤은 이어 교토의 도지샤(同志社)대학의 크라크기념관(신학관, 1893년)과 치바(千葉)시의 치바(千葉)교회(1895년)를 각각 설계하였다.

그러나 젤이 1903년 11월 독일로 돌아가자, 데 라란데는 그의 설계사무실을 인수받아 일본과 한국에서의 건축 활동을 본격화하기 시작했다. 1910년대부터는 '게 라란데 건축사무소'라는 명칭이 보이는데, 사무소 이름이나 주소, 조직에 대한 자료는 아직 알려진 것이 없다.

데 라란데는 요코하마, 고베 등지에서 상관(商館)과 호텔 그리고 저택을 주로 설계하던 이른바 거류지 건축가로 알려지게 되었다. 거류지 건축가라는 것은 자신이 거주하는 거류지에 서양식 건축물을 설계하는 건축가를 말한다. 일본인들이 이런 독특한 제도를 운영하게 된 것은 그들 대부분이 서양건축물을 보거나 살아본 적이

요코하마에서 활동할 당시의 데 라란데와 그의 독일 부인 (자료; 藤森照信).

없어 설계를 해나갈 수 없었기 때문이다.

총독부 청사와 그 밖의 여러 가지 한국의 건축, 조경계획은 데 라란데의 도쿄 설계사무소에서 진행되었다. 그가 그 일을 위해 몇 번이나 한국에 왔었는지는 불확실하다.

그는 1912년 한일합방 직후, 총독부에 의해 외국인 촉탁(囑託)으로 임명되었다. 촉탁이라는 것은 당시 일종의 외국인 전문가에게 주는 칭호로 외교관이나 군인이 아닌 외국인 전문가, 기술자 집단은 이런 형태로 임명되고 있었다. 조선에서 그의 명함은 '프러시아 왕국 건축 고문'이었으며 건축기사였다. 그때는 건축가라는 명칭보다 기사라는 명칭을 주로 쓸 때였다. 국적을 독일이라 하지 않고 프러시아라 한 것도 특이하다.

일본에서부터 데라우치와 친했던 그는 우리 정부에 건축 일의 직·간접적인 촉탁과 고문 역할을 했다. 데 라란데가 데라우치의 도쿄 자택을 설계, 시공해준 것으로 보아 그들의 사이는 이미 깊었던 것으로 보인다. 이미 일본에서 명망 있는 외국인 건축가로 일했던 그는 이로써 1912년 총독부 청사 건축의 기본계획을 의뢰받게 된다.

일본은 국내·외의 일부 반대 여론을 묵살하고 신청사의 설계에 착수했다. 데 라란데는 1912년부터 설계에 착수했고 죽기 전인 1914년 대체적인 계획, 곧 약(略)설계를 끝냈다.

일본이 서양인에게 이 설계를 맡기게 된 것은 그때까지도 규모 큰 근대건축 양식을 잘 만들지 못했기 때문인데, 총독부 건물이 세워지던 시대는 바로크적 도시계획이 끝을 보이던 때였다. 바로크는 왕권, 제국주의 국가에서 선호하던 건축 양식으로 관아가(官衙街)의 중심에 건물을 놓고 도로를 정면으로 넓고 길게 뚫는 형식이다. 침략자가 식민지에서 우선하는 일은 위풍적이고 둔중한 건물을 짓는 것으로 이는 건축 상식이기도 하다. 아프리카, 아메리카의 경우는 물론 인도, 동아시아 그리고 홍콩, 대만, 중국의 여러 곳에도 이런 건물들이 식민제국주의자들에 의해 다투듯 세워져 나갔다. 이런 형태의 건물로는 싱가포르의 영국총독부, 중국 상해의 영국계 은행, 대만의 박물관 등이 있다.

동시대에 영국에서도 제국적 바로크양식이 유행하고 있었다. 이 양식의 대표적인 건물로는 영국인 건축가 루티언스(Edwin Landseer Lutyens, 1869~1944년) 경이 영국의 주요 거점이던 인도의 뉴델리(New Delhi)에 세운 인도총독부가 있다. 이것을 본딴 것이 조선총독부 청사이다.

원래 근대건축물이란 것은 동서를 막론하고 역사도시의 중심인 궁전, 신전 등의 노른자위에 세워졌다. 식민지 국가의 기를 죽일 필요가 있었기 때문이다. 총독부 청사들은 대칭적이며 위압적인 평면 형태를 갖는데, 중정(中庭)형인 '日자형'이 대부분이었다.

그동안 우리나라에는 데 라란데가 거의 알려져 있지 않았다. 일본의 건축 관계 기록들, 곧 『조선총독부 청사 신영지』 또는 『조선과 건축』 등에도 그에 대한 기록이 없었기 때문에 그를 잊고 있었던 것이다. 이 역시 일제가 우리 건축사를 은폐하기 위해 한 것으로 보인다.

루티언스 경의 구인도총독부 청사. 조선총독부 청사 입안시 모델이 되었던 건물이다.

경복궁에 들어서는 조선총독부 청사

경복궁에서 공진회 개최

1915년 9월 11일부터 10월 31일까지 50일 동안 일본은 경복궁에서 '시정(施政) 5년 기념 조선물산공진회'를 열었는데, 경복궁에 처음으로 일반인들도 들어갈 수 있게 되었다.

회상은 제1호관, 제2호관, 잠고관, 미술관, 기계관, 진열관, 귀빈관 등이 수였고 동척(東拓) 특별관, 철도국 특별관도 설치되어 있었다. 이 밖에 야외에 진열장과 음악당 등을 두었다. 제1호관의 평수는 1,476평이었고, 제2호관은 751평이었다. 건물은 모두 백색으로 칠해졌다. 그 가운데 미술관과 귀빈관은 전시회 이후에도 보존했다고 한다.

제1호관이 있던 자리가 총독부 청사 터가 된다. 많은 자료들에 총독부 청사가 공진회장에 세워졌다고 포괄적으로 쓰고 있는데, 이는 명확히 해야 될 것이다. 경복궁

전체에서 공진회가 열렸고, 제1호관은 총독부 청사 자리에 있었다.

일본은 1916년 경복궁 전체를 해체하려는 간악한 의도를 나타내기도 했는데, 그때는 이미 그 자리에 있던 모든 건물들이 헐린 뒤였다. 이는 「공진회회장 경복궁지도」에 잘 나타나 있다. 국립중앙박물관이 공개한(1995년 8월 12일 『한국일보』) 이 지도는 공진회 때 발행한 것인데, 경복궁의 전체적인 훼손의 상황을 잘 알 수 있다. 1호관의 전시장 규모는 매우 큰 것이었다.

1995년 12월 27일 정부기록보존소 부산지소(소장 박락조)는 당시 마스터플랜인 '경복궁 내 부지 및 관저 배치도'를 발굴 공개했다. 그 도면에 의하면 경복궁 전체가 마치 아무것도 없는 공간같이 취급되고 있다. 그들은 경복궁 안에 총독부 청사와 공원 부지를 책정했다. 궁궐들을 철거하고 그 자리에 총독 관저, 총독부 관리들의 관사 그리고 광장, 야외음악당, 분수대, 화단, 골프장 등을 두고자 하였는데, 이것은 일본 도쿄의 히비야(日比谷)공원을 본딴 것이었다.

일제의 도시건축 파괴는 서울에만 머물렀던 것은 아니다. 일제는 1911년 9월 평양신사를 짓는다는 명목으로 고구려의 큰 건물 터를 모조리 파괴하였으며, 1937년 평안남도 도청을 지으면서 많은 고구려의 건물 터들을 파괴하였다. 또한 평안감영(平安監營)도 일제강점기 초기 일제에 의해 철거되었다. 식민지로 전락된 나라의 고난과 슬픔이 건축에도 나타난다. 이 일들에 건축가들이 동원되었다.

1912년 경복궁 조선총독부 청사 신축지로 결정돼

청사터로 경복궁의 근정전과 광화문의 중간 위치가 선정되었다. 지금의 세종로에는 원래 일직선인 축을 따라서 근정전과 광화문이, 다음에 의정부와 육조가 늘어서 있었고 보행자가 활발하게 통행할 수 있는 일종의 광장이 있었다. 청사의 위치는 근정전과 광화문의 중심선을 연결하는 선상에 신청사의 중앙이 오도록 하였다. 근정전에서 남쪽으로 17간, 광화문에서 북쪽으로 46간 떨어진 중앙에 위치시켰다. 동서로 242간, 남북이 약 124간 규모의 29,481평 대지였다.

조선총독부가 세워질 자리에 급조된 조선물산공진회 전시장 제1호관이다. 오른쪽 위는 당시의 입장권이다(자료; 경성부사).

공진회회장 경복궁 지도.

그 앞마당으로는 명당수인 금천이 흐르고 있었다. 금천 위에 놓인 아름다운 돌다리가 금천교(禁川橋, 일본은 錦川橋)였다. 근정문과 같은 규모의 흥례문(興禮門, 홍례문(弘禮門))이 있었고 흥례문과 광화문 사이 좌우에는 용성문(用成門)과 사각문(四脚門, 협생문(協生門))이 서 있었다.

1912년부터 경복궁 내 흥례문과 주위의 회랑 그리고 금천교 등이 철거되기 시작했다. 흥례문 등은 뜯어 광화문 쪽으로 옮겨 놓았다가 아예 없애버렸고, 돌다리인 금천교는 뜯어내 박물관의 서쪽에 모아두었다가 1970년대에 근정전 회랑 동쪽 문으로 들어가는 입구에 다시 놓았다.

그들은 이 아름다운 우리의 건축 유산을 총독부를 짓는 데 장애물이 된다며 없애려고 하였다. 그 의도 가운데 하나가 근정전을 가로막자는 것이었다. 청사 양측과 전면은 정원으로 두기로 했고 청사 뒤쪽, 곧 근정전과 경회루 일대는 부속구역으로 설치했다. 그리고 나머지는 '적당히 정리했다'고 쓰고 있다.

광화문 안쪽(자료; 關野 貞).

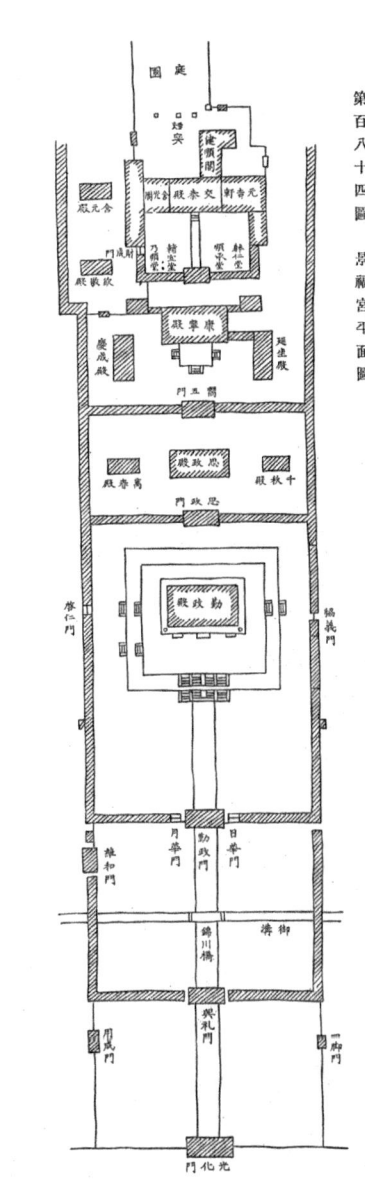

경복궁의 총독부 청사 위치(자료: 關野 貞).

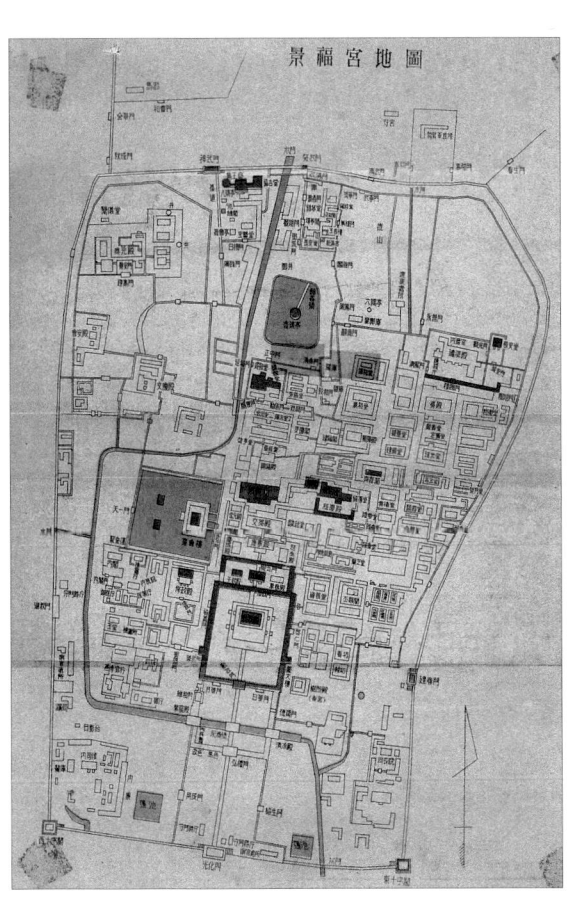

경복궁 배치도(자료: 왕궁사).

"… 일제 침략자들은 1910년 경복궁에서 4천여 칸의 건물을 헐어버렸고 1918년에는 강녕전과 교태전을 창덕궁으로 옮겼다. 1916~1926년에는 광화문을 헐고 그 일대에 조선 침략의 아성(牙城) 총독부를 건설하였으며, 1927년에 광화문을 건춘문 북쪽으로 옮겼다 …." 리화선, 『조선건축사』

입지에 반대한 사람들

총독부 청사를 몰상식하게 경복궁 터 안에 세우려 할 때 식견 있는 학자 및 일부 건축가들의 소극적 반대도 없지 않았다. 그러나 그것은 경복궁 전체가 아니라 광화문 하나에 국한된 극히 소극적 의사 표시가 거의 다였다. 일본의 민예학자 야나기 무네요시(柳宗悅, 1889~1961년)나 도쿄대학 건축과 세키노 다다시도 그 부류였다.

경복궁의 원래 모습이 담긴 사진은 1904년 도쿄대학 건축과 조교수 세키노 다다시가 조사한「한국건축조사보고」에 실려 있다. 그러나 그것은 일부분에 불과하다.

1922년 10월 5일『대한매일신보』가「광화문 보존 문제에 대(就)하여」라는 제하로 다루었고, 1926년 11월 최상덕(崔象德)도『신민(新民)』제2권의「철이(撤移)되는 광화문」이란 논문에서 광화문 보존에 대해서 말하고 있다.

와세다대학 건축과의 곤와지로(今和次郞, 1888~1973년)는 경복궁의 총독부 입지에 대해 이견을 냈는데, 그는 "군국주의 아픔을 생각하게 해주는 것"이라며 "총독부 신청사는 너무 노골적이다"고 잘못된 장소의 선택을 질책했다. 이 정도였다. 또한 사람의 입지 반대론자로 건축가 다키자와(瀧澤眞弓, 1886~1983년)가 있었다. 1920년에 도쿄대를 졸업하고 일본의 1930년대 이른바 '표현파 건축'을 대표하던 의식 있는 건축가 가운데 하나였던 그는 1924년 5월, 총독부 청사 신축 현장을 둘러보고 다음과 같은 글을 썼다.

"오늘도 자동차로 (경성) 시내 구경을 했다. 먼저 경복궁에 갔다. 광화문을 거쳐 문제의 총독부 청사의 건축 현장을 보았다. 벌써 준공에 가까워진 것이지만 무

금천교(자료; 關野 貞).

엇인가 생각나게 한다. 뭐라 할까 후안무치한 업적이라 할까. 역사 이래 일본 군국주의는 임진왜란 때부터 조선의 예술을 유린해 왔다. 그런데 지금 또다시 유린을 하고 있는 것이다. 지금부터 이후 영원히, (일본인) 자손 대대로 남길 일일 터인데, 변명의 길이 없는 (일본인의) 국민적 치욕의 결과로서 … 청사는 당당한 대건축이다 … 계획은 10년이 걸렸다. 10년이라면 세상의 문화가 한 번 바뀐 시간이다. 르네상스식 오더 위에 근세 독일식의 디테일을 가진 돔은 이미 10년이 지난 시대의 것이다. 그 위 포탄을 담은 그 랜턴[정식(頂飾)]은 군국주의의 심벌이다." 다키자와(瀧澤眞弓), 『만선여행일기(滿鮮旅行日記)』

이 청사가 착공된 1916년경은 신고전주의가 유행했지만, 준공될 즈음인 1920년대에는 이미 이런 고전주의양식이 퇴보하고 있었다. 새로운 국제건축양식이 당시

젊은이들에게 강하게 인식될 때였다.

한편 우리는 1995년 8월 15일 치욕적인 랜턴을 우리 손으로 떼어냈다. 이것을 관계자들은 첨탑이라 하는데, 실제로 첨탑과는 의미가 다른 것이다. 건축 전문 용어가 일반인에게 중요한 의미를 가지지 못했기 때문에 일어난 일이다. 더구나 이 랜턴 부분은 한국전쟁 뒤 우리 손으로 개보수된 것이다.

반면, 이 공사를 끝냈던 그의 선배, 이와이(岩井長三郞)는 공사 보고서에서 "연대가 흐를 수록 점점 아치가 증가되어 장중한 것으로 되어 갑니다"라며 자화자찬하였다.

공사 시작되다

도쿄 제대 건축과 출신들이 주도

설계 계획안은 1912년부터 착수되었고, 1914년 대체적인 계획이 끝날 무렵 데 라란데가 죽었다. 데 라란데가 설계한 조선호텔이 준공되었고 새 청사는 아직 착공되지 않았다.

총독부 청사의 설계도는 데 라란데가 죽은 뒤 도쿄대 건축과 출신 건축가들에 의해 수정 설계되어 제출되었다. 1914년에는 큐우슈우(九州)대학 교수인 공학박사 이와오카(岩岡保作)가 우리의 추운 겨울에 견디기 위한 건축 자료를 조사하기 위해 난방계획의 고문으로 위촉되어, 만주와 하얼빈 등 추운 지방에 파견되었다. 이미 대만에서 여러 가지 경험을 쌓았던 일제는 국내·외 일부 반대 여론을 묵살하고 신청사의 공사에 착수했다.

그들은 우선 대만총독부(1919년) 신청사와 지금의 대만박물관(1915년)의 설계도 한 바 있는 벽돌건축 전문가 노무라(野村一郞, 1895년 졸업)를 불러들였다.

노무라는 후배인 이와이에게 공사 책임을, 쿠니에타(國枝博, 1879~1943년, 1905년 졸업), 후지오카(富士岡重一, 1911년 졸업) 그리고 야노(矢野 要) 등에게는 팀 플레이로 맡겨 일을 추진시켰다. 노무라와 쿠니에타는 일본건축학회에서 발행하

한국전쟁 이후 개보수되는 랜턴(자료; 존 리치).

랜턴 등 잔해물들이 잘려 내려져 있다. 현재 독립기념관에 존치되어 있다.

식민지시대의 산물, 조선총독부 청사 그 마지막 기록 | 209

던 건축 잡지에 「조선총독부 청사 신축 설계 개요」라는 글을 처음 발표하였다. 이것이 일본과 한국에 처음 선보인 총독부 청사 관계 기사다. 이때 처음 설계도, 곧 투시도 2매와 1, 2층 평면도 등이 소개되었다.

이때도 이 건물이 세워지게 된 동기 등에 대해선 일체 말하지 않고 있다. 사진에서 보듯 지붕은 많은 변화가 있었는데, 이에 대해 "당초 데 라란데의 설계에서는 독일풍의 지붕이 덮여 있었지만, 난색을 표시하여 보통의 디자인으로 마무리했다"고 일본인 건축사가는 적고 있다.

후지오카는 실질적인 조선총독부 건축의 실무자였다. 그는 1916년 7월 총독부의 촉탁기사로 들어오는데, 고등관 7등에 해당되는 직급으로 토목국 영선과에 배속되었다.

공사 착공

1916년 6월 25일, 그들은 영국의 정초식 행사를 본딴 지진제(地鎭祭)를 유별나게 치르며 착공했다. 조선왕조의 얼과 기를 빼는 데 별 흠이 없었다. 직영공사 체제였으나 1차 공사는 오쿠라구미(大倉組)가, 2차공사는 시미즈구미(淸水組) 경성지점이 동원되었다.

건물은 크게 세 개의 매스(mass), 곧 중앙 부분과 양쪽 날개〔익부(翼部)〕그리고 모서리〔우각(隅角)〕부분으로 나누어 볼 수 있었다. 전체적인 외관은 돌붙임으로 외관을 웅장하게 보이게 하고 있다. 건물은 단순한 기능 충족보다는 권력을 상징한다는 의미가 컸으므로 중앙부에 돔(dome)을 두었다. 이 돔이 일본 천황의 황관(皇冠)으로 상징되어진다고 하는데, 그것은 비약이다.

당시 아시아 최대의 돔이었던 이 돔에는 16개의 원주가 둘러싸인 반구(半球) 지붕과 돔의 원형(原形)이 되는 것으로 드럼+가들+돔+랜턴으로 짜여져 있었으며, 독일산 무색의 착색 유리인 유리화(琉璃畵, 스테인드 글라스)가 끼워져 있었다. 3밀리미터의 색유리를 사용하여 90제곱미터 면적의 유리화를 만들어 놓았다. 유럽의 종

총독부 청사의 첫 계획안으로 돔 부분과 디테일들이 현재와 다른 모습을 보여주고 있다(자료;『건축세계』).

모델을 현 위치에 놓고 준공됐을 때를 상정한 모습(자료;『건축세계』).

교건축물에서 접할 수 있는 원색의 화려한 유리화가 아니라 관청에 알맞는 무색에 가까운 유리화였다. 이 유리화는 당시 독일에서 유행하던 담백함을 느끼게 하는 흰색조로 건축가들이 독일의 건축 잡지 『실내건축(Inner Architektur)』에서 참고했던 것으로 보인다.

돔 지붕 이외에 경사지붕, 중앙탑, 중앙홀의 반원형 지붕에는 45센티미터 폭으로 모듈화한 동판을 마감하였다. 톱 라이트 골조는 철재이며, 삿갓형의 단면이 되는 철골로 올가미를 만들고 36장의 유리창틀을 끼워 넣었다.

창문의 구성, 오더의 사용 등도 특이하거니와 하층부에 깊이 모접기(rustic)한 거친돌을 쌓은 것도 흥미롭다. 이중창인 창문과 문짝은 밖은 철강제이고 안쪽은 목재였다. 1970년 창문의 노후와 관리상의 문제 등으로 컬러 알루미늄 창문으로 교체 시공하였다. 동남서 3면에 베란다를 두었고 중앙홀 외 모든 공간의 천정고를 높게 했다. 대회의실은 11.2미터, 1층은 4미터, 2~4층은 각각 4.9미터로 계획되었다. 동측면에 일본 왕을 위한 옥좌를 두었다.

대회의실은 해방 뒤 이승만(李承晩) 대통령의 집무실로 쓰였고, 한때 장면 국무총리가 사용했으나 박정희 대통령 시절 제1회의실로 다시 바뀌었다.

우리 자재로 이루어진 것

이 청사의 건축에는 당시 우리 땅의 나무와 돌들이 주재료로 쓰여졌다. 기초 말뚝은 압록강 기슭에서 잘라온 낙엽송을 사용하였는데, 지름은 8치짜리 159,153본이 들었다. 기초는 15~26자를 팠다. 공사장 지반 깊이 6~10자에서 물이 솟아 계속 양수기로 물을 퍼내며 박았다. 말뚝박기는 1916년 7월에 착수하여 이듬해 3월 말까지 계속되었다. 말뚝 박는 일이 끝난 다음 잡석을 깔고 베딩(bedding) 콘크리트를 쳤다.

처음 설계 때에는 벽체를 벽돌쌓기로 하려 했다. 벽돌은 값도 싸고, 직공도 풍부하였기 때문이다. 그러나 5층의 집을 벽돌로 쌓을 경우 맨 아래층의 벽 두께가 3자나 되어야 했다. 벽 자체의 부피와 무게도 문제였고 벽이 두꺼웠을 때의 채광과 통풍

현관 상부의 독일제 유리화. 유럽의 종교건축물에서 접할 수 있는 화려한 유리화가 아니라 관청에 알맞은 무색에 가까운 유리화다.

도 적합하지 않았다. 또한 지진에 대한 우려 때문에 철근콘크리트조로 하였다.

외벽(柱間) 벽체는 벽돌을 쌓은 커튼월 그리고 바깥은 전체 화강석을 쌓기로 했다. 콘크리트의 총용량은 3,248입평, 철근 중량은 380여 톤이었다. 철근은 모두 일본에서 가져왔는데 야하다(八幡)와 오사카(大阪)제였다. 시멘트는 오노다(小野田) 시멘트를 주로 사용했다.

또한 지붕은 동판을 이은 것과 루핑을 씌운 것으로 크게 구별된다. 동판은 돔 부분과 그 주변에 집중적으로 쓰였으며, 그 외 방수 처리가 필요한 베란다, 지하실, 물탱크 등에 사용되었다.

화강석은 여러 곳에서 채취한 것을 비교 검토한 결과 서울의 동대문 밖 창신동(昌信洞) 채석장의 화강석이 석질도 좋고 값도 싸 그것을 쓰기로 하였다.

1920년대 초 만주 대련시, 만철 기술부 건축과에 근무하고 있던 일본인 건축가 고노(小野武雄)는 총독부 신축 현장을 둘러보고 "조선에 석재가 풍부한 것은 조선 건축계의 행복의 하나라고 말할 수 있다. 따라서 앞으로 그 석재의 이용에 대해 충분

조선총독부 청사의 기초공사 과정으로 말뚝박기 작업이 벌어지고 있다. 압록강 낙엽송을 사용하였다.

히 연구할 필요가 있다"고 했다.

당시 우리나라의 화강석과 대리석은 중국, 일본에서도 찾기 힘든 우수한 건축 자재였음을 알 수 있는데, 시미즈구미 경성지점이 써 오던 것은 동대문 밖 창신동산 화강석이었다. 1919년부터 채석하여 다듬기 시작한 화강석은 총 20만 석이었다고 하는데, 전차나 전용 트럭을 이용해 옮겼다고 한다.

중앙칸(베이)의 기둥은 높이가 9자, 폭이 1.9자나 되는 큰 규모의 것이어서 이런 돌이 나올 수 있을까 하고 의문이 들 정도였다고 한다. 돌 기둥에 프루팅은 두지 않았다. 돌 공사는 1919년 11월에 시작하여 1923년 8월에 끝을 맺었다. 양식의 장중함을 강조하였던 이 돌 마감 부분은 한국전쟁 때 포탄, 총탄, 화재로 인하여 외부 1,145개소가 손상되었으나, 1985년 보수작업을 해 그 부위를 고쳤다.

대리석은 전국 각지에서 산출되던 것들을 검토하였다. 황해도 금천군(金川郡)

고동면(古東面) 강정리(江亭里)의 대리석 등 14종이 사용되었다. 『조선총독부 청사 신영지』에 의하면 신축 당시 이 건물에 사용된 대리석의 총 물량은 4,230제곱미터였다. 대리석은 주로 평안남도, 황해도, 함경도, 경기도 등에서 산출된 것들을 사용했다. 대리석은 돛단배로 운반하였는데, 용산까지 와서 현장으로 옮겨졌다.

황해도 일대에서 산출된 대리석들이 이 건물 내부의 핵심이라 할 수 있는 돔 밑의 1, 2층 현관과 중앙홀에 사용되었다. 바닥과 벽, 난간, 대회의실 기둥 및 좌우의 홀 벽과 바닥 등을 마감하거나 장식하는 요소로 사용되었다. 벽은 대리석이 갖고 있는 고유의 색감과 무늬가 그대로 드러나도록 하였으며, 바닥 디자인은 패턴의 전형을 보여주었다. 대리석 문양은 장식용 금속을 사용하여 세밀하게 처리하였다.

화강석은 물갈기 마감을 했다. 그 외에 모자이크 타일로 다양한 패턴을 구사한 좌우의 홀 바닥도 대리석으로 큼직하게 문양을 구사한 바닥과 함께 당시의 실내장식 의도를 알 수 있게 한다. 자갈과 모래는 한강의 지정 장소에서 채취하였다. 이를 운반하기 위해 청사 공사 현장에서 광화문을 거쳐 서대문 그리고 옛날 용산에서 한강 하안까지 전차 인입선을 깔았다.

목재는 말뚝재인 낙엽송 외에 내장재로 호도(胡桃)나무를 주로 사용했는데, 졸참나무와 노송나무〔檜木〕 등도 실내 마감재로 쓰였다. 총독실과 응접실에는 호도색의 벨벤드를 발랐고 정무총감실과 응접실, 제1회의실에는 노송나무를, 제2회의실은 호도나무로 마감했다.

실내 마감재인 석회는 평양, 원산 등의 것을 가져다 썼다. 조선산 석회는 점기가 적어 균열을 방지하는 데에 매우 좋은 재료였기 때문이다. 기후가 습한 일본보다는 건조한 조선에서의 미장 일이 더 어려웠다.

조선총독부 청사 또한 그 당시 구할 수 있는 가장 우수한 재료들과 국내·외에서 자유롭게 구한 장식재로 공간을 마무리해 나갔다. 공예품, 조각들의 장식이 바로 그런 요소들이라 할 수 있다. 그 외의 장식, 문철물, 하드웨어 등은 미국·영국·독일 그리고 스위스 등으로부터 수입해 왔다. 순수 청동 주물을 사용하여 시간의 흐름

조선총독부가 준공되었을 때의 모습.

총독부 정면의 동십자각이 박람회 가설 장식으로 뒤덮여 있다.

에 따라 고색창연함을 느낄 수 있게 한 금속 공예품이나 유리화, 유리 재료의 모자이크 공예 그리고 타일과 석고 장식품 등이 그 예이다.

석고에 여러 무늬와 장식을 새겨 넣어 다양한 색과 금박 등으로 처리한 석고 장식품은 250파운드짜리 500포대가 사용되어졌다고 기록되어 있는데, 그 당시 일본에 석고 조각 전문가가 없어서 서양의 것을 원형으로 삼아 복제하는 방식으로 시공했다.

우리 건축가 동원돼

청사 신축 과정에 독일과 일본의 건축가들만 참여했던 것은 아니었다. 물론 주체는 일본이었지만 『조선총독부 청사 신영지』에서 찾을 수 있는 우리 건축가로는 기수(技手)에 박길룡·이훈우(李勳雨)가, 고원(고용직)으로는 이규상(李圭象)·김득린(金得麟)·손형순(孫亨淳)과 박동린(朴東麟) 등 일곱 명이 있었는데, 그들은 현장에서 직접 활동했던 우리의 건축인들이었다. 그들이 자의나 타의에 의해 참여했건 우리는 우리 건축가들의 건축적 역할을 새로이 찾아내야만 할 것이다.

조선인 연인원 2백만 명이 동원된 이 공사에는 수많은 우리 노동자들의 땀과 피가 들어갔다. 매일 800명의 노동 인력이 투입되어 공사가 진행되었다. 석공으로는 일본인과 중국인 인력 300명이 동원되었다. "석공으로 전라도에서 30여 명을 모집하였으나, 별로 힘들여 일하지 않아 제외시켰다"고 그들은 적고 있는데, 우리의 항일의식을 느끼고 한 소치이다. 돌 쌓는 일은 일본인 석공이 수로 했고, 중국인 석공들은 주로 재벌 손질 정도를 했다.

1926년 준공

1920년대는 전세계가 급진적인 진통을 겪던 때였으나, 1923년 5월 17일 상량식을 성대히 거행한다. 상량식을 할 즈음 경복궁의 모습을 기록한 글을 보면,

총독부가 광화문 네거리에서 보이고 있다.

조선부업품 공진회 회장으로 다시 망가지기 시작한 광화문(자료; 『조선일보』, 1995. 8.14).

"나는 한국 제왕들의 오래된 궁전을 찾아간다. 손질을 안 하고 내버려둔 궁전은 패망한 지금과는 달리, 한때 위대했던 왕국의 우수에 젖은 위엄을 그대로 보존하고 있다. 어마어마하게 큰 문들과 나라를 지키던 넓은 성곽의 일부가 남아 있다. 여러 방들이 있는데, 높이는 대단치 않다. 돌층계 끝에는 붉은 색을 칠한 기둥들이 노란 기와를 얹은 움푹 들어간 지붕을 받치고 서 있다. 그리고 지붕의 줄기를 타고 동으로 만든 원숭이며, 괴상한 용들이 줄지어 서 있다." 민용태 역, 블라스코 이바녜스,『우수의 왕국–부산에서 신의주까지』

고 했다.

이 사연 많은 청사는 두 번 공사를 중단했는데, 1919년 3·1 독립운동과 1926년 6·10 만세운동 때였다. 강행군을 한 지 10년 만에 공사를 끝냈다.

당시 그 규모나 디테일로 이 건축물은 극동아시아에서 보기 드문 근대건축의 사례가 되었다. 여기에 들인 총공사비는 6,751,882원이 들었는데, 그 내역은 청사비가 5,905,400원, 외원(外園)·창고·구내 정리비가 362,488원, 봉급과 사무비가 484,094원이었다. 쌀 한 가마 값이 4원 하던 당시의 시세로 환산하면 169만 가마에 해당한다.

그뒤부터 청사는 일제 식민 통치의 도구로 쓰여졌고 내내 이 땅의 일제 침략 상징물이 되었다. 일본은 이때부터 패망 때까지 19년 동안을 조선총독부 청사로 사용하였다. 난공불락의 규모로 세워진 이 청사 건물은 일세의 상싱석 건축물이 되어 일본인들의 서울 관광 코스에 들어가기까지 했다.

준공식 날 박영효와 현덕상의 한심한 작태

1926년 10월 1일 11시, 그들의 조선 통치를 기념하는 시정 기념일 날 청사는 준공되었다. 당시 서울에는 석조건물로 독립문(1896~1897년)과 덕수궁 내의 석조전(石造殿, 1900~1910년), 한국은행 구관(당시 조선은행 1908~1912년) 등이 있었고,

기타 건축물 대부분은 석재 혼용 벽돌조이거나 모조 석조가 대부분이었다.

총독부 청사가 세워질 무렵인 1926년 전후, 서울 한복판에 세워진 건축물로는 대략 연세대학교(1921~1925년), 서울역(1922~1925년), 성공회(1922~1926년), 서울시청(1924~1926년), 동아일보사(1925~1926년), KBS 정동방송국(1926년)과 대법원청사(1927~1928년) 등이 있었다.

광화문은 1926년과 1927년 사이 경회루에서 현 국군통합병원 쪽으로 이축되었다. 일본은 광화문 자리의 헐고 남아 있던 돌문에 대록문(大綠門)이라는 것을 만들어 놓고, 준공식장에 오는 사람들을 받아들였다. 출입문을 급조했던 것이다. 준공식은 광장이 아닌, 지금의 중앙홀에서 열기로 되어 있었다.

준공식장인 중앙홀의 완만한 반원형으로 이루어진 천정면의 양측 박공부에는 1922년 일본의 화가인 와다 산조(和田三造, 1883~1967년)가 그린, 이른바 내선일체를 강조한 두 개의 벽화가 걸려 있었다.

와다 산조는 시즈오카(精岡) 태생으로 데라우치의 의뢰로 이 그림을 그렸다. 와다 산조의 그림 외에도 이 중앙홀에는 아사쿠라(朝倉文夫)가 조각한 데라우치와 사이토의 동상이 세워져 있었다.

준공식 날은 사이토 총독과 '샴(Siam, 태국)'의 왕족인 문부대신 다아니가 주빈으로 참석하였다. 유일하게 초대된 한국인으로는 박영효 후작과 그의 다음 서열인 공직자 총대(總代) 현덕상(玄悳常)이 참석하였다. 현덕상은 이 자리에서 축사까지 하였다. 그들은 전선관민(全鮮官民)과 유지 1,100명이 모여 성대히 치렀다고 기록하고 있는데, 『동아일보』에는 1,560명이 참석했다고 하고 있다.

광화문에는 축하 휘장을 내걸었고 축하연은 12시 15분부터 오후 2시까지 경회루에서 벌어졌는데, 경회루에는 일장기와 만국기가 내걸렸고 경복궁 상공에는 불꽃까지 쏘아 올렸다. 이 자리에서 후작 박영효는 '조선총독부 만세'를 삼창(三唱) 선도했다고 한다. 안내역은 일본과 조선의 기생 조합에서 뽑아 온 기생들이 맡아 했다. 이날을 기념하여 엽서를 만들었고 우편국 출장소에서는 기념 스탬프를 찍어 주었다

중앙홀. 헐리기 전인 1995년의 모습이다.

고 한다.

이날 종로 3가 단성사 앞에는 나운규(羅雲奎, 1902~1937년)가 제작, 감독, 주연한 「아리랑」이 개봉되었다. 1920년대 부산에서 창립된 '조선키네마'에서 제작한 이 영화는 당시 한국인의 마음을 대변해주었다. 나라 잃은 백성의 한을 담은 이 영화는 일본에 대한 하나의 은유적 시위였다. 마침 일본의 조선 식민지 통치의 총본산이며 상징이 되는 총독부 청사 준공식에 때맞춰 몰려든 국민들은 이 「아리랑」을 통해 분노를 달래고 있었다. 친일파들은 총독부 청사 준공식장에서 만세를 불렀고 식민지 백성들은 여기 단성사에 구름같이 몰려들어 소리 없이 흐느꼈던 것이다. 당황한 일본은 운집한 시민들을 정리하기 위해 기마 순사대까지 보냈다. 극장에 기마 순사대가 출동한 것은 이것이 처음이었다 한다.

초만원이었다. 변사는 울분을 토해내고 있었고 클라이막스 신에서 주제가 「아리랑」이 울려 퍼지면서, 주인공 영진(나운규)은 수갑을 차고 일본인 순사에 이끌려 아리랑 고개를 넘어가고 있었다. 관중들이 「아리랑」을 합창하자, 자리에 참석했던 일본 순사는 당황해했고 두려워했다.

청사 준공 이후의 경내 가꾸기

총독부 청사가 준공된 이듬해인 1927년 일제는 청사 구내에 정원 공사를 했는데, 청사 동측에는 야구장을, 뒤편에는 테니스장을 만들었다. 이것은 용산의 철도국에 이미 세워졌던 야구장 및 정구장, 육상경기장과 풀에 대응해서 만든 것이라고 한다. 1928년 총독부 본부와 철도국간의 경기에서 본부가 패해 만든 것으로 경복궁에는 야구장과 4백 미터 직선 트랙도 만들었다고 하는데, 지금의 관광객용 주차장 자리가 그곳이다. 테니스장은 청사 바로 뒤에 두었는데, 제5공화국 시절까지 있었다. 여기에서 제5공화국의 주역들, 곧 국보위 멤버들이 테니스를 통해 친목을 다졌다. 테니스 코트의 정치사는 프랑스에만 있었던 것은 아니었다.

또한 구내에는 수십 개의 잔디밭을 만들고 관목(灌木)도 심었다. 1935년에는 본

와다 산조의 그림으로 1972년의 모습이다.

격적으로 조원 작업에 들어갔는데, 임정과가 주관했고 일본 치바(千葉)고등원예학교의 모리(森) 교수가 담당했다. 정문을 중심으로 청사 양측에 일본 나무를 이식해서 심었다.

1929년 10월에는 총독부가 소위 시정 기념일에 맞춰 '시정 20년 기념 조선박람회'를 개최한다. 경복궁에서 열린 세 번째 전시회였던 이 박람회는 9월 12일부터 10월 31일까지 50일 동안 열렸는데, 986,179명이 관람하였다고 한다. 경복궁을 구경하러 온 사람도 많았다고 한다.

한국전쟁 후 우리나라도 일본의 행태를 답습한 '해방 10주년 기념 산업박람회'를 경복궁에서 개최했다. 우연이겠지만, 날짜도 이상하게 일본이 시정 기념일이라 해서 벌인 10월 1일이었다.

준공되던 날 『경성일보』는 다음과 같이 적고 있다.

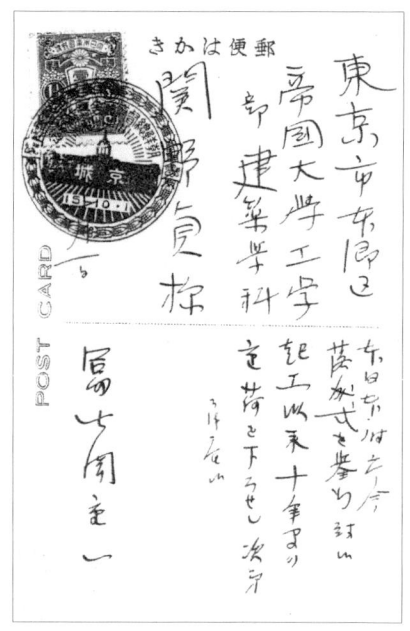

실질적인 청사 공사의 주역이었던 건축기사 후지오카가 준공식 날, 일본에 있던 세키노에게 보낸 기념 엽서. 왼쪽 위에 기념 스탬프가 보인다.

"오늘은 시정 기념일이다. 때마침 이날 총독부 새 청사의 공사가 완성되어 낙성식을 거행하게 되는 것이다 … 실로 1910년 9월 23일 양국합병을 무사히 넘겨서 … 시정 기념의 이날, 반도 민중이 다같이 옷깃을 바로 잡고 생각지 않으면 안 될 중요한 문제이다."

자만에 빠진 이들은 건축물에 일제적 환상까지를 덧씌웠다.

이 청사의 준공 이후를 잘 표현해주는 글이 하나 있다. 스페인의 작가 이바녜스가 쓴 기행문이 그것이다. 그는 세계 일주 여행길에 일본의 시모노세키(下關)를 거쳐 1923년 12월 30일 부산으로 들어온다. 그뒤 서울의 조선호텔에 머물면서 서울을 관광하게 된다.

"… 일제 총독부는 수도 서울에 총독과 그의 직원들이 사용할 궁을 짓기 위해

조선박람회 포스터.

수많은 대지를 확보하고 있다. 그런데 하필이면 이 승리자(1905년 러일전쟁에서)라는 사람들은 옛 조선 왕들의 궁전 마당에 꼭 이 건물을 짓겠다고 나선 것이다.

그 모양은 워싱턴의 정부 건물을 엉터리로 본뜬 것으로, 미국의 건축 양식을 시멘트로 형편없이 모방한 것이다. 그 어처구니없는 건물이란 것이 날렵하고 정교한 옛 조선왕소의 궁전을 내리누르고 서서 보는 사람의 눈을 가리는 통에 궁전의 전체 모양을 감상할 수도 없게 만들어 놓았다 …." 민용태 역, 블라스코 이바녜스, 『우수의 왕국 – 부산에서 신의주까지』

외국인 여행자의 시각도 비판적이었다. 아마 서양식 백악(白堊) 석조로 세웠으므로 그런 느낌을 받았던 것으로 보여진다. 사실은 시멘트가 주재료는 아니었고 석재 혼합이었는데, 그는 이것을 잘못 보았던 것이다.

이전되었다가 한국전쟁 때 파괴된 광화문.

옮겨진 광화문. 조선박람회장의 입구로 전락했다.

계속되는 경복궁 훼손과 광화문의 철거

1922년 작성된 「경성전도」에 의하면 경복궁의 광화문 쪽 전면을 '총독부 청사 신축장'으로 표기해 놓고 있는데, 그때만 해도 지금의 박물관 이전 예정지에 있던 내사복(內司僕) 터를 그대로 두고 있었다. 우리는 지금 이 내사복 터에 아무런 관심이 없는데, 그 자리에 국립중앙박물관의 임시 박물관이 세워지고 있기 때문이다.

경복궁은 1923년 '조선부업품(副業品) 공진회' 회의 장소가 되어 일제에 의해 다시 철저하게 망가지기 시작했다. 총독부 청사를 거의 다 세웠을 무렵인 1924년, 일본은 신청사가 광화문 때문에 돋보이지 않는다며 당연히 이전해야 한다고 주장하였다. 또한 광화문은 세워진 지 얼마 되지도 않았고 건물이 형편없어 옮겨야 한다고도 했다. 광화문이 대원군에 의해 복원된 지 얼마 안 됐다는 것이었다. 더구나 그들은 남대문은 그런 대로 3~4백 년 되어 가치가 있으나, 광화문은 건축적 가치가 없다고 했다. 광화문은 이렇듯 일제에 의해 능욕당하고 있었다. 간판과 가설 안내판 정도가 내걸리는 정도로 폄하되었다.

광화문은 처음 철거하기로 했으나, 일부 반대 의견이 있어 철거를 잠시 보류하고 이전키로 했다. 이때 광화문에서 안국동 로터리까지 길을 내면서 경복궁 담장 10여 칸을 헐어내기도 했다. 또한 그들은 광화문에서 태평로까지를 일본의 관청가인 가스미가세키(霞か關)처럼 만들겠다며, 경기도청·체신국·전매국 그리고 기타 총독부 관계의 관청을 앉히려고 했다. 그들은 '철퇴(撤退)'란 단어를 쓰면서 광화문을 없애야 한다고 했다.

「경성전도」가 그려진 2년 뒤 광화문은 일본에 의해 뜯겨져 나가기 시작했다.

8·15 해방과 우리 현대사

캐피틀 홀이 되다

이 건물은 1945년 해방이 되고 나서도 우리 것이 아니었다. 제2차 세계대전의 결과로 일본은 연합군에 항복했고 미군이 9월 9일 서울에 들어왔다. 그날 총독부 제

1회의실에서 일본은 항복했다. 1945년 9월 9일 오후 2시부터 4시 30분까지 이 건물 제1회의실에서는 오키나와(沖繩)에 주둔하고 있던 미 제24군 군단장 존 알 하지 중장과 일본 총독 아베 노부유키(阿部信行) 사이에 항복 문서 서명식이 있었다. 미군 제7함대 킹케트 사령관, 일본군 쇼게스(上月良夫) 육군 중장, 야마구치(山口儀三郞) 해군 중장이 배석하고 있었다.

이때 우리측은 아무도 참석하지 않았다. 항복 문서에도 한글은 한 글자도 안 보인다. 조인이 끝난 이날 4시 30분 총독부 청사에서 일장기가 내려졌고 태극기 대신 미국의 성조기가 올라갔다. 먼저 일본에 진주했다가 한국으로 들어온 미군이 한국에서 일본 총독으로부터 항복을 받아내는 형태를 취했다. 일본 내의 미군 대표는 더글러스 맥아더(1880~1964년) 장군으로 한국 내의 일본을 단죄하기가 어려웠던 것이다. 또한 단죄하는 기구는 도쿄 전범재판소의 몫이었다.

조선총독부 청사는 우리와는 아무런 관련없이 미 군정청 청사로 쓰이게 된다. 이때부터 이 청사는 미군정에 의해 '캐피틀 홀(Capital Hall)'이라 불리게 되었다. '수도(首都)에 있는 청사'라는 뜻으로 우리의 '중앙청(中央廳)'이란 이름과는 맞지 않다. 이 중앙청이란 이름은 위당(爲堂) 정인보(鄭寅普)가 캐피틀 홀을 번역해 지은 것이라고 알려져 있다. 미국 워싱턴의 국회의사당(United States Capitol)이 캐피털(Capitol)이었다.

우리도 정부 수립 직후인 1948년 이래 중앙청이라 부르기 전까지는 백악관(白堊館)이라 부르기도 했다. 미국 백악관과는 그 의미가 달랐지만, 건물이 하얗게 느껴졌기 때문이다. 우리 백악관은 경무대(景武臺)가 그 역할을 했다.

미군정 청사는 사실 미 제24군단 사령부 사무실이나 마찬가지였다. 정부가 수립된 1948년 8월 15일까지 3년 동안 정치, 행정이 이곳을 중심으로 펼쳐졌기 때문이다. 1945년 10월 16일 미국에서 들어온 이승만 박사가 그 다음날인 17일, 하지 중장의 안내로 기자단과 회견한 곳도 제1회의실이었다. 또한 막부 3상회의의 결의대로 미소공동위원회를 열기 위한 미소 양측 대표 준비회의(미군측 대표 아치발드 비 아

총독부 청사 대회의실에서 항복 조인식이 열리고 있다(자료: 『동아일보』).

놀드 소장, 소련측 르랜티 포밋치 스티코프)가 1946년 1월 16일 열렸을 때, 회의 장소로 사용된 곳도 제1회의실이었다. 그뒤 12월 12일 역시 제1회의실에서 발족한 과도입법의원이 그 아래층 홀을 의사당으로 개장하면서 1948년 5월 29일 해산할 때까지 존속하였다.

미 군정청 203호실은 미소공동위원회 사무실로 쓰였다. 당시 미군정청 국방부 보부관(補副官)으로 우리 군 창설에 중요한 역할을 한 임선하 장군은 그의 회고에서,

"당시 미 군정청 국방부는 일본 총독이 쓰던 바로 옆방 두 개를 쓰고 있었는데 큰방은 샴페니 국방부장과 아고 차장이 썼고 또 다른 방, 곧 203호실에서 국방부 업무가 진행되었다. 203호실에서 스찬톤 부관과 톰프슨 중령 등이 경비대 창설의 첫 단계인 여러 군사 단체와 연락을 하기 시작했다."

고 하였다.

1945년 11월 13일자로 발령된 군정법령 제28호에 의해 발족된 '조선경비대(South Korean Constabulary of Police Reserve)', 곧 오늘날 흔히 부르는 '국방

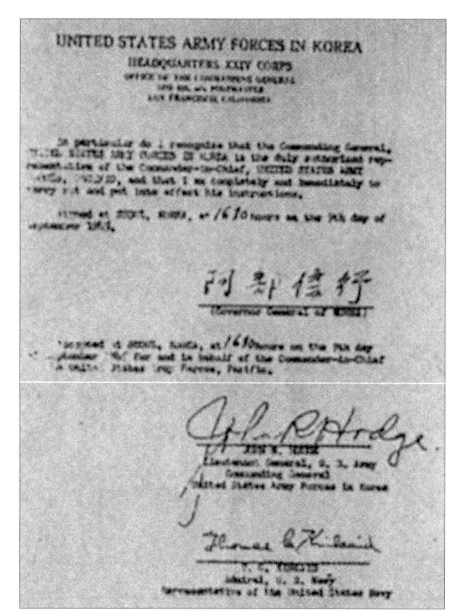

항복 문서. 일본 총독의 사인과 미국 하지 중장의 사인만 보인다(자료; 지갑종).

미군들에 의해 성조기가 게양되고 있다. 미군과 미군악대가 도열하고 있다(자료; 『월간 조선』).

경비대'는 여기서 태어난 것이다. 이미 이때 우리측의 결정에 의해 건물은 철거될 수도 있었다. 그러나 아무도 이에 대한 의견이 없었다. 실질적으로 우리가 사용하게 된 것은 3년이 지난 1948년 8월 15일 정부 수립 이후부터였다. 드디어 오랜 질곡에서 벗어나 신생 대한민국의 새 빛을 담게 되었던 것이다.

그러나 1950년 한국전쟁이 일어나면서 이 건물은 또다시 수난을 받게 되었다. 전쟁이 일어나자 개입했던 미군은 1957년 7월, 도쿄에 있던 유엔사령부를 서울로 옮겨와 주한미군사령부를 신설하였다. 한국에서의 미군시대가 열린 것이다.

김성칠(金聖七, 1913~1951년)이 한국전쟁 당시 썼던 일기『역사 앞에서』를 보면 다음과 같은 구절이 나온다. "며칠 전에 인민보를 보니 중앙청 정면에 김일성 장군과 스탈린 대원수의 커다란 초상이 걸려 있다." 또한 10월 2일자에는 "중앙청의 시커먼 몰골에 찌그러진 모습은 낮에 나온 망령과 같아서 거들떠보기가 무섭고 번화하던 육조거리는 타다 남은 벽돌과 기왓장이 잿더미로 화하였다. 일본이 남기고 간 적산 서울에 우리는 5년 동안 무엇을 보태 놓고 오늘날 이토록 파괴를 자행하였을까. 땅을 치고 통곡하여도 시원치 않을 이 심정, 다리만이 후들후들 떨린다"라고 하고 있다.

서울에 들어왔던 북한군은 이곳을 인민군 청사로 사용하다가 퇴각하며 불을 지르게 되는데, 그 전화(戰禍)로 내부는 완전 소실된다. 외부도 상흔이 남게 된다.

이 건물의 자이언트 오더에는 한때 일장기가, 그뒤 중앙청이 되어서는 성조기가, 한국전쟁으로 불타 버린 건물 밖에는 인공기가 그리고 1962년 11월부터는 태극기가 휘날리게 되었다.

식민과 전쟁의 상흔은 곳곳에 남아 있었고 짧은 현대사에서 이 건물은 비극 이상 아무 것도 잉태하지 못한 채 그 자리에 그냥 남겨지게 되었다. 새 정부 수립의 산실, 곧 해방 이후사의 역할은 계속 도외시되었다. 일본이 사용한 19년과 우리 정부가 사용한 50여 년의 시간적 의미는 잊혀졌다. 이에 관한 기록은 현재 국립중앙박물관 중앙홀 기록판에만 남아 있다.

중앙청 앞마당에서 대한민국 정부 수립식이 열리고 있다. 단상이 마련되고 태극기가 걸렸다.

한국전쟁으로 불타버린 중앙청(자료: 성두경, 『문화일보』, 1994. 11. 17).

국립중앙박물관이 되다

해방 이후의 청사

해방 이후 이 건물의 존폐론은 계속 거론되었다. 어차피 이 건물은 일본과 미군정 그리고 공화국의 시대적 상징물일 수밖에 없기 때문이다. 이승만 대통령 이래 정권이 바뀔 때마다 의견은 달랐다. '철거론'은 '이상론'으로, '보존론'은 '현실론'으로 부각되기도 했다. 이 건물을 헐자고 주장한 최초의 대통령은 이승만이었다.

"이대통령은 말끝마다 '저놈의 총독부 건물을 부셔 버려야 해'라고 말하곤 했다. 한 번은 육군 병기감 엄형섭이 내게 와 '대통령께서 군의 모든 장비를 동원해 총독부 건물을 부수라는데 큰일났다'고 걱정했다. 나는 '당신 다리를 질질 끌기만 하시오(발뺌을 하시오)'라며, '이 총독부 건물은 한국에서 거둬들인 돈과 한국인을 동원해서 지은 것이며, 수많은 한국인이 일하다가 죽은 역사가 있는 것이므로 조선 것이지 일본 것이 아니다'는 논리를 엄병기감에게 설파했다. 나도 이대통령을 만났을 때 그런 논리를 말씀드린 일이 있다." 하우스만, 『한국일보』「하우스만의 회고록」, 1991년 4월 3일

국립중앙박물관의 신세도 마찬가지였다. 남산 왜성대 통감부 청사에서 덕수궁 석조전으로, 다시 경복궁의 총독부 청사로 이용된 기구한 운명이었다. 초대 국립박물관장이었던 김재원은 그의 회고에서 "엄 병기감은 한국전쟁 후 불에 탄 덕수궁의 석조전을 당시 7천만 원의 예산을 들여 복구해준 바 있다"고 하였다.

이곳이 궁 안의 첫 국립박물관이었다. 1955년 3월 7일자 『한국일보』에 그 당시 중앙청과 관련된 기사가 하나 있어 인용한다. 주제는 '역사적 산물론(産物論)'이다.

"8·15 해방 이후 항용 중앙청이라 부르는 백악관은 그것이 일제 침략의 아성이었던 만큼 아주 소멸시켜 버려야 된다는 의견이 특히 한국전쟁에 병화(兵禍)

를 입게 된 뒤로 강력하게 대두되자 수리하여 박물관으로라도 사용함이 마땅하다는 의견이었고, 또 광화문을 다시 제자리에 옮겨 중수(重修)하고 고궁의 규모도 되살려서 한성(漢城) 500년 역사의 자취를 길이 남기도록 하면 좋을 것이라는 견해도 없지 않아서 아직 의논이 분분하거니와 어쨌든 이 건물은 준공한 후로 오늘날까지 30여 년 동안 결코 단순치 않은 역사를 겪어 온다."

1955년 당시에도 오늘과 같은 맥락의 논란이 있었음을 알 수 있다. 기사는 이어,

"지계(地階), 옥계(屋階) 총 5층에 건평 연 9,600여 평이요, 중앙탑의 높이 188자나 되는 이 건물이 바로 이 자리를 택하여 서게 된 것은 일제 침략의 아성임을 끝없이 과시하는 동시에 당시 이 나라 주권의 상징이었던 경복궁의 위엄을 말살하려는 데 있었지마는 1916년에 기공하여 준공을 보기까지 10여 년에 총경비 7백여 만 원을 들여가며 일으킨 이른바 조선총독부 청사 안에서 20여 년 후에 무조건 항복을 해야 했던 인과(因果)야 그들 중에 누가 예상이나 하였으랴."

며 일제의 인과론을 펴고 있다.

이 홀에서 1948년 5월 10일 미군정 당국의 관리 아래 총선을 치렀으며, 31일에는 바로 제헌국회의사당이 개의(開議)한다. 7월 12일 헌법이 통과되고 같은 달 17일에는 중앙홀에서 임시 의장 이승만이 대한민국 헌법 및 정부조직법 공포사를 했다. 이는 그 중앙홀이 우리에게 아주 중요한 장소였음을 말해준다.

그뒤 공포된 헌법에 따라 7월 20일 제헌국회 간접선거에 의해 초대 대통령에 이승만이, 부통령에 이시영(李始榮)이 선출되었다. 같은 해 8·15 해방 기념일을 기하여 백악관 앞뜰에서는 대한민국 정부 수립 선포식이 거행되었고 이와 때를 같이해서 그날 0시로 미군정을 폐지한다는 주한미군 사령관 하지 중장의 선포가 있었다. 그 시각 앞뜰 게양대에서는 만인이 우러러보는 가운데 성조기가 내려졌고 태극기가

1948년 8월 15일, 중앙청 앞 거리를 우리 육해군이 행진하고 있다.

한국전쟁으로 파괴된 서울. 1951년 3월 6일 수복된 때의 사진이다(자료: 『월간 조선』, 1988.1).

게양되었다. 그뒤 국회의사당은 일제강점기의 경성 부민관을 개수한 후 이전했다.

그러나 그뒤 1950년 한국전쟁으로 인민군 치하에 들어갔던 중앙청에는 붉은 깃발이 나부꼈다. 그해 9월 26일 새벽 6시 10분, 서울에 공격해 들어온 해병대 1연대 2대대 6중대 1소대(소대장, 박정모)가 중앙청 옥상에 다시 태극기를 꽂았다. 이날의 상황에 대해 당시 박 소대장은 『문화일보』 김영모(金永模) 기자와의 인터뷰에서

"저희가 가지고 있던 것은 전사자의 시신을 덮는 것뿐이었는데, 25일 저녁 부하들을 시켜 일대를 뒤지다 가두행진용 태극기를 찾아냈습니다. 4미터짜리 장대까지 구해 26일 작전을 재개, 현재 교보빌딩 인근에서 한차례 교전 후 중앙청

수복 직후 해병대원들이 태극기를 게양하고 있다. 재연한 모습이다.

탈환에 나섰습니다. 소대원들이 잔적을 소탕하는 사이 옥상에 도착, 제가 중앙청 돔을 둘러싼 12개 돌기둥을 두 발로 버티며 기어올라가 태극기를 장대에 매달고 삼청동 쪽으로 비스듬히 세웠습니다."

라고 하였다.

1957년에는 아무런 조사 발굴 없이 지금의 동문쪽 주차장 자리에 '중앙청 야외음악당'이란 것을 세워 강연회와 음악회 등을 열었다.

1961년 5·16 군사혁명을 일으킨 혁명 정부는 그해 9월 6일 중앙청사 복구기술위원회를 구성하였다. 한국전쟁 후 버려졌던 이 청사의 복구공사가 시작된 것이다.

1948년 5월 우리 정부가 처음 발행한 국회 개원 기념 우표. 중앙청이 그 상징이었다.

이승만이 중앙홀 계단에서 헌법을 공포하고 있다.

혁명 정부는 당시 30억 원의 공사비로 300억 원의 가치를 살릴 수 있다고 결론을 내리고 이 복구공사를 단행하였다. 복구공사는 서울대학교 공과대학 전문부 제1회 졸업생인 건축가 이규재(李圭宰)에 의해 이루어졌다.

1962년 11월 22일, 중앙청 복구 개청식이 그 자리에서 있었다. 이때 처음 총독부와 미 군정청 그리고 인민군이 쓰던 흔적을 일부 지웠다. 이때 찍은 사진이 몇 장 있다.

제1회의실 천정에 있던 국화무늬도 이때 무궁화무늬로 바꾸었고 한국전쟁의 상흔도 일부 털어냈다. 이로써 이 청사는 1962년부터 기능을 회복하게 되었고, 1982년까지 20여 년 동안 중앙청으로 사용하게 된다.

1948년 이후 국무회의실은 4층 제2회의실에 있었으나, 1963년 이곳 3층 전면 305호실에서 처음으로 국무회의가 열리기도 했다. 그뒤 이 실에서는 2,062회의 회의가 열렸고 28,166건의 의안이 처리되기도 하였는데, 1981년 2월 5일 237호실로 국무회의실이 옮겨지면서 이 실은 총무처장관실이 되었다. 20여 년이 흐른 10월 유신 이후에는 오히려 2개층을 수직 증축하여 사용하자는 박정희 대통령의 의견도 있었다.

사실 중앙청에 대해 우리 세대가 처음 갖게 된 인식은 4·19 혁명 때 학생 데모대들이 그쪽으로 몰려가면서였다. 그뒤 5·16 혁명군도 이곳을 중심으로 활동했고 모든 혁명 정치가 이곳에서 이루어졌다.

'헐 이유가 없다'

1982년 8월, 도하(都下, 서울 안) 신문들은 이 청사의 철거론에 대해 보도하고 있다. 총무처장관 박찬긍은 『동아일보』 8월 9일자에서 "헐 이유가 전혀 없다. 중앙청 건물이 박물관으로 되면, 1층 중앙홀에는 일제 침략사 전시실을 만들어 일제의 잔학상을 소개, 국민들의 경각심을 일깨워주는 방향으로 활용할 계획 …"이라고 말했다.

국립중앙박물관측도 1982년 7월 2일 중앙박물관을 중앙청으로 이전하는 문제에 대해 공청회를 열었다. 김중업·안휘준·진홍섭 등이 주제 발표를, 김정철·윤승중·강홍빈 등 건축 도시계획 전문가와 박물관 관계자, 사학계 학자들이 찬반 토론을 벌였다. 이 자리에서 김중업은 '중앙청 건물 개수와 문화 환경 조성'이란 주제로 "중앙청 개수 잘 만하면 손색 없다"고 말하고 이어 "경복궁의 축이 대서울의 축인 동시에 중앙박물관의 주축임을 감안하여 문화도시 서울의 심벌로서의 중앙박물관의 면목을 일신해야 한다"고 했다.

민정당은 현 중앙청 건물을 민족박물관으로 개조해 사용키로 한 정부 방침에 대해 "중앙청 건물을 철거, 민족박물관과 독립기념관을 새로 건립하는 문제와 독립기념관으로 사용하고 민족박물관을 새로 건립하는 문제 등을 신중히 검토하고 있다"며 중앙청의 존폐 및 용도 문제가 재연될 기미를 보였다.

한 고위 당국자는 "일제 만행의 상징적 의미를 지닌 현 중앙청 건물을 독립기념관으로 사용하는 대신 민족박물관을 따로 세우는 것도 한 방안이 될 것"이라고 말했다.

국립중앙박물관이 되다

1982년 당시 문화공보부장관도 "헐어야 할 이유가 없다"면서 이 건물의 쓰라린 기억을 살려 독립 투쟁의 역사를 포함, 우리 민족의 주체성을 현양토록 기능을 확대하겠다"고 말한 바 있다.

그리고 1981년 국립중앙박물관으로 남겨 놓아야 한다는 전두환 대통령의 의견도 있었다. 그때도 일부 반대는 있었지만 결국은 박물관으로 사용하게 되었다. 1982년 3월 16일부터 행정부 중앙부서의 이전 사업이 시작되었고, 1984년 봄 국립중앙박물관으로의 개보수 작업이 진행되었다. 박물관으로 개축되면서 청사의 내부 2개소의 중정이 지붕으로 씌워졌고 면적이 증가하였다. 마침내 1986년 8월 21일 이 청사는 국립중앙박물관으로 다시 탈바꿈한다.

전두환 대통령은 개관 기념 리셉션 행사에 참석, 치사를 통해 "중앙박물관은 역사의 한이 서린 치욕의 건물이지만, 그러한 불명예스러운 역사를 되풀이하지 않기 위해 살아 있는 교육장으로 활용해야 한다"고 말했다. 그리고 중앙홀에 '산 역사의 교육장'이란 알림판도 세워 놓았다. 국립중앙박물관은 이날 정오부터 일반에게 공개돼 대중의 문화적 장소가 되었다. 19년 동안 총독부 청사로 군림했던 이 석조 건물이 국민에게 되돌려진 것이다. 사실 그때까지만 해도 이 건물은 아무나 들어갈 수 있는 곳이 아니었다. 그러나 박물관이 된 후 그 울타리 속으로 촌로(村老)로부터 어린아이까지 마음대로 들어갈 수 있게 되었다. 물론 일본인을 포함한 모든 외국인들까지.

철거·보존론의 대립된 의견들

남대문에서 시청 앞 그리고 세종로 네거리에서 이 건물을 보면, 뿌연 오염 속에 있는 '괴물(怪物)'의 모습이 떠오른다. 여기서 이 '괴물'이란 호칭은 윤일주(尹一柱)가 처음 붙였는데, 여기에 일본인 니시자와(西澤泰彦)는 '변신한 괴물'이라고 덧붙였다. 윤일주가 붙인 괴물이란 칭호는 꼭 총독부 건물 하나에 국한시킨 것은 아니었다. 그가 말한 '괴물'이란 근대화 과정에서 식민지에 세운 서구 제국의 건축물 그리고 일본제국주의가 식민지에 세운 건축물을 포괄하는 말이었다. 우리나라에서는 형용사적으로 쓰인 이 단어가 받아들여졌다. 이 괴물을 철거했을 때 속 시원함도 있었겠지만, 이 괴물로 인해서 극일(克日)이 사주적으로 일어날 수 있었던 것이다. 어쨌든 이 괴물은 광화문 한복판에 서서 보존론자 또는 철거론자 모두의 심성을 괴롭혀 왔다.

어떠한 건물도 시간의 흐름을 이길 수는 없다. 곧 시간의 흐름 속에서 자연히 풍화되고 붕괴되어 버린다. 그리고 그것을 세우려 한 권력자들도 잊혀진다. 허상만 남게 되는 것이다.

건축은 유기체로서 생명력이 있으므로 건축물을 부수는 것은 결국 건물을 죽이

총리실로 변하기 전의 총독실(3층)로 일제의 흔적이 남아 있다. 화이어 프레이스가 보인다.

총리실로 변하기 전의 총독실로 일제의 흔적이 남아 있다.

계단과 3층 총독실 입구.

박정희시대의 중앙청 청사.

4·19 때 15사단 조재미 준장이 중앙청 앞 군중들에 둘러싸여 있다.

1979년 10·26 직후 중앙청에 포진한 군 탱크 사이로 총독부 청사가 보인다. 우리 현대사의 두 현장이다.

1991년의 민주화 현장(자료: 『시사저널』, 1991. 5. 16).

식민지시대의 산물, 조선총독부 청사 그 마지막 기록 | 245

는 것과 마찬가지이다. 아무리 좋은 뜻이 있어 철거한다 해도 그것은 진전된 모습이 아니라 오히려 악순환만 되풀이될 뿐이다. 건축을 철거하는 과정에서 정치적 결단까지 내려야 하는 상황은 새 건물을 지으면서 경제적 부가가치만 따지는 오늘의 상황과 다름이 없다. 이러한 표면효과(Surface Effect)만 노리는 상황이 계속되는 한 건축물들은 타력과 자력에 의해 자연스럽게 부서져 버리고 말 것이다. 어떤 이는 우리나라 모든 지역의 근대건축물에 대한 보존 요구를 문화적 감상주의 또는 문화적 콤플렉스의 발로라고 몰아 붙이지만 역사상 배타 국수주의, 맹목적 국수주의의 폐독이 얼마나 무서운 것인지 다시 한번 되새겨 보아야 할 것이다.

근대건축물은 마땅히 보존되어야 하고 그에 관한 충분한 당위성도 가지고 있다. 시대가 바뀌고 새로운 이데올로기나 다른 이유가 철거의 논리로 사용되어짐은 건축물의 가치 중립적인 측면을 무시한 결과로 또다시 역사 기록의 부재를 가져올 것이다.

대한민국 정부 수립의 모태였던 중앙청은 물론, 한국 정치사의 큰 산실이었던 총독 관저(청와대), 12 · 12 사태의 현장이었던 보안사령부(군국기무부) 건물들 그리

전두환 대통령이 박물관 개관 테이프를 끊고 있다.

고 민속박물관, 전통공예박물관 등 여타 모두 나름대로의 역사적 의미가 있는 것들이다. 정부가 쓰던 중앙청은 그 하나 자체로만 존재해온 것이 아니고 우리나라 모든 시청, 도청 건물 등과도 연결되어 온 것이다.

1960년대 뉴욕 맨해튼의 펜실베이니아역 철거와 1980년대 화신백화점, 경기도청 등의 전례가 지금 어떻게 기록되고 있는지 생각해 봐야 할 일이다.

정부는 이에 조심스러워하는 국민 그리고 '건축보존주의자'들의 의견에도 귀를 기울였어야 했다.

연전 일본과 대만의 근대건축 전공자와 조선총독부 청사 존치 문제를 갖고 담론해 본 적이 있었다. 1965년, 한일국교 정상화가 이루어진 후부터 일본인의 현해탄 왕래가 증대되었는데, 일본의 해방 후 세대 대부분은 서울의 한복판에 그런 건물이 있는 것을 그때 알았다고 한다. 우리 국민뿐만 아니라 일본의 관광객도 1986년 8월, 이 건물이 일반에 공개된 후 처음 이 건물 속에 들어가 볼 수 있게 되었고, 그때 그 느낌은 각각이었을 것이다.

이 건축물의 당사자였고 현재까지도 망언을 서슴지 않는 일본인들은 경복궁 파

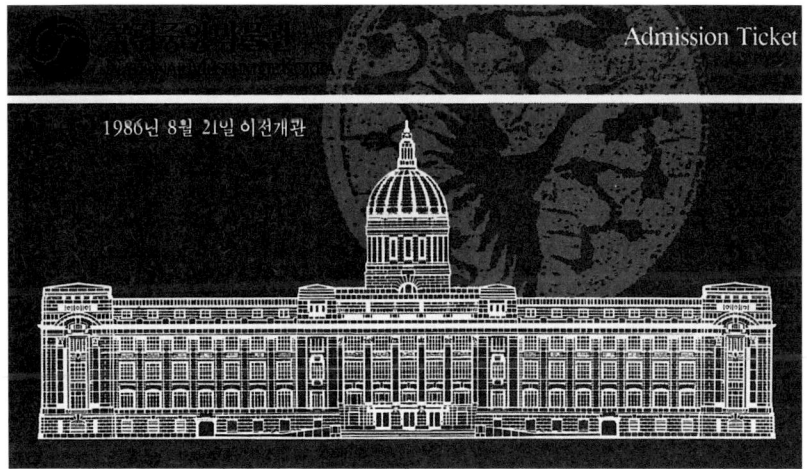

국립중앙박물관의 입장권. 건물 입면이 들어가 있다.

괴사는 잊고 철거 반대파와 찬성파 두 부류로 나누어지는 등 조선총독부 청사의 존폐 문제에만 관심이 있었다.

철거 반대파는 "조선총독부는 전체적으로 디자인의 수준이 높아 놀랍다. 아카사카리큐(赤坂離宮)와 함께 쌍벽을 이루는 건물이다. 건축적으로 외관 전체에서 위풍과 쾌활을 느낄 수 있다. 그 시대 건물이 갖는 위풍과 둔중에 반대되는 표현을 갖고 있다. 특히 탑의 디자인은 완벽하다. 전면 돔 하부의 유리화가 아름답다. 중앙홀의 스케일은 휴먼 스케일에 해당한다. 물론 입지는 세울 때부터 틀렸지만(마이너스 의미), 한국이 자신을 갖는 날 그 건물은 플러스가 되지 않을까." 이것은 보존론자들의 대체적인 의견이었다.

철거 찬성파는 "헐어버리는 것이 좋지 않겠냐"고 전제하며 "그 건물은 지겹다. 빨리 헐어내주기를 바란다. 때만 되면 그 건물의 철거, 존치 논쟁에 이제 신물이 난다"고까지 했다. 또 한 사람은 "한국인들의 정서가 중요하지 않습니까. 헐어버리기로 결정되었으니 잘된 일이지요"라고 말했다.

철거론자의 경우 "서울에 갔을 때 남대문에서 국립중앙박물관 축(軸)에 섰을 때 매우 괴로웠다"는 말을 하기도 했는데, 이 말은 그 건물이 없어지면, '한국에서 일제는 자동적으로 청산된다'는 논리인 것이다. '이제 마음놓고 한국에 갈 수 있어 좋습니다' 이것이 그들의 솔직한 속셈이었던 것이다. 일본의 일반인들(특히 관광객들)은 "보존돼야 한다"고 말했다는데, 그 건축사가들은 왜 "허는 것이 좋다"고 말한 것일까.

대만의 대북시에도 총통부(總統府)가 있어 좀 어떨까 해서 물어 보았더니, 그냥 두어도 되지 않겠느냐고 했다. 물론 대만의 총통 장개석(蔣介石, 1887~1975년) 자신이 친일적인 통치를 한 이유도 있었겠지만, 대만인에겐 과거에 얽매이지 않고, 일본을 보는 수도거성(水到渠成)의 기질이 있는 것 같았다.

이 시점에서 우리는 총독부 청사 철거와 맞물린 경복궁 복원에 있어서 단순한 옛 건물의 복원뿐만 아니라, 여러 가지 문제를 신중히 그리고 구체적이고 장기적으로 생각해 봐야 한다. 경복궁 복원에 대한 청사진은 아직 부실하다. 서울이라는 도시 속에서의 복원의 의미도 다시 생각해 보아야 한다. 광화문 앞에 늘어선 정부종합청사나 미대사관 등의 고층빌딩들은 이 축의 예스러움을 깨고 있다. 현실적으로 영국의 빅벤(Big Ben)이나 버킹검 궁전, 다우닝가 10번지 그리고 미국 워싱턴의 몰이나 중국의 천안문 광장과 같은 개념으로는 할 수가 없다.

철거 결정 내려져

공식적인 철거론이 다시 거론된 것은 1991년 1월 21일부터다. 국립중앙박물관 결정도 어떤 면에서 중요한 결론의 하나였다고 생각된다. 당시 문화부 이어령 장관은 그날 오후 업무 보고를 통해 "현재 국립중앙박물관으로 쓰고 있는 구조선총독부 건물을 철거, 일제에 의해 파괴 변형된 경복궁과 창덕궁 등 조선시대 왕궁의 원형을 복원하겠다"고 밝혔다.

김영삼 전 대통령의 철거 지시는 1993년 8월 9일 나왔다. 이로 인해 철거 작업은 1996년 말까지 구체적으로 실천되게 되는데, 이는 여론과 광복회 등의 강력한 철거 의지가 뒷받침된 결과였다.

한편 국립중앙박물관 건물 보존을 위한 시민의 모임(공동대표 강원룡 등 6명)은 1996년 6월 17일 중앙박물관 철거 결정의 재검토 등을 요구하며 서울지방법원에 '건물 훼손 및 철거 금지 가처분 신청'을 냈다. 이에 대해, 서울지법 합의 50부(재판장 권광중 부장판사)는 1996년 7월 11일 강원룡 목사 등 50명이 '국립중앙박물관 철거 작업을 중단하라'며 국가를 상대로 낸, '건물 훼손 및 철거 금지 가처분 신청'을 각하했다.

재판부는 결정문에서 "구총독부 건물 철거는 행정 작용의 하나로 공법적인 사실 행위에 해당하지만, 국가와 신청인들 사이에는 행정 작용으로 인한 구체적인 권리 관계가 형성되지 않는다"고 각하 이유를 밝혔다.

한편 프랑스의 『르 피가로』지가 1995년 3월 2일 보도한 내용을 보면, "한국의 경제 발전은 오는 2010년까지 과거 점령국인 일본으로부터 동북아 지역의 최강국 위치를 탈취하겠다는 집념을 반영한 것"이라고 하였다.

『르 피가로』지는 또한 김영삼 대통령이 파리에 도착하는 것과 때맞춰 보도한 「한국, 일본에 복수」라는 제목의 서울발 기사에서 "한국이 비극의 상징인 국립중앙박물관 해체를 시작한 것은 역사에 대한 복수"라고 말했다.

어쨌든 국책 사업으로 추진 중이던 새 국립중앙박물관은 서울 용산가족공원 내에 들어서기로 결정되었다. 1994년 12월 국제설계경기를 공고하여 이듬해인 1995년 10월 심사한 결과, 정림건축 안이 선정되었다.

건축의 자존을 복원해야 한다

지금까지 '경복궁 속의 조선총독부 청사'에 대해 사적 개괄을 해 보았다. 자료는 제한됐고 아직도 많은 의문들이 남아 있다. 일제 청산의 상징물이 된 조선총독부 청사는 1995년 8월 15일부터 헐리고 있다. 일단 제한된 시간 내에 부서놓고 보자는 뜻이 강해 헐어낸 자리의 복원에 있어 건축적, 기술적 문제는 차치하고 철거가 진행되고 있다. 역사 바로 세우기의 일환이었다고 정부 당국은 말한다. 정치사만 사(史)이고 건축사는 사(史)가 아닌 것이다.

건축 및 박물관 관계자들의 의견을 존중하는 것이 아니라, 여론의 의견을 더 중요하게 여기는 듯한 우리 정치인들에 대해 우려를 갖지 않을 수 없다. 이승만 대통령 이래 어떤 대통령은 옳은 판단을 했고 어떤 대통령이 틀린 판단을 했다는 것이 아니다.

중앙청을 없애 버리고 경복궁을 복원한다는 그 단원적(單元的) 논리를 싫어할 사람은 없을 것이다. 모두에게 '괴물 같은 건물' 임에 틀림없기 때문이다. 건물을 부술 때는 대개 어떤 대의명분을 찾게 된다. 즉 건물이 노후화되어서, 일제가 만들어 놓고 간 것이니까 등등. 그런데 여기에 민족 감정까지 겹쳐진 것이다. 근·현대사가 담겨진 건물들은 그 자신의 '건축성' 이상 값진 것이 된다. 건물에 정치, 사회 또는 문화적 내용이 더해지기 때문이다. 건축이라는 '그릇'에는 모든 사정, 곧 좋은 의미, 나쁜 의미가 나누어지지 않고 함께 담겨진다.

역사적 건축물, 그 중에서도 과시적 욕구가 담겨진 건축물은 일반적으로 그 시대의 문화를 잘 파악할 수 있게 하는 척도이다. 일본이 원폭 돔을 보존하는 것과 독일이 아우슈비츠 유태인 수용소를 보존하는 이유가 무엇이겠는가. 단지 근대건축물들을 헐어내는 것만이 일제의 죄악을 삭일 수 있는 일인가를 다시 생각해 봐야 한다.

세상사에 사람 다음 건축물만큼 현장감 넘치는 극적 요소도 없다. 상해에 가면 임시정부 청사를, 미얀마(버마)에 가면 아웅산 사태의 현장을 보려 할 것이다. 또한 지난날 우리도 베트남과 사우디아라비아 등에 우리의 건축을 세워 왔음을 상기해야 할 것이다.

우리는 해방 이후 줄곧 격변의 시대를 살아왔다. 그 와중에 많은 건물들이 헐려져 나갔다. 한국전쟁 그리고 끝도 없는 재난(물난리, 화재 등)과 도시 개발 등에 의해 헐려나갔다. 4·19 때도 마찬가지였다. 친정부적인 건물들은 그 이유도 모른 채 수난을 당했다. 오늘날 툭하면 너나없이 부셔대는 것도 그 연장선에서 행해지는 일이라고 볼 수 있다. 사실 대부분의 근대건축물-여기서는 1876년 개항이후부터 1965년까지를 말한다-이라는 것이 도심 한가운데에 자리하고 있어 날로 치솟는 땅값에 연유되어 헐리는 경우가 많다.

철거론과 보존론의 출발은 다 같았으나, 흑백 논리로 넘어가는 우를 우리는 범하게 되었다. 박물관 철기의 논쟁도 사실은 여기서 출발된 것이다. 철거를 수장했던 사람들의 논조도 일제 잔재 또는 민족 정기, 과거 청산이란 말뿐이었고 건축물을 보존하려는 측도 말만 바꾼 정도의 수준이었다. 흘러간 우리 근대사의 궤적을 담고 있는 국립중앙박물관이 총독부 건물이므로 철거되어야 한다는 논리보다는 근대사를 지켜 온 역사의 현장으로서 보존되어야 한다는 여론도 잊어서는 안 될 것이다.

역사에서 국맥이라 하면, 우리는 모든 왕조의 중심지를 말한다. 그곳은 많을수록 좋다고 생각한다. 서울과 평양, 경주와 부여도 마찬가지이다. 현재의 정치 중심지가 서울이기에 우리는 서울 일변도의 사고를 갖고 있다. 국가 발전을 위해 과거의 심장부들에 대해서는 모두 그만한 가치를 두어야 할 것이다.

    더욱이 중요한 점은 총독부 건물이 준공된 후 일제가 사용한 기간은 19년뿐이었고 나머지 50여 년은 우리와 함께 해왔다는 것이다. 우리 현대사의 역정(歷程)이 기록된 건물이었던 것이다. 또한 우리 건축가들에게 있어서는 근대건축 기술 변천사를 연구하는 데 있어 중요한 자료물이기도 했다. 볼 수 없는 건축은 허상으로밖에 남을 수 없다. 이제 이 건물을 우리는 볼 수 없다. 증거 인멸된 것이다.

제 5 부

2대 포구, 3대 시장의 신화를 간직한 강경포구
선교사들의 해안 별장촌, 대천 외국인 수양관
90여 년의 연륜을 가진 도시, 대전의 근·현대사
전남 지역의 한국인 상점기, 목포·나주·광주

2대 포구, 3대 시장의 신화를 간직한 강경포구

강경읍(江景邑)은 우리나라 근대사의 흔적을 가장 많이 갖고 있는 도시 가운데 하나이다. 이 강경에 지금 다시 관심을 갖고자 하는 이유는 한 도시의 성장과 정체가 우리 인간사와 다름없기 때문이다. 또 이 도시를 '역사도시'로 이름 붙이고 되살리기 운동을 하는 이유는 그 생명을 후대에까지 이어주고 싶기 때문이다.

2대 포구, 3대 시장

오래 전부터 강경은 포구로 유명해 강경포(江景浦)라 불려졌다. 우리나라에는 2대 포구가 있는데, 제1이 원산(元山)이요, 그 다음이 강경이라 할 정도였다. 군산, 강경, 부여, 공주의 배들을 한줄기로 연결하던 금강(錦江) 뱃길의 중심에 강경이 있었다. 공주에서 강경 방면으로 출하되던 곡물들도 이 뱃길을 이용하였다.

채운산(彩雲山)의 옥녀봉(玉女峰)을 중심으로 생활을 영위하던 상인과 농어민들은 활기를 찾았다. 각지에서 몰려든 객주(客主)들은 강경포구를 중심으로 분주하게 움직였고 조깃배가 들어오는 날은 더했다.

조선 중기 무렵만 해도 제주에서 미역과 고구마, 좁쌀 등을 실은 배들과 비단과 소금을 실은 중국의 무역선들이 장사를 하기 위해 드나들었다. 일본의 대마도와 나가사키에서 온 배들도 기웃거렸다.

강경시장은 대구시장, 평양시장과 함께 우리나라 3대 시장으로 이름을 날렸다. 특히 강경은 포구를 중심으로 도시화 현상이 일어났는데, 새우젓 가게, 정미소, 술집, 요정, 극장들이 들어서 거리는 항상 흥청거렸다. 풍물도 최고였다.

1899년 군산이 개항되면서 새로운 하항(河港)도시로 발전해 가던 강경은 군산과 역할을 나누면서 아래로는 군산으로, 위로는 부여·공주·부강 등으로 뱃길이 이어졌다. 강경과 군산의 관계는 마치 인천과 한양의 양상과 같았다.

그러나 1905년에 경부선이, 1914년에 호남선이 열리면서 강경은 번성과 쇠락의 기운을 함께 맞는다. 1911년 7월 11일 호남선의 대전-강경 구간이 먼저 개통되었고 강경역이 세워졌다. 강경역 주변은 새로운 중심가로 태어났다. 포구와 역은 역할하는 것이 서로 달랐다. 포구는 기존 재래시장의 중심 역할을, 역 주변은 이른바 근대화의 출발점 역할을 했다. 그러나 이 강경역은 한국전쟁 때 소실되었으며, 1987년 9월 28일 새 청사가 준공되어 오늘에 이르고 있다.

1912년에는 강경에서 이리를 경유하여 군산으로 이어지는 구간이 개통되었다. 그리고 2년 뒤인 1914년 1월 11일에는 목포를 기착지로 하는 나머지 구간도 모두 개통되었다.

금강의 뱃길은 이제 철도와 경쟁할 처지가 못 되었다. 그러나 강경은 금강 뱃길과 철도 양면에서 군산항과 결합될 수 있었기 때문에 얼마 동안은 기존 시장의 생명을 유지할 수 있었다. 더구나 1911년에는 공주, 논산을 경유하는 경성-전주-목포간 큰 도로가 개통되면서 도로, 철로, 뱃길 등 삼박자가 모두 갖춰졌다.

충청도와 내륙지방의 쌀과 면화는 뱃길과 철길을 통해서 신속히 일본으로 실려 나갔다. 강경이 일제의 농어물 수탈 전진기지로 탈바꿈된 것이다. 게다가 1914년에

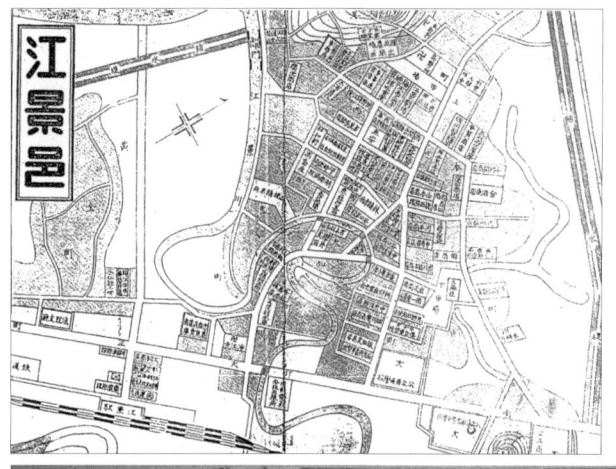

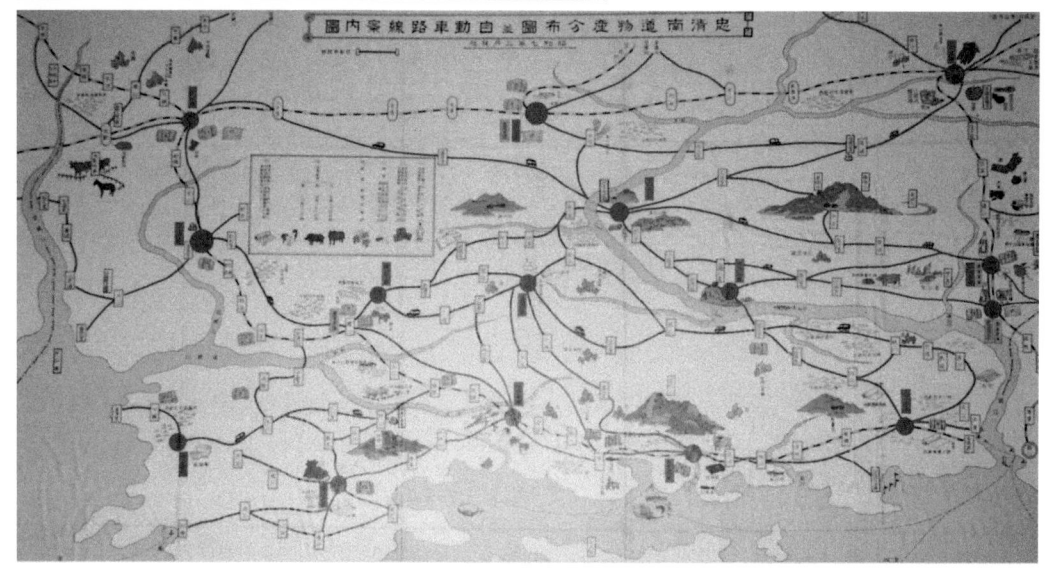

위 1930년경의 강경 지도.
아래 강경 뱃길. 군산, 강경, 부여, 공주로 이어지고 있다.

는 논산에, 1921년에는 대전에 각각 기존의 행정권과 은행권을 빼앗기면서 서서히 쇠락해 가고 있었다. 그렇지만 그 가운데서도 1930년 4월 1일, 강경면에서 읍으로 승격되었다. 이는 논산이 1938년 10월 10일 논산읍으로 승격된 것을 보면 훨씬 더 빨랐던 것을 알 수 있다.

군산, 강경, 부여, 공주의 배들을 한줄기로 연결하던 강경포구.

강경에 세워진 건물들

강경의 근대건축물들은 1900년대 후반부터 시작된 금강의 지류인 강경천의 호안공사가 완료되면서 세워지기 시작했다. 시가지에는 상업도시 구조에 적합한 각종 상점, 금융 건물 그리고 점포 병용(店鋪倂用) 주택들이 세워졌는데, 일본인들에 의한 것이 대부분이었다.

강경은 일본의 미곡 수탈 전초기지로 이용되어 일본 상인들의 침투가 심했는데, 1930년대 초 인구는 모두 1만 2천여 명으로 중도시급 규모였다. 그 가운데 한국인이 11,000명, 일본인이 1,458명, 중국인이 239명인 국제도시이기도 했다.

일본인들은 갑문시설을 한 후부디 어업 활동에 손을 대기 시작, 1935년 어업보호취체 규칙을 만들어 객주들을 탄압했다. 이 규칙의 요점은 '어획물은 한곳에서만 판매토록 하고, 해상에서 고기를 다른 배에 옮겨 싣지 못한다는 것'으로 강경과 마산(馬山)에서만 적용한다는 것이었다.

또한 어업조합을 만들어 기존 객주 체계를 바꾸려고 하였다. 어획물을 위판장에서 거래하도록 한 것은 객주들로 하여금 어업조합에 소속되거나 허가를 얻도록 해서 그들의 기능을 약화시키고자 한 의도이다.

1920년대의 강경시장. 왼쪽 원내가 남일당 한약방이다.

옛 강경 중심가.

이와 같은 일제의 조치에 조합에 가입한 상인들은 거세게 반발하면서 규칙을 걸어 행정 소송을 하거나 강경의 객주들과 연결된 전국의 수산물 도매상인들에게 어업조합에서 고기를 못 사도록 하는 등 일제와 맞섰다. 당시 어부들과 도매상들은 객주들의 지시에 따랐고 결국 행정 소송에서도 승소해 객주들이 영업을 할 수 있게 되었다.

일제는 강경에 뿌리를 내리며 자신들의 용도에 맞는 집들을 세워나갔다. 그것들 가운데 일부가 다음의 표와 같다. 현존하는 것 중 대표적인 것만 열거한다.

강경노동조합 건물의 예

복원되어야 할 건축물 가운데 하나인 강경노동조합을 예로 들어보기로 한다.

1920년대 당시 내륙지방으로의 수산물 유통은 대부분 강경포구를 통해 이루어졌기 때문에 노동조합의 규모나 세력은 대단하였다. 조합원은 1조당 60~80명으로 총 10개조, 780여 명이 있었다고 한다.

강경노동조합은 그 여력으로 세워질 수 있었다. 초대 조합장 정흥섭이 이 일을 진두 지휘하였다. 건물은 1925년에 신축된 것으로 한옥 목조 2층으로 정면 5칸, 측면 3칸으로 되어 있었다. 바닥면적은 70.08제곱미터(21평), 연면적은 140.16제곱미터(42평)였다.

강경노동조합은 자체 단일 조직으로 형성되어 오다가 1953년 산업별로 분류되어 전국 부두 노동조합 강경지부 연맹 체제로 바뀌었고 1953년 가을에는 조합 건물의 측면을 고증 없이 증축했다.

건물은 75년이 지난 것인데, 관리가 되지 않아 2층이 무너져 내렸고 1층도 원형을 거의 잃고 있으며, 창고로 단순 사용되고 있다. 현재 대지는 한국산업사가, 건물은 노동조합이 소유하고 있으며 강경연락소에서 관리하고 있다.

현존 근대건축물 현황(2000년 5월 현재, 준공 연도 순)

건물명(현)	용도	준공 연도	주소	주요 구조	비 고
한일은행 강경지점 (젓갈 창고)	금융시설	1910	서창리 51-1	벽돌조	충남 지역에 현존하는 대표적인 근대시기 금융시설
도정(搗精)공장 (젓갈 공장)	상업시설	1922	염천리 20	목조+벽돌조	
남일당 한약방 (옛 연수당 건재 한약방)	상업시설	1923	중앙리 88-1	목조(한식)	1920년대 강경시장 전경 사진 중에서 현존하는 유일한 건물.
강경북옥감리교회	종교시설	1923	북옥리 93	목조(한식)	기독교(신교) 감리재단의 현존 유일의 한옥교회. 칸막고교회: 제단을 중심으로 천을 대어 남녀를 구분하기 위한 초기교회 형태.
강경노동조합 (젓갈 창고)	상업시설	1925	염천리 20	목조(한식)	강경의 근대시기 상권의 흥망성쇠를 상징적으로 보여주는 건물.
호남병원 (개인 주거)	의료시설	1928	서창리 55-1	벽돌조	강경 지역에 현존 유일의 근대식 병원건축물. 호텔로도 사용했다.
강경상고 교장사택	주거시설	1931	남교리 1	벽돌조	일본 전통식의 급한 경사지붕 처리에 한국 전통적 선의 멋을 겸한 독특한 시각적 효과 창출. 좁고 미로 같은 복도에 면하여 많은 실을 배치함으로써 일본식 방 배치 구성을 볼 수 있다.
강경공립보통학교 강당 (중앙초등학교 강당)	교육시설	1937	중앙리 155	벽돌조	논산의 최초 공립학교. 당시 강당건물의 전형적인 모습: 벽돌 치형쌓기(벽돌 내어쌓기, 서까래 기법)
금성다방	상업시설	1940	중앙리 180	목조(절충식)	목조로서 외관에 있어 서양식의 석조나 조적조의 장식적 요소를 사용.
김철수(김용원) 주택	주거시설	1940	채산리 223	목조(절충식)	일양(日洋)절충식 주택, 돌림지붕띠(唐波風)
신광양화점 (점포 병용주택)	상업시설	1954	중앙리 30	벽돌조	'간판건축'의 형태와 모서리 대지가 갖는 대지적 특징을 효과적으로 표현하고 있다.
대동전기상회 (점포 병용주택)	상업시설	1955	서창리 28-1	목조	건축물에 상호를 함께 새기는 간판건축의 형태가 이채롭다.

우리 자본으로 세워진 건물들

우리나라 상인들에 의한 건물이 세워진 것은 1901년부터였다. 장재흡(張在洽)이 1927년에 집필한 『조선인회사·대상점 사전』에 그 기록이 나타난다.

- 차두철(車斗轍) 상점은 1901년 본정(本町) 132번지에 들어섰다. 최초의 상점이다. 옷감 판매, 혼수품 도산매 등 재래 상점을 운영하고 있다. 차두철은 강경면 협의원, 강경 소방조(消防組) 부조두(副組頭)를 하고 있다.
- 김경식(金敬植) 상점은 1905년에 설립되었다. 중정(中町) 241번지에 세워졌으며, 해육물산 도매업을 하는 무역 상점이었다. 김경식은 강경금융조합 평의원으로 있으며, 해산물상조합의 조합장이기도 했다.

1925년 강경노동조합 건물 준공식 장면. 건물 전면에 배를 댈 수 있게 했다. 조합원들이 2층에 올라가 있는 것이 흥미롭다.

- 김상현(金尙鉉) 정미소는 1907년에 중정 89번지에 설립되었다. 제분업, 정미업 등 곡물상이었다.
- 광제당(廣濟堂) 건재국(乾材局)은 1913년 안상설(安商說)에 의해 설립된 것으로 중정 244번지에 세워졌다. 인삼, 녹용 등 약재, 국내·외 약품 등을 판매했다. 안상설은 관립 한성영어학교를 졸업하고 양정의숙을 졸업한 당대의 지식인이었다.
- 정흥섭(丁興燮) 상점은 1916년 2월에 중정 22번지에 설립되었다. 그는 해산물상조합의 이사, 강경노동조합장, 강경금융조합 평의원으로 있었다.
- 조선산업주식회사는 윤길중(尹吉重)이 1926년 5월 설립한 회사였다. 중정 250번지에 들어섰는데 산업 자금 융통, 농구 및 비료 판매, 동산, 부동산업을 하는 근대화된 회사 형태를 갖추고 있다.

강경을 옛 그대로

　강경읍은 논산군에 속하며 충청남도와 전라북도가 맞닿는 내륙의 접점에 있어 이른바 '발전'은 정체(停滯)되었고, 발전의 속도가 느렸던 만큼 근대사의 흔적은 오히려 더 많이 남아 있었다. 그 강경이 지금은 퇴락의 길로 접어들고 있다. 무단히 철거되는 옛 강경의 장소들을 되돌아보며 아쉬움을 느낄 수밖에 없다.

　우리는 해방 후, 무수한 역사적 변절점을 겪어 왔다. 그것은 우리 건축의 수난사를 말해주는 것이기도 하다. 정치·사회적으로 불안할 때 건축은 그 조류에 휩쓸리게 된다. 건축물도 상황의 오명을 뒤집어쓰고 퇴장하게 된다. 우리 근대사에 있어서 일제의 흔적은 거부감 자체였던 것이다. 역사의 수레바퀴는 지금도 그렇게 돌고 있다. 멈출 리도 없으며 타의와 자의에 의한 훼손은 이 시간에도 계속되고 있다.

　도시나 건축물은 그 자신의 기능적 요구에 한계를 갖고 있다. 건축물 자체의 한계는 건축 기술적(구조적) 측면에도 있다. 목재와 석재, 철근콘크리트, 벽돌조는 시한성이 있다. 쓸모 있는 점으로만 따진다면야 역사의 진전과 함께 그 효용은 막을 내리게 된다. 그러나 역사성, 시간성, 공간성이 모두 함축됨으로써 또 하나의 생명을 얻게 된다.

 이제 우리는 새로운 관심을 이 근대사의 보고(寶庫), 강경 지역에 쏟아야 할 것이다. '새것만 좋다'는 인식은 오늘도 이 도시를 파괴하고 있다. 건축물들 모두 사라질 위기에 놓여 있다. 도시와 건축은 여인네가 자신을 가꾸듯 관리 보수하지 않으면 무한할 수 없다.

선교사들의 해안 별장촌, 대천 외국인 수양관

대천해수욕장의 별장촌

1913년 대천(大川)은 충청남도의 중요한 항구로 자리매김하고 있었다. 대천이란 지명도 1914년부터 쓰여지기 시작했다. 서해안의 해수욕장 가운데 대천해수욕장과 무창포(武昌浦)해수욕장은 1920년대 초에 가장 먼저 개발되었다.

사진을 보면 오른쪽이 모래사장이고 왼쪽이 해변이다. 중앙에 해수욕장 시설이 들어서고 있었다. 주로 일본인들을 위한 것이었다. 우리에게 해수욕장은 아직 받아들이기 어려운 때였다. 이 해안선의 끝부분이 일본인 별장지로 개발되었다. 무창포와 대천 두 해수욕장은 서로 마주보며 개장되었으나, 대천해수욕장이 오히려 더 명성을 얻게 되었다. 대천해수욕장이 본격적으로 개장된 것은 1963년 7월이었다. 남해안 일대의 해수욕장과 같이 조개껍질 가루가 쌓여서 지반이 단단해진 대천해수욕장은 경사가 완만한 넓은 백사장에 위치하고 있는데, 모래사장의 길이는 3.5킬로미터이고 넓이는 1백30만 평이 된다.

대천해수욕장을 여러 번 드나들었으나, 그곳에 아주 아름다운 서양인 캐빈촌이 있으리라고는 생각조차 하지 못했었다. 목원대학교의 미국인 선교사가 그 정보를 나에게 알려주었다. 대천 해변 피서단(Taechon Beach Association; TBA)에서 운영 중인 법인재단 대천 외국인 수양관이 이곳에 있다는 것이다.

대천 외국인 수양관은 한국에 있던 기독교 각 교파 외국인 선교사들의 하계 별장촌으로 서양인들만 출입할 수 있는 곳이었다.

차일피일 미루다 처음 방문한 것은 1991년 7월 30일로, 8월 1일까지 2박 3일 동안 이곳에 머무르면서 조사했다.

일본 가루이자와 대천

1905년 선교사로 일본에 온 미국인 건축가 윌리엄 메렐 보리스(William Merrell Vories, 1880~1964년)는 그해 여름을 가루이자와에서 보내면서 1912년 여름 그곳에 별장(cottage)을 세웠다. 이어서 미국인들을 위한 YMCA의 별장 등을 계속 세워 나갔다. 그가 설계한 별장은 무려 53동에 이르렀다. 1916년에는 가루이자와 피서단(輕井澤避暑團)이란 것이 만들어졌고 보리스는 이사가 되었다. 피서단이란 것은 외국인 중심의 자치 조직으로 1942년 태평양전쟁 무렵까지 존속했다.

보리스는 한국인 직원 강윤과 함께 이 일을 했는데, 그 가운데 하나가 대천 외국인 별장촌 설계였다. 가루이자와 별장촌이 모델이 되었던 것이다.

강윤은 3·1 독립운동 당시 충남 공주의 영명학교 학생이었는데, 시위 사건의 주동학생으로 일경에게 검거되어 징역 6월에 2년 간 집행유예를 언도받았다.

한국에 파견된 미국 선교사들도 일정 기간 휴가를 통해 휴식을 취했는데, 가루이자와로 가지 않고 국내에서 휴식할 수 있는 곳이 필요해졌다. 그곳이 대천과 지리산, 원산, 화진포 등이었다.

현재는 대천의 것이 유일하다. 이곳이 정확하게 언제부터 형성되었는지는 분명치 않으나, 현재 이곳 캐빈의 건축 형태를 보면 1930년대 초에 형성된 것으로 보인다.

일제강점기의 대천해수욕장.

대천 외국인 별장촌 설계에 참여했던 강윤. 3·1 독립운동 시위 사건 때의 모습으로 왼쪽에서 세 번째에 있다.

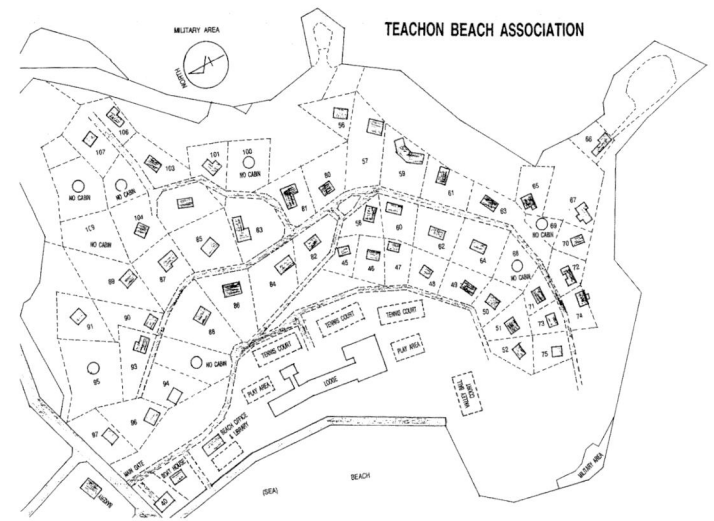

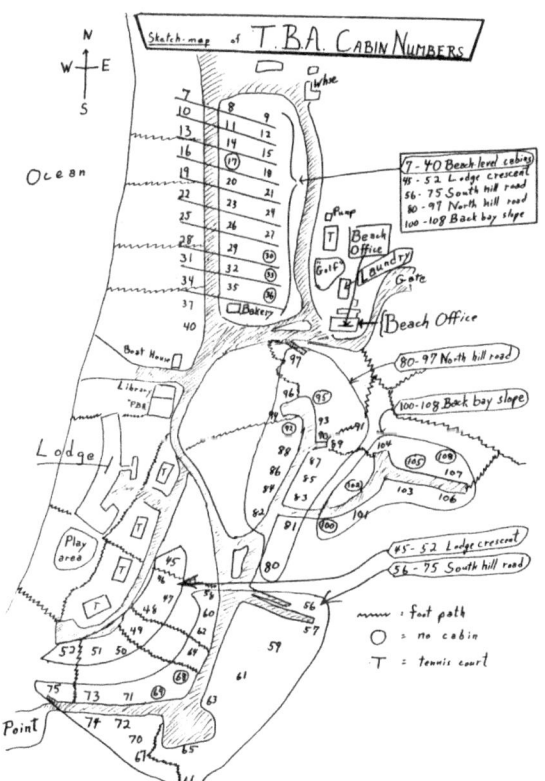

위 대천 외국인 수양관의 배치도.
아래 대천 외국인 수양관의 약 도면.

대천 별장촌에는 개인이 사용할 수 있는 별장이 70여 채 있고, 입구 쪽에 집단 주거 및 채플이 가능한 합숙소가 하나 있다. 처음에는 별장이 100여 채 있었으나, 해수욕장 개발에 밀려 30여 채가 이미 사라져 버리고 말았다.

해송으로 둘러싸인 천국

대체로 이 캐빈들은 일제강점기와 미군정 그리고 한국전쟁 이후 등 3단계로 나누어 세워졌다. 일제강점기 말까지는 약 20동 정도 세워진 것으로 보이며, 나머지 80여 동은 해방 후에 세워졌다.

대천 외국인 수양관은 해송(海松)에 둘러싸여 있으며, 모래사장의 끝부분에 위치해 있기 때문에 일반인들의 눈에 쉽게 띄는 곳이 아니다. 이곳을 이용하던 외국인 선교사들에게는 안성맞춤의 공간이었을 것이다. 충남 보령군 대천읍 신흑리 251-23번지 221필지로 임야 35,970평에 이르는 이곳에는 관리를 위한 두 개의 약 도면이 남아 있었는데, 배치도와 약 도면을 보면 북쪽이 입구이다. 왼쪽은 바닷가이고, 남쪽의 구릉지로는 캐빈 101동과 지원시설들이 북쪽을 향하여 자연스럽게 배치되어 있다. 이 시설물들은 크게 다섯 개 군으로 나누어 세워졌는데, 자연 지형을 최대한 이용했다는 점에서 휴양지 건축의 한 모델이 될 수 있다고 본다. 그것은 다음과 같다.

- 비치 레벨 캐빈 – 7~40호
- 롯지 크레센트 – 45호~52호
- 사우스 힐 로드 – 56~75호
- 노스 힐 로드 – 80~97호
- 백 베이 스로프 – 100~108호

이 가운데 비치 레벨에 있던 캐빈 7호부터 40호까지와 그 동쪽 여러 입구 시설들은 이미 철거되었다.

해변원을 중심으로

계명대학교 이사장이었던 에드워드 애덤스(安斗華, ?~1961년) 선교사는 이곳에 네 채의 별장을 지었는데, 지금은 두 채만 남아 있다. 74호 캐빈이 그가 지은 것이다. 휴전 후인 1958년 준공된 것으로 규모가 30평이나 되는 큰 돌집으로 설계는 애덤스 선교사가 직접 했다. 조사 당시에는 계명대학교 국제부의 글로브(具義寧, William A. Grubb) 선교사가 사용하고 있었다.

장로교 알렌 디 크락(Allen D. Clarke) 선교사가 지은 72호 캐빈은 비교적 초창기에 세워진 것으로 이 캐빈은 여러 번 증·개축했는데, 미국 목수 출신이면서 침례교 유지 관리 담당이었던 선교사 톰 그린(Tom Green)이 했다. 이 캐빈은 현재 목원대학교 박은규 목사 소유로 되어 있다.

캐빈들 가운데 가장 오래된 것이 선교사 언더우드(Horace Grant Underwood, 1859~1916년)의 아들이 지은 85호 해변원(海邊元, Under Woods Haven Won)이

언더우드 가(家)의 해변원.

다. 한자 이름과 영문이 잘 어울리는 택호(宅號)를 가지고 있으며, 노스 힐 로드에 있다. 2층 캐빈으로 외관은 우리의 전통식 가옥풍으로 되어 있으며, 2층은 정자와 흡사하다. 캐빈 내부는 낡아 대부분 개축했는데, 돌로 쌓은 외부의 페치카가 눈길을 끈다.

81호 캐빈은 감리교 소유로 강윤이 설계, 시공했다. 한국풍의 캐빈인데 비교적 초창기 캐빈에 해당한다. 파슬리의 캐빈 103호는 백 베이 스로프에 있다.

태평양전쟁이 한창일 때 이 캐빈들은 미군들이 철수하면서 버려진 상태가 되었으나, 해방 후 다시 들어온 그들은 이 별장촌을 집중적으로 관리하기 시작했고 1948년 적산관리청에서 외국인 수양관으로 이관시켜 사용하기 시작하였다. 1950년에는 9동을 신축했으나, 한국전쟁으로 한때 폐쇄되었다. 외국인 선교사들이 대전이나 대구, 부산 쪽으로 피난을 갔기 때문이다. 휴전 이후 본격적으로 다시 세워지기 시작했다. 1952년 27동, 1958년 43동, 1959년 1동, 1960년 5동, 1968년 2동, 1971년 1동, 1979년 2동 등 약 80여 동이 이때 세워졌다.

해방 전후 이 캐빈 공사에 주로 참여한 한국인 건축가로는 강윤과 마종유(馬鐘濡)가 있으며, 지방의 목수들이 이를 도왔다. '돌집은 마종유'로 널리 알려졌었던 마종유는 1935년 개성에서 토건 청부업(개성부 만월정 120)을 하였으며, 기독교 학교의 석조교사를 주로 지었다. 이화여대도 대부분 그가 시공한 것이다. 대전에서 온 최 목수라는 이도 있었다. 61호와 62호는 한국인 목수가 지었다.

건축가와 현지 목수들은 이곳의 건축 자재인 목재나 돌을 주재료로 사용하였고, 벽돌과 콘크리트는 거의 사용하지 않았다.

바닷가의 염기와 습기가 캐빈에 덜 흡수되도록 피로티를 형성하였다. 얇은 언덕 위에 세운 한 캐빈은 약 170센티미터 가량의 여러 개의 나무기둥에 의해 떠받쳐져 있었고 3층으로 되어 있었다. 1층은 독서실 겸 응접실 용도로, 2층은 발코니 형식을 취한 포치(마루 형태)가 특색을 이루고 있었으며, 세 개의 방이 있어 한 가족이 머물기에 충분했다. 이 캐빈은 한국과 일본, 서양식의 건축 형태가 함께 어우러져 있었다. 또 다른 캐빈은 1층을 돌로 축조했으며, 2층은 목재와 시멘트를 적절히 사용했

왼쪽 주변과 잘 어울리는 캐빈들. **오른쪽** 파괴되어 가고 있는 캐빈들.

는데 내부는 서양의 주거 형태를 갖추고 있었다.

70여 개의 캐빈들의 특징을 정리하면 첫째, 자연 지형을 잘 이용한 점이 돋보인다. 둘째, 캐빈들은 모두 다른 방향을 하고 있는데, 이처럼 서로 다른 방향을 하고 있는 것은 통풍을 고려한 점도 있지만, 휴양지에서의 사생활을 존중하려는 의도도 있었다. 셋째, 캐빈들은 서로 유사한 형태를 띠고 있는데, 처음 지어진 캐빈이 모델이 되어 그뒤 비슷한 형태로 계속 이어간 것으로 보여진다. 넷째, 보통 두세 개씩의 방과 거실, 다용도실, 부엌, 화장실로 이루어져 있다.

이곳의 외국인 수양관은 초교파적으로 사용되고 있다. 선교사들의 휴식지인 만큼 낮시간 동안(낮 12시~오후 3시)은 남의 캐빈을 찾아가지 않는 규칙을 지키고 있다.

입구에 있는 집단 휴양소 및 채플은 해변과 마주하고 있어 해수욕을 끝낸 후 휴식을 취하기 아주 좋은 위치에 있다. 상당히 큰 규모로 지붕과 테라스 부분이 매우 견고하게 지어졌는데, 목재를 주재료로 사용했다.

사라지는 캐빈과 해송들

　1960년대 말까지 캐빈은 108채 정도였으나, 1989년 이후 난(亂)개발에 의해 30여 채가 계속 철거되어 사라졌다. 숫자조차 불분명한 상태이다. 이제 원 입주자들은 세상을 떠났거나 모국으로 돌아갔다. 사용자는 그들의 2~3세들이며, 그 사용 빈도도 떨어진다. 국내에 호텔이나 리조트 시설이 별로 없었을 때는 사용 빈도가 높았으나, 이제는 그 필요성이 준 탓이다.

　이제는 그것마저 모두 사라질 위기에 놓여 있다. 사용자들과 관리인들은 이곳이 언제 헐릴지 모른다고 불안해 한다. 더 이상의 훼손을 막고 보존할 수 있는 방안을 모색해야 할 것이다. 해송의 훼손도 심각한 지경에 이르고 있다. 1992년 5월 군에서 신흑동 산 253-1 시유지 5천 평에 군 휴양시설인 콘도를 세운다며 4, 50년 된 소나무 1천5백 그루를 무단 벌목한 사례가 있다.

　이렇듯 해송으로 둘러싸여 있는 이곳의 자연 경관을 파괴하는 것은 또 하나의 우리 유산을 파괴하는 행위가 될 것이다.

90여 년의 연륜을 가진 도시, 대전의 근·현대사

대전의 근·현대건축은 90여 년의 연륜을 가지고 있다. 그러나 현재의 시점에서 대전의 근·현대건축의 실체를 발견한다는 것은 쉬운 일이 아니다. 왜냐하면 대전은 1995년부터 더욱 광역화되고 있으며, 오늘도 급팽창하고 있기 때문이다.

여기서는 대전에 있어서의 근·현대건축물은 어떤 유형의 것이 얼마나 있는지 자료 목록을 만들고 그 보존 여부를 조사하는 것에 목적을 두었다.

대전 도시로의 형성 과정

한국의 근대건축은 개항(1876년) 이후부터 시작되었지만, 대전의 경우 1904년 대전역 개역(開驛) 후부터 시작되었다. 대전 근대건축사의 본격적 진입축은 1928년 세워진 '대전역'과 1932년 준공된 '충남도청'을 중심으로 이루어졌다.

〈표-1〉에서 보듯 한말(韓末)의 대전은 한촌(寒村, 가난한 마을)에 머물러 있었다. 경부선 철도의 부설로 인해 본격적인 발전이 이루어졌고, 호남선 역시 대전 발전에

〈표-1〉 대전, 근대도시 형성 과정

년도	내용
1896	충청도의 충남·북 분리
1898. 9. 8	경부선 철도 합동 조약 체결
1904	대전수비대 설치, 한성영사관 경찰 대전순사주재소, 대전역사 신설(간이 수준으로 파괴), 일본인 거류지 형성
1905. 9	지방 제도 개정안, 회덕(懷德)을 진시(鎭市)로 함
1905	경부선 철도 개통
1910. 7	호남선 철도 기공식
1913. 10. 17	공주-대전간 개수(改修)도로 개통
1914. 3. 22	호남선 철도 전통식(全通式) 거행
1914	대전면(大田面) 설정
1923	행정구역 확장, 현재의 인동, 원동, 중동, 정동, 삼성동을 포함한 행정구역 면적 6.2제곱킬로미터
1928. 6. 20	대전역 신축 낙성식
1931. 4. 1	'대전읍(大田邑)'으로 승격
1932. 5. 30	충남도청 준공
1932. 6. 17	도청 이전 결정 공포(부령 제48호)
1932. 9. 30	충남도청, 공주에서 대전으로 이전
1934	상수도 공급
1935. 10. 1	'대전부(大田府)'로 승격(부제 실시)
1936. 3.	대전경찰서 준공
1938. 5. 2	조선총독부 고시 제 47호, 최초 도시계획 결정
1938. 10. 1	총독부에서 대전시가지계획령 실시를 결정
1939. 6. 15	경부선, 대전-서울간 복선열차 운행 시작
1940	행정구역 확장, 35.7제곱킬로미터
1945. 8. 15	행정 관할구역 36제곱킬로미터
1949. 8. 15	'대전시'로 개칭
1989. 1. 1	충청남도, 대전시 분리, '대전직할시'로 승격
1995	'대전광역시' 승격

매개 역할을 했다.

당시 시대적 상황을 볼 때 철도는 일본이 조선과 만주에 대한 식민 정책의 일환으로 세운 '속성 사업'이었으며 또한 도시화와 근대화를 이끄는 동력이었다. 철도의 통과로 교통의 중심지와 교차지가 된 대전에는 인구가 집중했고, 특히 일본인의 이주, 정착 속도가 빠르게 이루어졌다.

첫 대전역의 준공은 1904년 6월이었고, 실제 개통일은 1905년 1월 1일이었다.

> "… 일제가 대륙 침략을 위한 간선(幹線)인 경부선 철도공사를 시작하면서부터 이들 철도공사 관계자인 일본인이 대전에 들어와 거주한 것이 일본인의 대전 거류의 시초였다.
> 1904년에는 우선 대전에 수비대(守備隊)를 설치하고 또 한성영사관 경찰 대전순사주재소를 설치하는 등 무력을 투입하고 대전역을 신설하여 일본인이 입주하니 …." 호남일보사, 『충청남도발전사』

근대도시로의 대전은 전통적인 재래도시와는 근본적으로 그 성격을 달리했다. 각지에서 몰려든 농·어산물은 이곳을 분기(分岐)점으로 북으로, 남으로 또는 서남으로 각각 집산(集散)되어 통과 도시로서의 역할을 하기 시작했다.

1905년의 지방 제도 개정안(제5조)에 "회덕(懷德)은 진시(鎭市, 현 밑의 작은 도시)임으로 군수(郡守)를 폐하고 부윤(府尹)을 둘 것"이라고 한 것이 바로 이를 말해준다.

> "… 1904년 대전 천변(川邊)의 황무지에 형성된 일본인 거류지는 이미 100여 명의 군인, 경관과 88명의 이민단이 정착하여 어용(御用) 용달업(用達業), 토목·건축 청부업, 여관업, 상품판매업, 운송업 등을 영위하기 시작하였고 소규모의 제와공장 등이 자리잡아 …." 호남일보사, 『충청남도발전사』

1909년경 대전에는 2,482명의 일본인이 거주하고 있었고 주로 대전역 부근인 지금의 원동(元洞, 옛 본정통)이나 중동(中洞, 옛 춘일신지), 정동(貞洞, 옛 영정) 지역을 중심으로 일본식 거리가 형성되었고 그들의 상점집[商家]이 서게 되었다. 이 도시는 일본인 이민단 88명에 의해 주도되었다. 그뒤 격증한 일본인 거류민은 일본풍의 시가(市街), 이른바 '니혼마치(日本町)'를 형성해 도심을 확장해 나갔다.

1910년 초에는 일본인들이 역전에서 가부키[歌舞伎]를 공연하였고, 1915년경에는 도시가 대전천의 목척교(木尺橋)를 건너 형성된 목척리(木尺里)와 지방법원 대전지청을 중심으로 은행동과 선화동(宣化洞, 옛 춘일정) 일대로 퍼져 나갔다.

대전은 1920년대 중반 대전역을 중심으로 도시의 면모를 갖추기 시작했고 한 통계에 의하면 당시 인구는 8,123명이었다. 대전역에서 북으로 뻗어 회덕면 읍내리를 통하는 도로를 따라 일본인 상가가 들어섰고, 또 남쪽으로 인동(仁洞)을 거쳐 금산으로 뻗는 도로를 따라 상가도 늘어났다. 당시 대전을 그린 글 하나가 있다. 1910년경 대전을 통과하던 호남선 노선에 관한 것이다.

1910년경의 대전역과 그 주변.

"저어 공주 한밭〔大田〕서 무안 목포(木浦)루 철로(鐵路)가 새루 나는데, 그것이 계룡산(鷄龍山) 앞을 지나 연산 팥거리〔連山 豆溪〕루 해서 논뫼-강경〔論山-江景〕으루 나와 가지구, 황등장터를 지나게 된다네 그려." 채만식, 「논 이야기」

한국인들의 대전 이주도 증가되었으나, 그들은 대전의 중심 상가를 벗어나 주변의 빈약한 재래 가옥에 거주하고 있는 정도였다.

역과 도청의 중심축

충남도청(중구 선화동 287) 이전은 대전이 변화하는 데 있어 큰 계기가 되었다. 1930년 1월 13일 공주 지역민들의 반발이 있었음에도 불구하고, 당시 사이토 마코토(齊藤實, 1858~1936년) 총독의 성명에 의해 총독부 회의실에서 충청남도 도청의

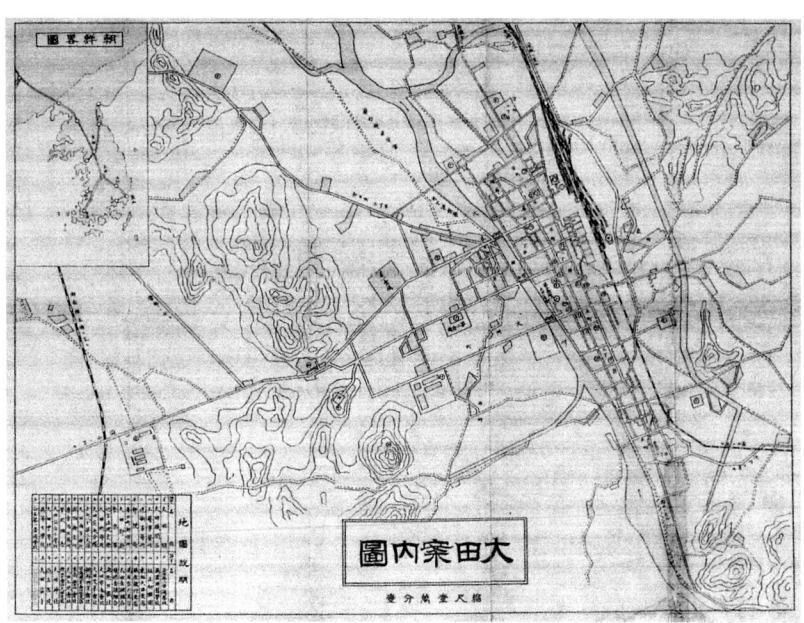

1915년의 대전 지도(자료: 조선총독부 철도국).

대전 이전이 발표되었다.

도청 이전은 야마나시 한조(山梨半造, 1864~1944년) 전임 총독에 의해 주도된 것인데, 그가 대전 사람들로부터 뇌물을 받고 추진한 일이었다. 도청 이전에 대해 공주 지역민들은 크게 반대했으나, 1932년 4월 일본 제국의회에서 이 사안이 결정되었다. 조선인 토착 세력이 별로 없던 대전에 세력을 확장해나가던 일제는 충남도청을 이전하는 것이 그들의 조선 침략 정책에 도움이 될 것이라는 것을 알고 있었다. 당시 이 일을 추진한 충남 도지사는 일본인 오카자키 데쓰로(岡崎哲郎)였다.

"충청남도 도청사와 대전군(大田郡) 청사의 신축으로 활기를 띤 대전읍은 대

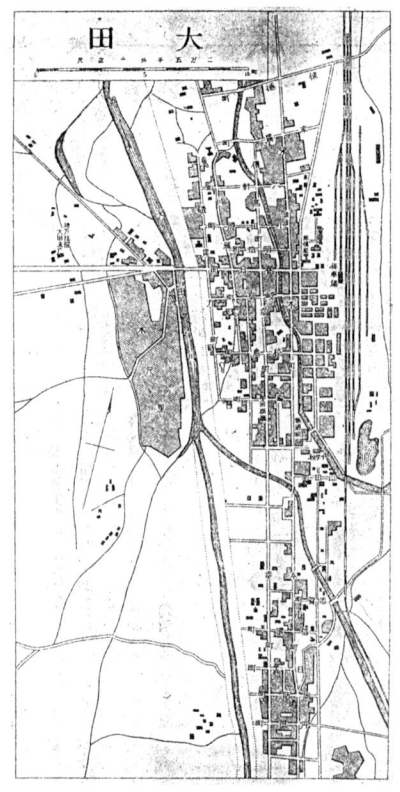

1928년의 대전 안내도.

전역에서 신도청사 사이의 도로폭을 종전의 배로 확장하였다. 중동, 은행동, 선화동, 도청사를 연결하는 직선도로가 완성되었다. … 1931년(昭和 6) 6월 20일 기공식이 있었다. 12월 12일 상량식이 거행되었고 1932년 5월 30일에는 신도청사가 준공되었다. 이리하여 그해 6월 17일 충남도청을 공주에서 대전으로 이전하는 문제가 부령 제48호에 의해 정식으로 결정 공포되었다. 1932년 5월 30일 총 신축비 35만 9천 원으로 충청남도 청사는 준공되어 … ."

『대전시지(大田市誌)』 하권

도청은 선화 1동에 자리잡았다. 새 청사는 조선총독부 영선계의 설계에 의해 이루어졌다. 철근콘크리트 벽돌조에다 외장 타일로 마감하였으며 지하 1층, 지상 2층에 연건평 1,451.39평인 이른바 근대식 청사였다. 시공자는 스스키(須須木權次郎)였다. 건물은 평남도청과 유사하게 지어졌다.

대전읍은 도청 청사의 신축(이즈음 대덕군청 청사도 신축)으로 조선인들의 의도와는 달리 활기를 띠었다. 대전역과 도청 사이에 기념비적 이미지가 새로 형성된 것이다. 주도로와 만나는 이 건물들은 대전 시가의 첫인상일 수밖에 없었다. 중동－은행동－선화동－도청 청사를 연결하는 직선도로도 완성되었다. 인구는 2만 3천 명으로 급증했다.

대전역 역사와 도청 청사 이외에 비교적 다양한 건축물들이 만물전(萬物殿)의 물건같이 거리에 놓여졌다. 식민지 아래에 있던 여느 지방도시처럼 다양하여 어떤 형식과 양식의 이름을 부여하기는 어렵다. 대전의 상징적 건물이었던 200평짜리 목조 대전역사는 1928년 신축되었다. 1958년 7월 20일 헐려 이듬해 현재의 역사로 대체되었다.

대전의 근대건축을 유형별로 분류해 보면, 절약식 절충형과 간이식 근세형 그리고 일제식 편의형 등으로 나눌 수 있다. 『대전시지』는 대전의 이런 건축 양상에 대해 다음과 같이 기록하고 있다.

충남도청 이전 반박문.

"대전에는 왜색 건물이 많았다. 특히 주택지 또는 요정가에는 왜색으로 된 건물이 있었다. 현재의 원동에 있던 나카오 쇼지로(中尾常次郞)의 별저(別邸)는 그 건축 구조와 정원 등에 있어서 모두 대표적인 왜식 주택이라 하겠다. 그리고 현 대전교 근처는 천성(千成) 등의 왜식 건물 상점이 있었는데, 대부분은 주택을 겸한 것이었다."

여기서 왜색이 첨가된 당시의 주택 형태는 일본 기와 사용, 왜식 현관 설치, 벽장(오시래, 압입(押入)) 사용, 온돌 다다미로의 변형, 일본 정원 도입 등으로 구분되고 있다. 관청, 학교, 은행, 회사, 호텔 등의 건물에 왜색이 첨가된 것으로는 도청 외에도 중부 경찰서, 삼성초등학교, 대전여고와 지금은 헐린 도립 대전의원, 대전여중 등이 있었다. 또한 역전에 있었던 대전호텔, 대전관 등은 현대식 상업건축 양식에 왜색이 첨가된 절충 양식이었다.

166개의 목록

대전의 근대사를 알기 위해 그동안 166개의 건물을 찾아내었다. 이를 다시 14개의 유형으로 분류했다(1998년 9월 30일).

1928년 대전역이 준공된 이후의 주변 모습.

1932년에 세워진 충남도청.

대전 본정에 있던 나카오 쇼지로의 별저(자료: 『충청남도 발전사』).

삼성초등학교(자료: 1971년 5월 9일 사진).

〈표-2〉 대전 근·현대건축물 조사 목록(현존 O, 헐림 X)

1) 관아가 건물군 29개

건물명	소재지	현존 유무	준공 연도	비고
대전역사-1	대동	X	1904. 6 준공(목조)	
대전저탄장	대동	X	1904	
대전구 기관구	대동	X	1904	
철도국 대전기관차고	대동	X	1933	
대전철도 그라운드		X		야구장
대전역사-2		X	1918. 6 준공(목조)	
탁지부 임시재정조사국		X	1909	대전출장소
대전군청사-1		X	1914	
대전군청사-2	선화동	X	1930	
대덕군청사	선화동	X	1931	삼성생명
충남도청	선화동	O	1932	
진잠면사무소	진잠	X	1931	
대전세무소	선화동	X	1934	
대전우편국	원동	X	1907, 1911, 1922	
대전전신전화국		X		
일·만(日滿) 연락 전화 유성중계소	장대리	X		
전매국 대전출장소	정동	X		
재판소 검사국	선화동	X	1909	현 동양백화점
대전지방법원		X	1941(1938. 7. 1 개청, 설계 박동진)	
수비대		X	1904	
한성영사관 경찰 대전순사주재소		X	1904	
보병 18연대 제 3대대	유천동	X		
중부경찰서	대흥동	X	1936	구대전경찰서
대전소방서		X		
일본헌병대 대전분소	용두동	X	1908. 8	문화방송 부근
대전형무소	중촌동	X	1919	
대전교도소	중촌동	X	1984. 3	자유회관 부지

국립농산물 품질관리원					
충청지원	은행동	O	1952(?)		구농수산물 검사소
대전농사시험소 축사		O			충남대 농대

1933년에 세워진 철도국 대전기관차고.

대전형무소. 1919년 대지 3만 4천 평에 장기 수형자용 감옥으로 설계되었다(자료; 신기수).

2) 금융기관 건물군 15개

건물명	소재지	현존 유무	준공 연도	비고
상공회의소	은행동	O	1936	대전공회당(개수)
금융조합연합회 도지부	선화동	X	1923	
대전금융조합	삼성동	X	1928	농협공판장 부근
회덕금융조합	원동	O	1926	부산파이프
한호농공은행		X	1908	
한성은행	원동	X	1912	
조선식산은행-1	중동	X	1918	휴전 직후 산업은행 지점
한국산업은행-2	원동	O	1937	조선신탁 대전지점, 大林組
동양척식 충남북영업소	원동	O	1921. 4	현 신한철강 소유
구한일은행-1	은행동	X	1930	미나카이(三中井)백화점 자리
한빛은행	대흥동	O	1953	구한국은행
구상업은행	정동	O		
조흥은행	원동	O		
제일은행	중동	X	1952	신축건물 공사 중
충남무진주식회사		X		현 국민은행 자리

대전공회당(지금의 상공회의소).

3) 교육기관 건물군 22개

건물명	소재지	현존 유무	비고
충남대 문리대	문화동	X	이전
목원대학 신학관	목동	X	1953 강병훈 설계, 철거(2000. 2. 9)
목원대학 채플	목동	X	1953 화재 후 개수 복원
목원대학 기숙사	목동	X	1953 남녀 기숙사
침례신학대학	선화동	O	1953. 6 개교
대전공립중 본관	대흥동	X	1917 경성중학교 대전분교실
			1918 개교, 1924 준공
			한국전쟁 파손, 현 대전고
대전상업보습학교		X	1924. 7. 26~11. 26 공사기간
대전여고	대동	X	1919, 1985. 6. 4 화재 소실
대전여고 부인관	대흥동	O	1931
충남여고	선화동	X	1943
대전여중 본관	대흥동	O	1919 대전공립 실과고등학교
			1921 공립 대전고등여학교, 1923 준공
대전여중 별관	대흥동	O	
대전여중 생활관	대흥동	O	
대전여중 체육관	대흥동	O	1937
원동초등학교	원동	X	대전공립 심상고등소학교
			1906 개교, 1927. 12 준공
삼성초등학교 본관	삼성동	O	회덕공립보통학교 1938 준공 교육박물관으로 개보수
삼성초등학교 강당	삼성동	X	1938 준공, 1991 봄 헐림
신흥초등학교	신흥동	X	1924. 4~1925. 4
중앙초등학교	선화동	X	1943
대전공립보통학교		X	
미스 보딩(M.P.Bording) 타이덴 이쿠지엔		?	1941 윌리엄 메렐 보리스 (William Merrell Vories, 1880 ~ 1964)
대덕교육청		?	

목원대 채플.

대전공립중학교.

4) 사무소 건물군 7개

건물명	소재지	현존 유무	비고
충남건축대서사조합	대흥동	X	대전극장 부근
남선전기 대전지점	인동	X	
조선운송 대전지점		X	대전 역전
간조(間組)		X	보문산 산굴공사
말길조(末吉組)	선화동	X	홍명상가 부근
도방약	정동	X	아카데미극장 맞은편
이연회사		X	다나카 가쿠에이(田中角榮, 후에 일본 수상)가 경영

5) 흥행 건물군 4개

건물명	소재지	현존 유무	준공 연도	비고
연극장(演劇場)		X	1918	중교(中橋) 옆 창고 개조, 김갑순 소유 남사당패, 광대패 공연
대전좌(大田座)	원동	X	1920	대전백화점 좌측(本町 1丁目)
경심관(警心館)		X	1933. 9. 12	현 대전극장 자리, 김갑순 소유
대전극장	중동	O	1935	현 중앙극장, 일본인 호총(戶塚)

6) 언론사 4개

건물명	소재지	현존 유무	준공 연도	비고
호남일보사-1	정동	X	1909	
호남일보사-2	중동	X	1912	
조선중앙신문사		X		지국
구대전일보사	선화동	X		선화동 31번지, 승리당(김갑순 소유)

대전 최초의 본격적 극장인 대전좌.

1953년 4월 25일 대전 미국공보원에서 대전문화원으로 바뀐 모습으로 지금의 동양백화점 자리에 있었다.

7) 숙박, 온천건물 10개

건물명	소재지	현존 유무	비고
대전관		X	대전역 앞 목조 3층
대전호텔		X	
봉명관	유성	O	국군휴양소, 계룡호텔(일본 군인호텔)
승리관	유성	X	1917 유성호텔 구관
유성온천	유성	X	1923 온천장
유성관광호텔	유성	O	
만년장관광호텔	유성	X	현 리베라호텔
중앙여관	정동	X	1930년대 대전 최고의 여관
성남장	성남동	X	한국전쟁 당시 이승만 대통령 숙소
화가여관	원동	X	신산부인과 자리

8) 문화계 건물군 4개

건물명	소재지	현존 유무	비고
대전 미국공보원		X	대전문화원, 동양백화점 자리
조선방송협회 대전방송국		X	KBS 제2공개홀, 연정국악원
충남여성회관	대흥동	O	
대전가톨릭문화센터	대흥동	O	

9) 종교 건물군 11개

건물명	소재지	현존 유무	준공 연도	비고
대전신사-1	소제동	X	1907	
대전신사-2	대흥동	X	1928~1929	현 성모여고
동본원사	원동	X		목원대학교 창립지
성 방지거수도원	목동	X	1938	
목동성당	목동	O	1919	1920년대 신축
목동수도원	목동	X	1937	
프란치스코회	대흥동	X	1945	대흥동 본당
성산교회	용두동	X		
성산교회 목사관	용두동	O	1930	
감리교 감독파교회	?	?	1939	보리스
작산 단군전	두마면 용동리	X	1913	이진택, 620사업으로 철거 이전, 서구 정림동

10) 병원 건물군 2개

건물명	소재지	현존 유무	준공 연도	비고
철도병원	소제동	X	1920년대	
도립대전의원	대흥동	X	1930	현 현대아파트

11) 상점 건축물 13개

건물명	소재지	현존 유무	비고
오복점(吳服店)		X	고후쿠야, 포목점, 목조 2층, 구상업은행 자리
미나카이(三中井)백화점	중동	X	조흥은행, 구한일은행 부근
자유헌(自由軒)		X	(?)대전 역전 양식점
천성(千城)		X	목척교 부근에 있던 왜식상점
대전 어채시장	원동	X	1911
왕생백화점	중동	X	구후쿠다 여관(福田旅館, 외부 구조체는 여관 그대로)
이지지상회	선화동	X	
한성약국	삼성동	O	
역전약국	정동	X	
응접세트 수리점	대흥동	O	
조선흥업회사 대전관리소(?)		X	1904 YMCA 자리
러시아양복점		X	1930년대 목조, 구 한일은행 건너편
대화회관		X	양식점, 붉은 벽돌 3층 대전역 앞(김갑순 소유)

12) 관사 주택류 23개

건물명	소재지	현존 유무	비고
충남도지사 공관	대흥동	O	1932 한국전쟁 당시 이승만 숙소
충남도 주임(奏任) 관사	대흥동	O	당시의 부장, 과장 관사, 현 국장 관사촌
조선주택영단 사택	선화동	O	34채 중 몇 채 현존
조선주택영단 사택	정동	O	54채 중 몇 채 현존
조선주택영단 사택	성남동(?)	O	몇 채 현존
만철(滿鐵) 사택	소제동	X	1920년대
철도 북관사	정동(?)	O	몇 채 현존
철도 동관사		O	몇 채 현존(대전역 뒤편)
철도 남관사		O	몇 채 현존(역전광장 오른쪽)
일본육군 관사	대흥동	O	1916 전신전화국 일대
육군대대장 관사		X	
중학교장 관사		X	
헌병대장 관사		X	
형무소 관사		X	
문갑동씨 주택	대흥동	X	2층 주택, 외환은행 자리
중미상차랑 주택	원동	X	
보문산 입구 주택	대사동	O	몇 채 현존
일본식 주택	대흥동	O	몇 채 현존
일본식 주택	선화동	O	몇 채 현존
Baranoff 주택	원동	X	1942
Black 주택		X	1924
Melizan 주택		X	1937
타케야마(竹山) 주택		?	1942~1944, 박길룡 설계

13) 공장류 6개

건물명	소재지	현존 유무	비고
연와 제와공장	대흥동	X	1912
군시(郡是) 제사 대전공장		X	아파트단지화 됨
군시공장 기숙사		O	
흥아방직	삼성동	X	다마다(玉田) 설계
십양조장	선화동	X	대전양조공장 1982 철거
대전피혁회사	정동	X	1935

1930년대의 대전 유곽.

14) 기타 16개

건물명	소재지	현존 유무	비고
일본인 거류민 공동묘지	선화동	X	1907 개설
목척교(大田橋)		X	1912 효도교, 삼성교, 소제교, 신대교, 유성교, 만년교
대전운동장		X	1926
대전비행장		X	1924 육군비행기 임시착륙장, 현암교 일대
비행장	둔산동	X	현 둔산 신시가지
대전 전기주식회사		X	1911 설립
대전발전소	인동	O	1929~30 현 한전 대전보급소
대전 제1발전소		X	
대전 유곽	정동	O	사창가(私娼街)로 일부 현존
식장산 저수지		X	1931~34
여과지	판암동	X	1931~34 판암동 양수장
조선미곡 대전창고		X	1932
조선 촉성원예 출하조합		X	
소화인쇄	정동	X	
영열탑		O	1958. 6 준공 제막
지사총	용두동	O	1952

근대건축으로부터 출발한 현대건축

1945년 해방으로 대전건축은 일본건축의 영향으로부터 벗어나게 되었다. 그러나 이어 닥쳐 온 한국전쟁은 대전을 주전장화(主戰場化)하면서 파괴시켜 버렸다. 1950년 7월 20일, 한때 북한군의 수중에 들어가기도 했으며 임시수도로서 기능했다.

1970년대부터는 경제 부흥과 도시 발전이 함께 이루어짐으로써 구도심은 급격한 변화 양상을 보이기 시작했으며, 긍정적인 면과 부정적인 면이 동시에 나타났다.

대전은 1998년 135만 명을 수용하는 대도시가 되었으나, 기존 도심은 오히려 공동화(空洞化) 현상을 가속화하고 있다. 이곳의 근대건축물들은 기록도 남기지 못하고 파괴되거나 변형되어 갔다. 이제 늦었지만 그 건축물들을 조사하여 시대사와 지역사를 정리하고 그 건축물들의 보존, 재사용 여부를 판단하여야 할 것이다. 이것은 구도심을 살릴 수 있는 방안이기도 하다.

이제 이 목록의 166개 건축물이 모두 헐리게 되면 대전에서는 더이상 근대성을 찾아볼 수 없게 될 것이다. 건축사도 양식사도 의미가 없게 되는 것이다. 건축물에 대한 평가의 주체는 건축사이며, 시민들과의 협의에 의해 이루어져야 할 것이다. 그러나 대부분의 시민들은 자신이 살고 있는 도시의 근·현대건축물에 대해 큰 관심이 없다. 오히려 새로운 건물에만 더 관심을 보인다. 그러나 대전의 현대건축은 그 근대건축으로부터 출발한 것임을 결코 잊어서는 안 될 것이다.

전남 지역의 한국인 상점가, 목포·나주·광주

우리는 너무 스케일이 큰 것에만 목적을 두는 의식에 사로잡혀 있다. "전남 지역은 수탈의 역사로 채워졌다"고 누군가가 말했다. 어느 한 사람이 말한 것이 아니라, 편협된 사고의 틀에 묶여 있는 사람들은 누구나 그렇게 말한다.

우리는 특히 도시에 이미지넣기를 좋아하는데, '정절의 도시', '숭고한 저항의 역사', '의향(義鄕)', '예향(藝鄕)', '식민 수탈의 도시' 등등이 그것이다. 이는 얼핏 보면 매우 좋은 의미인 것 같으니 그 이미지 외의 나머지 깃들은 모두 버려지는 네 문제가 있다.

과연 전남 지역은 역사상 수탈로만 채워졌는가. 아름다운 도시도 만들어 왔고 아름다운 건물들도 세워 왔다. 그런데 문제는 그 도시 속에 '무엇이 남아 있는가'이다. 우리는 먼저 부정적 결론을 내리지 않을 수 없다. 그 오랜 장소성에도 불구하고 전남 지역의 역사적 흔적은 거의 모두 사라졌다. 성이 무너졌고, 구도심이 사라졌고, 항구에는 횟집만 흥청거리고 …, 특이성이 사라졌고 보편성만 남았다.

2000년은 작은 것에서부터 모든 것을 다시 시작해야 한다. 그래서 그 제일의 관심을 이른바 옛 도심 거리에 우리 손으로 만든 상점가에 대한 조사에 두기로 했다. 그동안 우리는 자본 추구의 첫 단계이기도 한 상점가에 대해서 너무 무시해 왔다. 물론 전국의 것을 다 조사하고 싶었으나, 능력의 한계가 있었다. 따라서 여기서는 목포·나주·광주의 세 도시에 국한해서 목록화하는 것으로 의무를 다하려 한다.

이 자료 조사에는 장재흡의 『조선인회사·대상점 사전』이 기본이 되었다. 이 사전은 1927년까지의 주요 상업지에 있던 회사 또는 대상점만을 모은 것으로, 일제강점기 우리 상가 연구에 아주 좋은 자료가 된다. 404쪽에 달하는 이 책은 우리나라 상공가(商工家)들의 역사를 알 수 있는 최초의 책이기도 하다.

상점에 대한 인식

먼저 1920년대의 우리의 상점 건축물에 대해 살펴보고자 한다. 장재흡은 『조선인회사·대상점 사전』에서 "우리 조선의 소매상점은 타국의 그것보다 유치함이 막심하나, 세계의 소매상계(小賣商界)로 보아 장래 유망한 도중에 있나니 그 진보와 발전에 대해 적극적으로 대책을 강구할 필요가 있다"고 하였다.

당시 상점계는 크게 대매상계와 소매상계로 나누어져 있었다. 대부분의 대매상계는 일본인들이 장악하고 있었고 소매상계는 조선인들이 차지하고 있었다. 시간이 흐르면서 이런 상황은 서로 교차되기도 하지만 장재흡은 소매상점이 발달하지 못하는 것은 다음과 같은 문제 때문이라고 하였다.

> "고객의 편의를 도모하야 상점의 구조와 기타 상품 매시(買時)에 불편한 점이 없도록 설비하는 것이다. … 화객(華客, 고객) 본위로 하고 객의 쾌감을 얻으며 고객의 편의를 위주함이 소매상점 발전에 필요한 점이다."

상점의 현대화를 모색화하여야 한다고 하였다. 그는 그 주안점으로 상점의 위

위 광주읍성의 동쪽문인 서원문.
아래 광주의 구시가로 1909년의 모습으로 보인다.

치, 상품의 진열 방법, 내부의 장식, 접객 방법, 상품을 배급하는 방법 등에 대해 열거하였다. 이것은 현재의 계획 각론적 의미와 별 다르지 않다.

호남 도시 상권의 형성

원래 우리의 도시는 왜구의 침략을 피해 바닷가로부터 내륙으로 이동했다. 내륙의 거점 도시들은 '주(州)' 자를 붙였으며, 모든 도시가 내륙화했었다. 그러나 해안의 '포(浦)'들이 개항되면서부터는 그 배후지로 역할을 분담하게 된 것이다.

목포는 1897년 10월 1일 개항되었다. 1897년은 어떤 면에서 전남이 근대화하는 데 있어서 기점이기도 하였다. 목포가 먼저 발전해갔으며, 영산강(榮山江) 줄기를 타고 나주, 광주로 이어졌다. 목포는 나주와 광주를 그 배후도시로 두고 발전하였는데,

광주와 목포는 서로 대비되는 도시였다.

목포는 만호진(萬戶鎭)이 읍성의 역할을 대신했으나, 1897년 개항 이후 일본에 의해 도시가 해안선을 따라 항구도시로 발전해 나가면서 그 의미가 달라진다. 일제강점기 동안 전국 7대 도시로 오를 정도로 목포는 호남 상권의 중심이 되어 발전을 거듭한다. 일본 및 중국과 수운으로 연결되었기 때문이다. 통감부시대에 목포 이사청 광주지청이 들어선다. 목포가 주이고 광주는 종의 시대였다.

광주와 나주는 원래 성시(城市)였다. 광주의 경우는 현재의 충장로와 금남로 일대에 성이 있었다. 1879년 발간된 『광주읍지(光州邑誌)』「성지조(城址條)」에 의하면 "광주읍성은 석성으로 주위가 8,253자, 높이 9자로 동서남북에 기와로 된 2층의 성문이 있었다. 동쪽문은 서원문(瑞元門), 서쪽은 광리문(光利門), 남쪽은 진남문(鎭南門), 북쪽은 공북문(拱北門)"이라 했다.

목포로 가는 출입구인 서문이 더 먼저 발전되었는데, 이 문으로 일본인들이 광주에 들어왔다. 일본인들의 광주 이입은 1897년부터 시작되었고 본격적으로 상가를 형성한 것은 1905년부터이다. 주로 일용 잡화상이었다. 광주우체국에서 충장로 길에 첫 상가가 형성되었고 일본군 수비대가 뒤를 봐주었다.

광주는 1906년 발족된 광주우체국이 중심이 되었다. 현재의 충장로 2가 16번지 일대다. 이곳을 중심으로 동서남북로가 각각 연결되었다. 1912년 세워질 당시 광주의 대표적 신건축물의 하나였던 광주우체국은 그러나 1963년 철거되고 현재의 건물이 들어섰다. 중국과 러시아인들의 상점도 몇 채씩 들어섰다.

통감부에 의해 1908년 서울의 상수도 건설 사업이 시작되었고, 서울의 성벽을 뜯어내려는 '성벽처리위원회'가 구성되었다. 그들은 세관공사부(稅關工事部)의 인부들을 동원하여 그해 3월부터 남대문 성벽을 무단 철거했는데, 가을에는 서소문 양옆 77간의 성벽도 헐어 서대문 일대의 길바닥에 깔아버리는 횡포를 저질렀다.

이즈음 일제는 광주·대구·진주읍성에도 '파성(破城)꾼'들을 동원하여 성벽을 헐어냈으며, 유구한 성돌은 그들의 점포와 집을 짓는 데 사용했다. 한참 뒤인 1929

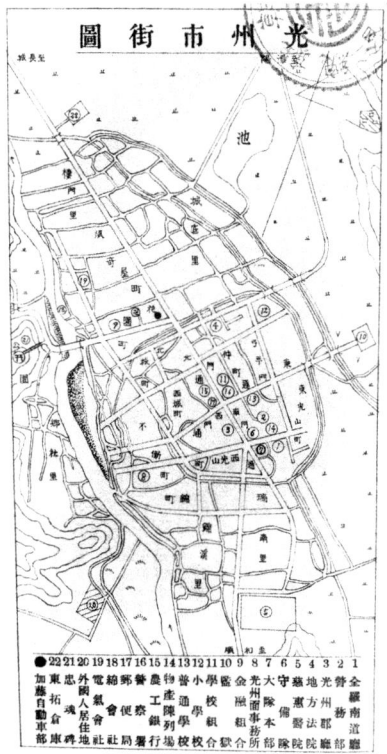

1915년의 광주 시가도.

우리 상가가 본격적으로 형성되기 시작한 1920년대의 광주읍 상점가. 지금의 충장로 2·3가에 해당한다.

1922년 7월의 광주역.

1928년의 광주읍 시가지.

년 9월, 남원역을 신축하면서 철거한 남원성의 돌 일부를 갖다 사용하기도 하였다. 일본 철도 관계자들은 이것을 '역사적으로도 의미가 깊은 것'이라며 자랑하고 있다. 이러한 일련의 사건들을 통해 당시 일본인들이 우리 문화재를 보는 수준이 어떠했는지를 알 수 있다.

광주의 경우 1908년부터 시작된 파성꾼에 의한 성 파괴는 1914년 공북루를 마지막으로 모두 철거된다. 1914년 성이 철거된 자리에는 도로가 났으며, 새로 들어선 역이 그 중심이 되었다. 일제의 도시로 변질되기 시작한 것이다.

성벽이 뜯겨 나간 성내 구도심을 중심으로 일본인 상가가 형성되었고 일본인들의 상권이 크게 신장되기 시작했다. 1915년 당시 광주면의 상인수를 보면 한국인 93명에 비해 일본인은 260명으로 거의 3배에 달하고 있음을 알 수 있다.

우리는 재래시장에 의존하는 수준이었으나, 가로에는 한옥으로 된 상점도 들어선다. 포목점, 양조장, 정미소 등의 소매상이 주요 거리를 선점하나, 아직 직렬이 마땅치 않아 대매상은 형성되지 못하고 있었다. 1920년대에 들어서서야 충장로 4·5가를 중심으로 우리 상가가 본격적으로 형성되기 시작했다. 당시는 성밖에 있었다.

1911년 국도 1호선이 개통되고, 1914년 3월 22일 호남선 철도인 목포에서 대전 사이에 전통식(全通式)이 거행되면서 광주는 호남선의 중요한 통과역이 된다. 광주역은 1922년 7월 세워졌다. 그러나 그뒤 역전을 중심으로 상점가가 형성되면서 1930년대 초까지 소읍에 머물고 있었던 광주는 1935년 10월 1일 광주부로 승격된다.

목포·나주·광주의 상점가 목록

1920년대에 들어서면서 일본은 우리 도시에 거대 자본을 유입시켜 주식회사 형태의 영업 종목을 개설하고 건물도 2, 3층의 붉은 벽돌조 건물로 세워나갔다. 그러나 우리에게는 그런 신식 자본이 형성되지 못했다. 가능한 방법이라는 것이 친일 자본과 결탁하는 것이었는데, 여기에서 새로운 기업이 탄생되기도 하였다. 회사, 은행, 창고업 등도 생겨났으며 새로운 직업이 생기면서 그들을 수용할 건물도 필요하게 되었다.

우리 상인 대부분은 한학 세대였다. 때로는 일본 유학생이 일본의 것을 보고 배워 와서 상점을 개설하기도 했으나, 국내에 이미 유입된 일본 상점 형태를 보고 개업한 경우도 많았다. 그들은 대대로 내려오던 땅을 이용해 작은 상점을 냈는데, 상점건축은 목수들이 했다. 우리 상인들은 소규모의 상점건축에 머물렀고 영업 종목도 재래식으로 아주 영세했다. 그러나 차차 새로운 형태의 상점(商店), 상회(商會), 호(號) 등이 들어서게 된다.

상점가가 형성된 것을 목포, 나주, 광주 순으로 목록화하면 다음 표와 같다.

1930년대 충장로 2·3가의 모습으로 일본인 상점가가 들어서 있다. 10년 만에 큰 변화의 폭을 보인다.

〈표-1〉 목포지부

개업순	상점명	주소	업종	개업 연도	자본금	개업자
1	최여장(崔汝章) 상점	행정(幸町) 1정목 6	포목	1906		최여장
2	창신호(昌信號)	영정(榮町) 2정목 4	포목	1907	3만 원	이상규(李祥奎)
3	명문당(明文堂)	죽동(竹洞) 32	인장, 각종 인쇄물	1908		조병선(曺秉善)
4	박정윤(朴正允) 상점	보정(寶町) 3정목 3	포목	1908	2만 원	박정윤
5	왕생당(旺生堂) 건재국(乾材局)	죽동 4	약재	1908	2만 원	유관오(柳官五)
6	광신운수조(廣信運輸組)	행정 1정목 8	각종 해산물	1913	2만 원	이두영(李斗永)
7	김형철(金衡喆) 상점	행정 1정목 3	각종 주단, 포목, 혼수품	1914. 8		김형철
8	이춘배(李春培) 상점	명치정(明治町) 15	포목	1914	2만 원	이춘배
9	정명완(鄭明完) 상점	행정 2정목	포목	1916. 4		정명완
10	방덕천(方德天) 상점	복산정(福山町) 7	포목	1916. 5	2만 원	방덕천
11	희석양화점(希石洋靴店)	죽동 25번지	각종 양화	1916. 5		오희주(吳希主)
12	김상규(金祥奎) 상점	무안통(務安通) 12	각종 가구류	1916. 9		김상규
13	환금(丸金)상회	남교동(南橋洞) 55	정미업	1917. 4	5만 원	김종태(金鍾泰)
14	권녕(權寧) 상점	영정 1정목 11	면화, 해산물	1918. 7	3만 원	권녕례(權寧禮)
15	목포창고금융주식회사	행정 1정목 3	창고업, 금융업	1919. 6	30만 원	김상섭(金商燮)
16	금성(金盛) 상점	남교동	정미, 제목	1919. 8	2만 원	김종근(金鍾근)
17	김영채(金永采) 상점	죽동 26	주단, 포목	1920. 8	1만 원	김영채
18	보흥운수조(普興運輸組)	행정 1정목 9	운송업	1921. 6	1만 5천원	최방현(崔芳鉉)
19	대동(大同) 고무상회	죽동 26-1	고무화 제조 일본 코베(神戶)에 공장 설치	1922. 2	3만 원	김용진(金容鎭)
20	김용득(金龍得) 상점	남교동 115	전기동력 각종 맥분(麥粉), 소면(素麵), 우동 제조	1922. 7		김용득

21	목포고무공업소	욱정(旭町) 18	고무 제품	1922. 11	10만 원	정영철(鄭永轍)
22	남흥(南興)양복점	남교동 115	양복 제조	1922. 12		김인순(金璘順)
23	남일(南一) 운수주식회사	영정 1정목 6	운송업, 기선 3척, 범선	1924. 1	15만 원	문재철(文在喆)
24	동아호모(東亞護募) 공업주식회사	남교동 48	고무 제품	1925. 2	30만 원	김상섭(金商燮)
25	문두경(文斗京) 정미소	보정 3정목	정미업	1925. 7		문두경
26	남신(南信)상회	축정(祝町) 3정목 5	정미	1925. 9		김정태(金晶泰)
27	목포 편리화(便利靴)상회	죽동 26	고무화	1926. 1		박평재(朴平在)
28	대창호(大昌號)	복산정 1	각종 포목	1926. 7		이경륜(李敬倫)
29	유달(儒達) 약방	남교동 146	약제사, 약종상	1926. 8		김수만(金壽萬)
30	광산(光山)상회	행정 1정목 9	연와제조	1926. 8		김종환(金鍾煥)

▶ 호모(護募)는 고무라는 뜻이다.

(표-2) 나주지부

개업순	상점명	주소	업 종	개업 연도	자본금	개업자
1	영창(榮昌)상회	호남선 영산포(榮山浦) 역전	우탁판매, 운송업	1913. 2	1만 원	신공숙(申公淑)
2	남흥칠(南興七) 양조장	나주읍 박정리(朴丁里) 18번지	양조	1920. 3	1만 원	남흥칠(南興七)
3	나주(羅州)상회	나주읍 금성정(錦城町)	양조	1924. 10	10만 원	김병두(金炳斗)
4	삼일(三一)양복점	나주역전	양복 제조	1925. 10		한옥봉(韓玉奉) 김종원(金鍾元)
5	보흥(普興) 운수조	호남선 영산포 역전	철도화	1925. 6		이남숙(李南淑)

▶ 금성정(錦城町)은 나주의 진산(鎭山) 금성산(錦城山)에서 따왔다.

〈표-3〉 광주지부

개업순	상점명	주소	업종	개업 연도	자본금	개업자
1	전남정미소	수기옥정(須奇屋町) 136	미곡, 정미	1901	5만 원	김용성(金容成), 최인근(崔仁根)
2	광신(光信)양화점	수기옥정	양화제조	1909		최동섭(崔東燮)
3	장봉익(張鳳翼) 상점	수기옥정 3	정미업, 비료, 무역	1914. 10	5만 원	장봉익
4	남창(南昌)상회	수기옥정 372	내외국 각종 주단, 양속(洋屬) 등 직수입무역상	1916. 5	5만 원	심덕선(沈德善)
5	동신(東信)상회	남문통(南門通)	인삼, 고무화 도산매	1919. 1	5천 원	박동춘(朴東春)
6	환길(丸吉) 운송점	수기옥정 3	철도화물 취급	1919. 8	5천 원	장봉익(張鳳翼)
7	광문관(光文館) 인쇄소	서광산정(西光山町)	인쇄전문업	1920. 4		유상원(柳相元)
8	호남산업주식회사	수기옥정	토지 기타 부동산	1920. 6	20만 원	최선진(崔善鎭)
9	주식회사 호남은행	북문통(北門通) 9	일반은행 업무	1920. 8	150만 원	김신석(金信錫), 현준호(玄俊鎬)
10	봉기(奉基) 양화점	수기옥정 382	양화 전문	1920. 9		김봉기(金奉基)
11	광성(光成) 양화점	북문통	양화, 여행구	1920. 9		서한권(徐漢權)
12	종운(鍾雲) 상점	수기옥정 368	화류(花柳)가구, 각종 목물(木物)	1921. 1		임학운(林鶴雲)
13	대창(大昌)상회	수기옥정 380	주단, 포목, 무역업	1921. 4	1만 원	이재홍(李在鴻)
14	대흥(大興)상회	역전	정미, 창고, 금융업	1921. 12	30만원	최선진
15	정의당(正義堂) 건재국	수기옥정 390	내외국 약종 무역 및 판매	1922. 2	2만 원	한영석(韓永錫)
16	환일(丸一) 운송섬	수기옥정	해육물산, 철도화물	1922. 3	1만 원	김석일(金錫逸)
17	춘호(春湖) 양조장	궁정(弓町) 47	개량 약주, 소주 제조	1924. 8	5천 원	주영희(朱永熙)
18	영화당(榮華堂) 건재국	수기옥정 371	내외국 약종 무역 및 판매	1925. 4	2만 원	김성옥(金聲玉)
19	삼산당(三山堂) 건재국	수기옥정	내·외국 약종(藥種) 무역 및 판매	1926. 8		유연상(劉演相)

▶ 궁정(弓町)은 현재의 궁동 MBC 사옥 부근, 광산동은 현 도청 부근이다.

광주의 경우 역전 부근의 수기야 마치〔수기옥정(須奇屋町)〕가 우리의 주요 상가 지역임을 알 수 있다. 지금의 충장로 5가에 위치한 수기야 마치는 해방 후 수기동(須奇洞), 충수동(忠須洞)으로 되었다. 상점, 상회, 호 등의 이름이 주로 쓰여진 것을 알 수 있다. 의원, 병원, 여관 등은 아직 없다. 포목, 정미, 양조장, 양화점 등이 주요한 상점임을 알 수 있다. 운수업은 이후 대부분 건설업으로 전환한다.

완도 출신 김상섭(金商燮)은 광주 최초의 대부호였다. 목포 출신 거상 무송(撫松) 현준호(玄俊鎬, 1889~1950년)는 동경 유학생 출신으로 1931년 무송원(撫松園)과 1935년 춘목암(春木庵)을 각각 세운다.

무송원은 현준호의 저택으로 호남 최대의 한옥이었다. 건평만 182평이었다. 1961년 팔려 호남동 천주교회가 그 자리에 들어섰다. 일제강점기 고급 요정으로 황금동에 세워진 춘목암은 김순하가 설계했고 조성순(趙成洵)이 감리했는데, 건평만 221평에 달했다고 한다. 이 요정 건물은 해방 후 미군 장교 회관으로 이용되다가, 1949년 6월 미국문화원이 된 후 1990년 5월 22일 헐렸다. 그 자리에는 지금 주차 빌딩이 세워졌다. 한편 1933년 춘목암의 별채인 삼애산장(三愛山莊)이 무등산 증심사(證心寺) 부근에 세워졌다.

김순하는 1925년 5월 1일 전남도청의 기수로 발령되어 광주로 갔다. 광주의 전라남도 평의회 회의실이 김순하에 의해 1932년 7월 세워졌는데, 김순하는 현준호와도 연결을 갖는다.

호남성은 과거를 발판으로 만들어져야

우리는 흔히 일제강점기 도심지의 건물들 대부분이 일본인들의 소유 건물로 알고 있는데, 우리 소유의 건축물도 적지 않다.

대부분 일제강점기의 자료들이라 자료 조사가 너무 어려워 일본인 소유의 건축물을 집대성하는 데 머물렀다. 그것이 지금 자료로 남아 많은 해악을 주고 있다. 보통 근대건축사 연구자들은 이것에만 매달리곤 한다.

개항 이후 형성된 상점건축은 이제 찾을 수가 없다. 개인 앨범에나 남아 있을지 모른다. 이것은 우리가 지난 세기 이 분야 연구에 너무 등한시했던 결과다. 이제 아류란 말 자체는 의미가 없다. 광주, 목포 어디나 같다는 데서 나온 자조적 언어일 것이다. 호남성은 과거를 발판으로 새로 만들어 나가야 한다.

이 상점가들의 복원은 우리 도시의 면모를 다시 바꾸게 될 것이다. 목포의 만호진, 나주읍성, 광주읍성 등의 복원이 급선무다.

찾아보기

ㄱ

가와카미 소로쿠(川上操六) · 61
가타야마(片山東態) · 194
가토(加藤) · 61
갑신정변 · 164, 167
갑오경장(甲午更張) · 19, 96, 188
강경금융조합 · 261, 262
강경노동조합 · 259, 262
강경시장 · 255
강경역 · 255
강경포구 · 254, 259
강녕전 · 206
강명구(姜明求) · 22, 25
강원룡 · 249
강윤(姜沇) · 20, 265, 270
강홍빈 · 240
『건축사』 · 103
『건축조선』 · 21
계랭 · 81
게오르그 데 라란데 · 185, 197, 200, 208, 210
게일(James Scarth Gale) · 127, 129, 136, 147, 151, 156
경기감영 · 163
경기도청 · 227, 247
경복궁 · 25, 106, 130, 175, 184, 190, 197, 201, 206, 232, 240, 248, 250
경복궁 내 부지 및 관저 배치도 · 202
「경복궁 타령」 · 188
경성공사관 · 190
경성 부민관 · 236
『경성일보』 · 223
경성전기주식회사 · 21
「경성전도」 · 227
경성제국대학 본관 · 21
경신학교(儆新學校) · 127, 151, 152

경운궁(慶運宮) · 18, 174, 178, 187, 188
『경향신문』 · 171
경회루 · 204, 220
경희궁(慶熙宮) · 30, 187
계해조약(癸亥條約) · 43
고노(小野武雄) · 213
고다마 히데오(兒玉秀雄) · 197
고도 신페이(後藤新平) · 34
고든(Henry Bauld Gorden) · 126, 134, 138, 142, 144, 152, 156
고딕양식 · 86, 95, 96, 99
고병우 · 13
고영근 · 47
고영희(高永喜) · 54
고전주의 · 184, 207
곤도 신시키(近藤眞鋤) · 56, 57
곤와지로(今和次郎) · 206
『공간』 · 23
공군본부 청사 · 23
공업전습소 · 19, 20
「공진회회장 경복궁지도」 · 202
광제당(廣濟堂) · 261
광화문 · 202, 204, 206, 215, 234, 241, 248
「광화문 보존 문제에 대(就)하여」 · 206
교태전 · 206
구덕희(具德喜) · 169
구성헌(九成軒) · 175
『구한말 비록』 · 129, 155
국군 충혼탑 · 23
국군통합병원 · 220
국립경기장 · 26
국립극장 · 25
국립박물관 남산분관 · 196
국립중앙박물관 · 25, 183, 202, 227, 231, 240, 249, 251

국민주택 설계도안 · 22
국제건축양식 · 207
국제그룹 사옥 · 26
국회의사당 · 23, 236
군국기무처 공무아문(工務衙門) · 19, 169
『그래픽(The Graphic)』 · 105
그랜트 헤리웰(Grant Helliwell) · 139
그레그(Gregg) · 146, 149
그리피스(W.E. Griffis) · 99
근대건축사 · 13, 25, 101, 137, 157
『근대조선역사』 · 61
『근대한국외교사년표』 · 68
근정전(勤政殿) · 188, 202, 204
글로브(William A. Grubb) · 269
금비라궁(金比羅宮) · 52
금오산실(金鰲山室) · 44
기기창(機器廠) · 163
기독교서회 · 144
기유약조(己酉約條) · 45
기포드(D. L. Gifford) · 133
기해동정(己亥東征) · 43
길림성(吉林省) · 28
김경식(金敬植) · 261
김구 · 146
김규식 · 145, 155
김근행(金謹行) · 48
김대건(金大建) · 68
김덕순(金德淳) · 97
김득린(金得麟) · 217
김명균(金明均) · 167, 168, 169, 170
김상헌(金尙憲) · 30, 32
김상현(金尙鉉) · 261
김성칠(金聖七) · 231
김수근(金壽根) · 23, 25

김순하(金舜河) · 21
김시습(金時習) · 43, 44
김연수 주택 · 21
김영모(金永模) · 236
김영삼 · 249, 250
김옥균(金玉均) · 107
김요왕(金興敏) · 97
김원모 · 68
김윤식(金允植) · 162, 163, 167, 168, 169
김응순(金應純) · 20
김익상(金益相) · 196
김인승(金仁承) · 182
김재원 · 233
김정기 · 168
김정수 · 25
김정철 · 240
김중업 · 25, 240
김진후(金震厚) · 68
김태식(金台植) · 22
김홍집(金弘集) · 75
김희춘(金熙春) · 22, 25
까를로 로제티 · 121
『꼬레아 꼬레아니』 · 121

ㄴ

나상진(羅相振) · 25
나운규(羅雲奎) · 222
나카노(中野許太郎) · 56
나카무라 요시헤이(中村與資平) · 38
나혜석(羅蕙錫) · 38
『남기고 싶은 이야기들』 · 149
남대문 예배당 · 23
남만주철도주식회사 · 35

내자(內資)호텔 · 155
네크로포리스 공원묘지 · 142
노드(Chas. W. Naud) · 133, 136, 137
노무라(野村一郞) · 208
녹스교회(Knox Presbyterian Church) · 139, 141, 148, 156
「논 이야기」 · 277
누르하치 · 29
니시자와(西澤泰彦) · 241

ㄷ

「다른 선택은 없다」 · 102, 103
다쓰노 깅고(辰野金吾) · 194
다아니 · 220
다이라노 나리모도(平成太) · 48
다키자와(瀧澤眞弓) · 206, 207
단성사 · 222
답동성당(畓洞聖堂) · 91, 94, 95
대구시청 · 23
대만박물관 · 208
대법원청사 · 220
대연각호텔 · 25
대우센터 · 25
「대전시지」 · 279
대전역 · 273, 276, 279
대천 외국인 수양관 · 265, 268
대천해수욕장 · 264, 265
「대한매일신보(大韓每日申報)」 · 76, 206
대한건축학회 · 23
대한민국건축대전 · 25
대한생명 63빌딩 · 25
대한의원 본관 · 19
더글러스 맥아더 · 106, 228
『The Korea Review』 · 149
『The Passing of Korea(大韓帝國序說)』 · 120
『더 코리안 레포지토리(The Korean Repository)』 · 119
덕수궁 · 18, 102, 118, 122, 130, 159, 175, 187, 219, 233
「덕수궁에서」 · 182

데라우치 마사타케(寺內正毅) · 195, 197, 199, 220
델웬트 켈모드(Derwent Kermode) · 124
도요토미 히데요시(豊臣秀吉) · 44
도쿠가와 막부(德川幕府) · 40, 48
독립문 · 18, 219
『독립신문』 · 99
돈덕전(惇德殿) · 175, 178
돈햄(B. C. Donham) · 146, 150
동모창(銅冒廠) · 169
동방생명빌딩 · 25
동선당(同善堂) · 36
「동아일보」 · 102, 220, 239
동아일보사 · 220
동양척식 봉천지점 · 38
『동양학』 · 47
동학란 · 61, 164, 170, 188
동학혁명 · 73, 96, 190
두모포왜관 · 45, 46, 47, 48

ㄹ

랑팡(Lenfant) · 83
랜스다운(Lord Landsdowne) · 105
러시아공사관 · 영사관 · 18, 91, 119, 121, 133, 175
러일전쟁 · 17, 19, 33, 35, 57, 61, 145, 146, 176, 225
런던 브릿지 역(London Bridge Station) · 116
로스 · 81
루티언스(Edwin Landseer Lutyens) · 200
르네상스양식 · 184
『르 피가로』 · 249, 250
리델(Ridel) · 87, 88, 89
리화선 · 206

ㅁ

마건충(馬建忠) · 168
마샬(J. Marshall) · 111, 114, 118, 124
마종유(馬鐘濡) · 270
마틴 우든(Martin Uden) · 103

『만선여행일기(滿鮮旅行日記)』 · 207
『만세보(萬歲報)』 · 76
만주의과대학 · 38
『매천야록(梅泉野錄)』 · 73, 76, 98, 150
메도스(Meadows) · 164
메이지유신(明治維新) · 17, 54
멜컴 펜윅(M.C. Fenwick) · 143
명동성당 · 17, 94, 96, 98, 99, 101, 150
모프(Lambert de la Motte) · 81
모리(森) · 223
모리야마(森山 茂) · 54
모파상(Guyde Maupassant) · 13
목양창(木樣廠) · 169
몽펠리에신학교 · 85
묄렌도르프(Paul Georg Von Möllendorff) · 169, 170
무로마치 막부(室町幕府) · 43
무비학당(武備學堂) · 165
무창포(武昌浦)해수욕장 · 264
『문화일보』 · 236
뮈텔(Mutel) · 69, 91, 96
미국공사관 · 110, 121, 145, 174, 178, 249
미국대사관 · 133, 178, 249
미쓰이구미(三井組) · 55
민경배(閔庚培) · 147, 148, 149
민용태 · 219, 225
민족찬청(民族餐廳) · 39
민종식(閔宗植) · 76
민주신보사 · 51

ㅂ

바로크양식 · 200
『바오르 뜰 안의 애환 85년』 · 91, 100
박길룡(朴吉龍) · 20, 21, 217
박동린(朴東麟) · 217
박동진(朴東鎭) · 20, 21
박락조 · 202
박영효 · 220

박원표 · 55
박위 · 43
박은규 · 269
박인준(朴仁俊) · 20, 21
박재흥(朴再興) · 48
박정모 · 236
박정양(朴定陽) · 169
박정희 · 212, 239
박제순(朴齊純) · 139
박지원(朴趾源) · 28
박찬궁 · 239
박춘명(朴春鳴) · 23, 25
배기형 · 25
배재학당 당사와 기숙사 · 17
백락윤(白樂倫) · 169
「백악춘효도(白岳春曉圖)」 · 188
버드 비숍 · 120, 121
버킹검 궁전 · 249
번사창(飜沙廠) · 169, 170, 171
범(Barraux) 베드로 · 70
「법륭사(法隆寺) 건축론」 · 191
베다니(Bethanie)요양원 · 86
베르뇌(Berneux) · 97
벽제관 · 30
벨기에영사관 · 18
변원규(卞元圭) · 161, 162, 167
병인사옥(丙寅邪獄) · 69, 81, 86, 95, 97
병지(丙子)수호조약 · 55
보리스(William Merrell Vories) · 21
『보봐르 부인』 · 13
보성전문학교 본관 및 도서관 · 21
보이스(R. H. Boyce) · 111
보정청 · 163
복자기념성당 · 25
봉림대군(鳳林大君) · 30, 33
봉천성(奉天省) · 28, 35, 36, 37
봉천역 · 36, 38

부민관 · 21
『부산부사』 · 56
부산부청·시청 · 62, 63
부산세관 · 60
부산역 · 36
『부산의 고금』 · 55
『부산의 역사』 · 55
부산정거장 · 60
부산포왜관 · 41, 44
부산항 상업회의소 · 60
부여박물관 · 25
북한사회과학원 · 61
분슈 · 176
브라운 · 148, 149
블라스코 이바녜스 · 219, 224, 225
블랑(Blanc) · 89, 91
비스레이(Percy M Beesley) · 146, 149
빅벤(Big Ben) · 249
빅토리안양식 · 104, 184
빌헬름(Joseph Wihelm) · 94

ㅅ

사다(佐田白茅) · 54
사바친(Sabatin) · 97, 175
사방진치(四方辰治) · 36
사이토 · 220, 277
4·19 혁명 · 239, 251
「사자약전(死者略傳)」 · 83
『삼국유사(三國遺事)』 · 41
3·1 독립운동 · 219, 265
삼일로빌딩 · 25
『삼천리』 · 38
삼포개항 · 43
삼포왜란(三浦倭亂) · 44
삼풍백화점 · 26
상해기기국(相海機器局) · 164
새문안교회 · 127, 132, 134, 139, 141, 144, 151, 155

『새문안 80년사』 · 139
샤르트르 수녀회 분원 · 95
샤를르(Launay Adrien Charles) · 83
서산사(西山寺) · 44
서산천주교회 · 69, 72
서양건축사 · 13
서양근대건축사 · 13
서양현대건축론 · 13
서요셉(Maraval) · 94, 95
서울 만물전 · 22, 23
『서울 YMCA 운동사』 · 147
「서울 주교좌 성당 낙성 50주년을 맞이하여 옛날을 회고함」 · 97
서울 중앙 감리교회 · 156
서울 천도교 중앙대교당 · 144
서울시민회관 · 25
서울시청 · 20, 220
서울역 · 20, 220
서울특별시 의사당 · 23
서태후(西太后) · 163
「석조건축의 색채(Colour of Stone Architecture)」 · 139
석조전(石造殿) · 19, 102, 178, 219, 232
선덕여왕(善德女王) · 41
『세계일주가(世界一周歌)』 · 34
세브란스 · 129, 136, 144, 146, 149, 152, 155
세브란스병원 · 127, 132, 135, 137, 144, 146, 152
세종문화회관 · 25
세키노 다다시(關野 貞) · 190, 191, 192, 206
소현세자(昭顯世子) · 30, 32, 33
손재학(孫在學) · 75
손탁호텔 · 176
손형순(孫亨淳) · 217
송근수 · 167
쇼게스(上月良夫) · 228
수뢰학당(水雷學堂) · 165, 166
수사학당(水師學堂) · 165, 166, 167
수옥헌(漱玉軒) · 176

숙철창(熟鐵廠) · 169
숭후(崇厚) · 164
스스키(鈴木彰) · 73
스코트(Scott) · 115
스펜서 하우스(Spencer House) · 116
승동교회 · 141, 151, 155
시부자와 에이치(澁澤榮一) · 180
시부자와기념관 · 180
신건축 · 16, 19, 20
신고전주의 · 184, 207
신덕왕후(神德王后) · 107
『신민(新民)』 · 206
신바로크양식 · 184
신보국(申輔國) · 109
신복룡 · 99, 120
신숙주(申叔舟) · 43
신유기해 · 95
신유한(申維翰) · 45
『신증동국여지승람』 · 65
『실내건축』 · 212
심양 고궁 · 32, 36
심양성(瀋陽城) · 34, 35
심양시립아동도서관 · 32
심양시총공회(瀋陽市總工會) · 38
심양진공연구소(瀋陽眞空硏究所) · 38
심의석(沈宜碩) · 18
심준덕(瀋駿德) · 167
신프슨 · 111
『십자가 나무 이야기』 · 13

ㅇ

아관파천(俄館播遷) · 18, 175
아르튀르 드 라 마르(Arthur de la Mare) · 117, 123, 124
「아리랑」 · 222
아베 노부유키(阿部信行) · 228
아사쿠라(朝倉文夫) · 220
아스톤 · 106, 108, 110, 112

아시카가 요시미쓰(足利義滿) · 44
아카사카리큐(赤坂離宮) · 248
아펜젤러(Henry Gerhard Appenzeller) · 59, 146
안상설(安商說) · 261, 262
안정옥(安鼎玉) · 169
안중식(安中植) · 188
안휘준 · 240
알렌 디 크락(Allen D. Clarke) · 269
알렌(H. N. Allen) · 120, 130, 139, 148
알베르트 슈페어(Albert Speer) · 185
야나기 무네요시(柳宗悅) · 206
야노(矢野 要) · 208
야마구치(山口義三郎) · 228
야마나시 한조(山梨半造) · 278
야마토(大和)호텔 · 36
약현(藥峴)성당 · 17, 94, 95
『약현성당사(藥峴聖堂史)』 · 97
양무운동(洋務運動) · 164
양정의숙 · 262
언더우드 · 127, 129, 132,134, 143, 146, 151, 155, 271
언더우드학당 · 134, 151
엄덕문 · 25
에드워드 애덤스(安斗華) · 269
에비슨(Oliver R. Avison) · 129, 137, 141, 143, 147, 156
『에비슨일기』 · 137
엘린우드(F. F. Ellinwood) · 127, 132, 136
엠마 고든(Emma Lelia Skinner Gorden) · 141
여의도 국회의사당 · 25
『여지도서(輿地圖書)』 · 65, 72, 75
『역사 앞에서』 · 231
연동교회 · 127, 156
연동여학교(蓮洞女學校) · 152
연세대학교 · 220
연향대청(宴享大廳) · 45, 51
『열하일기(熱河日記)』 · 28
영가대(永嘉臺) · 45, 63
영국공사관 · 영사관 · 18, 102, 104, 108, 113, 119, 121,

124, 144, 174
영국대사관 공관지구(Compound) · 103, 105
영국성공회 · 102, 115, 122, 220
영국총독부 · 200
영명학교 · 265
영일동맹(英日同盟) · 122
영희전(永禧殿) · 195
예총회관 · 25
오달제(吳達濟) · 30, 32
오오시마 요시마사(大島義昌) · 190
5·16 군사혁명 · 23, 237, 239
오자키 슈키치(大崎正吉) 법률사무소 · 61
오장경(吳長慶) · 168
오주(Osouf) · 86
오카자키 데쓰로 · 278
오페르트(Ernest Oppert) · 68
온타리오주 건축보존위 · 126, 139, 156
와다 산조(和田三造) · 220
YMCA본부 · 156
YMCA회관 · 127, 146, 148, 150, 155
왕이민(王爾敏) · 161
『왕환일기(往還日記)』· 44
요녕빈관(遼寧賓館) · 37
요녕성(遼寧省) · 28
요다출판사 · 186
요동성(遼東城) · 33
요시다(吉田鐵郎) · 38
요시무라(吉村順三) · 37
용골대(龍滑大) · 30
용두산(龍頭山) · 48, 49, 52, 62, 63
용미산(龍尾山) · 49, 57, 62, 63
용산가족공원 · 250
용산신학교(龍山神學校) · 94, 95, 100
용수산(龍首山) · 56
용장사(茸長寺) · 43, 44
우남회관(雩南會館) · 23
우드로 윌슨 · 185

우범선(禹範善) · 75
『우수의 왕국-부산에서 신의주까지』· 219, 225
우일모(禹一模) · 97
우정국 사건 · 110
운현궁 · 163
웅천성(熊川城) · 44
워나메이커(John Wanamaker) · 129, 149
워커힐호텔 · 25
원세개(袁世凱) · 164
원영찬(袁榮燦) · 169
원재명(元在明) · 67
『월간 조선』· 47
월산대군(月山大君) · 174
웰스 트레이닝 스쿨 · 152
윈체스타교회(Winchester ST.) · 141
윌리엄 메렐 보리스(William Merrell Vories) · 265
유길준 · 75
유네스코회관 · 25
유상희 · 47
유성룡(柳成龍) · 53
UIA(국제건축가연맹) · 23
유진(柳袗) · 53
유홍렬(柳洪烈) · 88
6·10 만세운동 · 219
윤굉(尹宏) · 46
윤길중(尹吉重) · 262
윤승중 · 240
윤시영 · 76
윤일주(尹一柱) · 241
윤정현 · 98
윤집(尹集) · 30, 32
윤치호 · 148
윤태준(尹泰駿) · 169
으젠느 장 조르주 코스트 · 80, 88, 91, 96, 99, 100, 101
은원국(銀元局) · 165
『은자의 나라』· 99
을미사변 · 75

을사보호조약 · 19, 105, 127, 130, 176, 193
『음청사』 · 163
의양풍(擬洋風) · 17
의정부 청사 · 19
이규남 · 70
이규재(李圭宰) · 239
이두황(李斗璜) · 73, 74
이보현 · 67
이사청 · 57, 62, 193, 194
이성계(李成桂) · 186
이성림 · 148
이성수 · 171
이순신(李舜臣) · 65
이승만(李承晩) · 145, 212, 228, 233, 250
이승화(李承和) · 76
이시영(李始榮) · 234
이양건축(異樣建築) · 17, 94
이어령 · 249
이와오카(岩岡保作) · 208
이와이(岩井長三郞) · 208
『이왕조육백년사(李王朝六百年史)』 · 186
이용익(李容翊) · 109
이은(李垠) · 178
이응익(李應翼) · 170
이인화 · 120
『이조실록』 · 161, 163, 168
이조연(李祖淵) · 169
이천승(李天承) · 25, 37
이토 쥬타(伊東忠太) · 191, 193, 196
이토 히로부미(伊藤博文) · 176, 178, 193
이항복(李恒福) · 174
이홍장(李鴻章) · 161, 164, 169, 170
이화여자대학 강당 · 23
이화여자전문학교 음악당·본관·기숙사 · 21
이화여자중고교 강당 · 23
이훈우(李勳雨) · 217
이희태(李喜泰) · 22, 25

일본건축학회 · 208
일본공사관·영사관 · 30, 38, 56, 60, 107
일본재판소 · 57
『일청전사(日淸戰史)』 · 190
임선하 · 229
임오군란 · 54, 107, 163, 164, 167, 174, 187
임진왜란 · 30, 44, 65, 174, 187, 188

ㅈ

자금성(紫禁城) · 32
자유센터 · 25
장개석(蔣介石) · 248
장면 · 212
장재흡(張在洽) · 259
장지동(張之洞) · 164
전으제니오(Deneux) · 94
전두환 · 240, 241
전라남도 도청 및 회의실 · 21
전택부 · 149
절영도왜관 · 44, 45
정관헌(靜觀軒) · 18, 175, 178, 180, 182
정규하 · 88
정동교회 · 17
정부종합청사 · 25, 155, 249
정신여학교 · 127
정원(庭園) · 62
정인보(鄭寅普) · 228
정신화(鄭曾和) · 188
「정한건백서(征韓建白書)」 · 54
정흥섭(丁興燮) · 259, 262
제1의 집(Number 1 house) · 116, 119
제2의 집(Number 2 house) · 116, 117, 120, 124
제물포성당 · 91, 95
제물포수녀원 · 95
제주대학교 본관 · 25
제중원(濟衆院) · 129, 145
제헌국회의사당 · 234

젠킨스(Frederick Jenkins) · 68
젤(Richard Seel) · 198
『조선건축』 · 22
조선건축기술단 · 22, 23
『조선건축사』 · 206
『조선견문기』 · 120
조선경비대 · 229
조선고건축조사단 · 190
조선공업기술연맹 · 22
『조선과 건축』 · 20, 200
『조선과 신성한 흰 산』 · 104
조선사연표(朝鮮史年表)』 · 188
조선산업주식회사 · 262
조선선교부(The Korea Mission) · 133, 134, 136
조선신궁(朝鮮神宮) · 190, 194, 196
『조선신보(朝鮮新報)』 · 60
『조선왕조실록』 · 31, 32
조선은행 · 219
조선은행 봉천지점 · 38
『조선의 개혁』 · 170
『조선의 순교사』 · 83
『조선인회사·대상점 사전』 · 259
「조선, 중국과 일본건축에 대한 단상」 · 128
「조선총독부 관제」 · 195
조선총독부 청사 · 183, 186, 190, 200, 206, 215, 219, 228, 232, 234, 248, 250
「조선총독부청사 신영지(朝鮮總督府廳舍新營誌)」 · 184, 200, 214, 215, 217
「조선총독부 청사 신축 설계 개요」 · 210
조선포교단(朝鮮布敎團) · 81, 100
조선호텔 · 208, 224
종교교회 · 127, 155
종로여학교 · 156
종성홍(宗盛弘) · 44
종의지 · 44
종정국(宗貞國) · 43
죠던(John Jordan) · 121, 123

주복(周馥) · 170
주한 영국대사관(British Embassy Seoul) · 102, 105, 107
중국공사관 · 108
중림동성당 · 17
중명전(重明殿) · 18, 176
중앙고등학교 본관 · 21
중앙예배당 · 127, 147, 148, 156
중앙유치원 · 156
중앙일보 신사옥 · 26
중앙청 · 183, 228, 231, 233, 236, 237, 239, 240
「중체서용론(中體西用論)」 · 164
『증보 한국천주교회사』 · 88
『증정교린지(增正交隣志)』 · 49
지볼트(Philipp Franz von Siebold) · 46
「지볼트의 한국기록 연구」 · 47
진남루(鎭南樓) · 65
진홍섭 · 240
질레트(P.L. Gillet) · 146, 147
『징비록(懲毖錄)』 · 53

ㅊ

차두철(車斗轍) · 261
창경궁 · 130, 174, 187, 206
창덕궁(昌德宮) · 174, 178, 187, 190, 249
천주교 명동 주교관 · 17, 90, 94, 96, 120, 150
천진기기국(機器局) · 162, 164, 165, 167
『천진봉사연기(天津奉使緣記)』 · 166, 167
천진조약 · 165
「1880년대 기기국·기기창의 설치」 · 168
「철이(撤移)되는 광화문」 · 206
청불전쟁 · 81
청수관(淸水館) · 56, 163
『청계병공업적흥기(淸李兵工業的興起)』 · 161
청일전쟁 · 17, 57, 61, 96, 121, 164, 170, 188
『청전사(淸戰史)』 · 190
청주 우암상가 아파트 · 26
초량왜관(草梁倭館) · 17, 41, 49, 52, 53, 54, 55, 56, 63

초암다실(草庵茶室) · 44
최남선(崔南善) · 34
최명길(崔鳴吉) · 30, 32
최상덕(崔象德) · 206
최석우(崔奭祐) · 68, 83
충남도청 · 273, 277, 278
충령탑(忠靈塔) · 37
『충청남도발전사』 · 275
『치명일기(致命日記)』 · 69
치바(千葉)고등원예학교 · 223
치바(千葉)교회 · 198

ㅋ

카벤디쉬(Captain AEJ Cavendish) · 104
칼스(W.R. Carles) · 108
캐나다 온타리오주 건축가협회 · 139
캐나다선교국 · 134
KBS 정동방송국 · 220
캠벨(Campbell) · 115, 155
켄뮤어(A. Kemmure) · 147
『Korea in Transition』 · 150
『Korea Mission Field』 · 152
코엔 · 111
코프(Corfe) · 122
콜로니알양식 · 117
『콩트 랑뒤(Compte Rendu)』 · 83
쿠니에타(國枝博) · 208
퀴를리에(Curlier) · 69
크라크기념관 · 198
크로스맨(W. Crossman) · 110, 111
킹케트 · 228

ㅌ

탁지부(度支部) · 19
탈아(脫亞) 건축론 · 191
태평양전쟁 · 265, 270
태화궁(太華宮) · 148

태화기독교사회관 · 21
토스 헌트 사(Thos Hunt & Co.) · 164
톰 그린(Tom Green) · 269
통감부(統監府) · 57, 76, 122, 176, 192
통감부 청사 · 193, 194
통리기무아문(統理機務衙門) · 162, 168

ㅍ

파리 외방전교회(外方傳敎會) · 80, 83, 88, 94, 99
파리 외방전교회 묘지 · 100
파리 외방전교회 문서보존서 · 81
「파리 외방전교회 연보 해제」 · 83
파리국립고문서관(Archives Nationales) · 80
파리국립도서관(Bibiotheque Nationale) · 80
파리신학교 · 87
파리외방전도신학교 · 86
파리위원회(Conseil de Paris) · 86, 87
파트리아(Patriat) · 86
팔뤼(Fancois Pallu) · 81
8·15 해방 · 63, 183, 233
평양신사 · 196, 202
「페낭(Penang) 유학 회고기」 · 88
포교지 신학교(College General des Missions) · 88
포스트모더니즘 · 26
푸아넬(Poisnel) · 90, 93, 95, 96, 98
프란시스 라이트 · 88
프랑스대사관 · 18, 25
플로베르(Gustave Flaubet) · 13
피에이(PAE) 인터내셔널 · 25

ㅎ

하나부사 요시모토(花房義質) · 54
하멜(H. Hamel) · 47, 160
하우스만 · 233
「하우스만의 회고록」 · 233
하워드(Ebenezer Howard) · 105
하카다(博多) · 41

『한국감리교회사』 · 148
한국건축가협회 · 23
한국건축작가협회 · 23
「조선건축조사보고」 · 192, 206
『한국과 그 이웃나라들(Korea and Neighbours)』 · 120
『한국교회사의 탐구』 68
한국금융연수원 · 173
한국문예진흥원 · 21
『한국 YMCA 운동사』 · 148, 150
한국은행 · 20, 173
한국은행 구관 · 219
『한국일보』 · 202, 233
「한국, 일본에 복수」 · 250
한국전쟁 · 23, 31, 63, 102, 122, 146, 183, 208, 214, 223, 231, 233, 237, 239, 251, 255, 268, 270
『한국천주교회사』 · 67
『한국학보』 · 168
한미전기회사 · 146
『한불사전(韓佛辭典)』 · 87, 88
한불조약 · 67, 89, 90
한성영사관 · 275
한성영어학교 · 262
한양양식 · 21
한양절충식 · 21, 178
한영통상조약 · 106
한일통상조약 · 89
한일합방 · 19, 20, 62, 190, 199
한진중공업 · 45
한흥서관(韓興書館) · 62
함녕전(咸寧殿) · 176, 178
함벽정(涵碧亭) · 94
해광사(海光寺) · 165
『해동제국기』 · 43
해리 파크스(Harry Smith Parkes) · 106, 108, 110
『해미순교자약사』 · 70, 72
해미 순교탑 · 69
해미읍성 · 64, 67, 69, 73, 76, 77

해밀톤(A. Hamilton) · 129
해변원(海邊元) · 269
해상물상조합 · 261, 262
『해유록(海遊錄)』 · 45
해체주의 · 26
헐버트(Hullbert) · 120, 147
헤리 짱(張時英) · 144, 145, 146, 150, 152, 155
헨리 랭글리(Henry Langly) · 139, 142
현대건축사 · 25
현덕상(玄悳常) · 220
현소(玄蘇) · 44
현흥택(玄興澤) · 148
호남일보사 · 275
홍십자의원 · 36
『홍양사(洪陽史)』 · 75
『홍양일기(洪陽日記)』 · 76
홍우창(洪祐昌) · 56
홍익한(洪翼漢) · 30
홍주성 · 69, 73, 75, 76
「홍주의병후문」 · 76
화신백화점 · 21, 25, 247
화양절충양식 · 21
화양풍(和洋風) · 17
환벽정 · 178
황룡사 9층탑 · 41
황현(黃玹) · 73, 98
후지오카(富士岡重一) · 208, 210
후쿠오카(福岡)박물관 · 53
흑룡강성(黑龍江省) · 28
흥선대원군(興宣大院君) · 68, 163, 170, 187, 227
히로즈(廣津弘信) · 55
히틀러 · 185
힐리어(Walter C. Hillier) · 104, 113, 115, 118, 120